江苏省心理与认知科学大数据重点建设实验室开放课题基金资助［206110070］

U0641319

大数据心理学

（Python 版）

王　鹏　朱廷劭　朱干成　孙　妮　编　著

電子工業出版社·

Publishing House of Electronics Industry

北京·BEIJING

内 容 简 介

大数据心理学是以心理学理论为指导、大数据技术为支撑发展起来的一门前沿交叉学科。本书采用项目式学习的理念，通过 Python 编程语言，涵盖大数据技术在心理咨询、消费心理、人格心理、网络心理、职业心理和教育心理等领域的应用，为读者提供了详尽的案例参考。

本书可以作为高等学校心理学、应用心理学相关专业高年级本科生的专业课程教材，人工智能、数据科学与大数据技术、应用统计学、数学与应用数学等相关专业本科生的选修课程教材，心理学、大数据相关专业硕士研究生的专业课程教材，也可供相关专业的技术人员参考。

图书在版编目（CIP）数据

大数据心理学：Python 版 / 王鹏等编著. —北京：电子工业出版社，2023.4

ISBN 978-7-121-45315-1

Ⅰ. ①大… Ⅱ. ①王… Ⅲ. ①数据处理－应用－心理学－高等学校－教材 Ⅳ. ①B84-39

中国国家版本馆 CIP 数据核字（2023）第 055672 号

责任编辑：杜　军　　　　　特约编辑：田学清
印　　刷：北京七彩京通数码快印有限公司
装　　订：北京七彩京通数码快印有限公司
出版发行：电子工业出版社
　　　　　北京市海淀区万寿路 173 信箱　　　邮编：100036
开　　本：787×1092　　1/16　　印张：14.5　　字数：380 千字
版　　次：2023 年 4 月第 1 版
印　　次：2024 年 3 月第 3 次印刷
定　　价：46.00 元

凡所购买电子工业出版社图书有缺损问题，请向购买书店调换。若书店售缺，请与本社发行部联系，联系及邮购电话：（010）88254888，88258888。

质量投诉请发邮件至 zlts@phei.com.cn，盗版侵权举报请发邮件至 dbqq@phei.com.cn。

本书咨询联系方式：dujun@phei.com.cn。

本书编委会

编著：王　鹏　朱廷劢　朱干成　孙　妮

参编：陈彦垒　李晓岳　张利会　司英栋　孟维璇　潘润生

　　　焦龙祯　孙　宇　吴晓杰　石慧敏　袁熙庆　王　笑

　　　张梦楠　王　荣　于　恩　尹景晖　李甜甜　辛建君

　　　靖吉浩　邢秋连　李　智　明　玉　程新宇　郭曼妮

　　　陶益清　解纯静

序

翻开《大数据心理学》的书稿，心中涌现阵阵喜悦。在科学技术高速发展的今天，大数据已经渗入社会生活的各个领域，作为在心理学领域耕耘了数十年的工作者，我和大家一样，都期盼着大数据为心理学研究打开新的视野，今天这个愿望终于实现了！

心理学是一个充满大数据的领域，在心理咨询、消费心理、网络心理、社会心理、教育心理、人格心理等方面都存在着大量的数据。《大数据心理学》一书的问世将在多个方面推动心理学研究和教学的新发展。

首先，该书开拓了心理学中"文本"资料分析的新领域，传统的心理学研究往往只注重对实验和测量数据的分析，通常采用心理统计的方法。然而对于心理咨询、网络心理、社会心理中存在的大量"文本"资料，常规的统计是无能为力的。《大数据心理学》对此提供了有效的方法和成功的案例，为心理学工作者开辟了新的研究领域。

其次，该书提供了多种数据挖掘的模型和算法，包括 LDA 主题模型、时间主题模型、时间序列模型和 TF-IDF 算法等；它提供了机器学习中的各种文本分类器模型，包括支持向量机、决策树、随机森林、梯度提升、K 近邻模型；它还提供了线性混合模型、神经网络模型、网络爬虫等多种技术。在传统的心理学研究和教学中，人们极少运用这些模型和算法，《大数据心理学》的问世为心理学工作者提供了新的模型和技术，增强了人们进行心理学研究的能力。

该书还将推动 Python 语言在心理学研究中的应用，科学心理学从诞生的那一天起就是一门实证的科学，心理学家通过实验和测量的方法获取数据，采用统计学的方法对数据进行处理。《大数据心理学》又提供了通过爬虫技术获取信息的方法，以及对于文本类型信息进行挖掘和建模的技术，这些工作都是建立在 Python 编程基础上的。Python 是一种易学易用的语言，《大数据心理学》通过案例分析的形式，提供了详尽的 Python 代码，极大地方便了心理学工作者对该语言的学习。掌握一种计算机语言，任何一个人都将受益终生。

《大数据心理学》是国内该领域的第一本专著，它开辟了心理学研究的新领域，提供了新模型和新技术。主编王鹏、朱廷劭是国内青年心理学工作者的翘楚，他们各自的团队在大数据心理学领域进行了多年研究，在这个前沿交叉学科中取得了丰硕成果。现将他们的研究成果整理出版，真是可喜可贺！

该书秉持项目式学习的理念，提供了详尽的案例及 Python 语言的代码，非常便于读者学习和操作。该书文笔生动，引人入胜，条理清晰，必将得到广大心理学工作者及相关学科读者的欢迎。

余嘉元
南京师范大学心理学院

前 言

经过大数据技术、心理学理论两大源头活水的灌溉，大数据心理学，作为一门新兴的交叉学科，逐渐发展壮大。本书从构思、撰写到成稿，经过了多轮的研讨，也得到了国内多位专家的不吝指导。

亘古以来，大数据具有实时性、多样性、多变性、海量但价值密度低等特性，但一直没有得到很好地开发和利用。随着近年软件、硬件、互联网，特别是相关算法的迅速发展，大数据的采集、展示和挖掘逐渐成为现实。大数据的表现形式很多，文字、图片、音频、视频等是比较常见的资料，也是常规统计方法较难进行分析和处理的。

文字、图片、音频和视频等资料中往往包含着很多心理的信息，无论是情感的表达、个性的彰显，还是欲求的满足，都有迹可循。怎样将这些信息可视化、探究其中众多变量的关系和演变等将是大数据心理学追求的目标。然而，处理所有大数据资料是一个较难实现的任务。

"言为心声"在互联网时代与作文、短文、日记等类似，海量社交媒体文本、网页文本等也是个体心理的重要表达方式。本书沿着这个思路，主要以"文本"为大数据分析资料，采用 Python 编程语言，通过项目学习的方式，每章介绍一个大数据心理学分析案例，帮助读者驾驭类似项目。本书共 12 章，第 1 章通过 LDA 挖掘心理咨询语料库中个体的心理和生涯主题模型，由王笑、王鹏负责；第 2 章为"冬奥会"热点话题的识别与追踪，由张梦楠、于恩、尹景晖、陈彦垒负责；第 3 章基于社交媒体进行时间序列分析，探索"生涯"与情感极性的因果关系，由石慧敏、朱干成、焦龙祯负责；第 4 章通过社交媒体构建宏观消费者信心指数，由袁熙庆、李晓岳负责；第 5 章借助文本挖掘的方法对个体的主动性人格进行预测，由吴晓杰、司英栋负责；第 6 章为线性混合模型和神经网络模型分析初中生问题性互联网使用追踪数据的准确性，由邢秋连、李智、张利会负责；第 7 章通过作文预测学生的职业倾向，由程新宇、孙妮负责；第 8 章至第 10 章分别从社交媒体文本、不同群体探究生活满意度问题，由朱廷劭团队负责，邢秋连协助第 8 章，靖吉浩、辛建君协助第 9 章，明玉、李甜甜协助第 10 章；第 11 章走出"言为心声"，采集心率，探究"手机离开我了"事件，由袁熙庆、孙宇、孟维璇负责；第 12 章为焦虑微博的初步筛选及有效性分析，建立了一种可供参考的大数据心理测量学框架，由王荣、潘润生、王鹏负责。郭曼妮、陶益清、解纯静参与了部分修改工作，全书由王鹏、朱廷劭统稿。

大数据心理学不止于"言为心声"，还有"杯弓蛇影"（图片大数据）、"察言观色"（音频、视频大数据），特别是"身心合一"（生理大数据）等分析的资料，希望读者和研究者继续探究，并将本书介绍的大数据人工智能方法用于更广泛的大数据心理学研究，让心理学更好地服务社会。本书虽经过多轮校对，因写作团队能力有限，难免存在不足之处，希望读者不吝指正。

本书的编写得到国家社科基金重点项目[17AZD041]、山东省自然科学基金项目[ZR2020MF158]、江苏省心理与认知科学大数据重点建设实验室开放课题基金[206110070]、中国科学院心理研究所自主部署项目[E2CX4735YZ]的资助。

编著者
2023 年 3 月

目 录

第1章

言为心声：通过 LDA 挖掘心理咨询语料库中个体的心理和生涯主题模型

1.1 微言大义：心理烦恼个体的生涯主题模型分析

1. 从心起航

> 生涯：个体生活中所遇事件的进程和演化方向，包含个体生命历程中所有的职业和生活角色，个体在生涯演进的过程中体现了自我发展的独特形式。自青春期至退休，期间的有酬劳和无酬劳的各种职位、与工作有关的各种角色（如学生、家庭角色、公民角色等）都属于个体生涯的范畴。

生涯案例：

案例一：小傅是一名高二文科的学生，面对即将到来的高三生活，不知道该如何规划自己的未来，整日的迷茫使得他毫无学习动力，也导致小傅的学习成绩迅速下降。为此，小傅感到非常焦虑，主动来到学校的心理咨询中心求助。

案例二：刘女士就职于校外一教育机构，在机构负责初中语文的教学工作。刘女士从大学到现在，尝试了文字编辑、课程编辑、语文教师等各种工作，她发现自己在每段工作中经常出现一边干着现在的工作一边"憧憬"着其他的工作的想法，每段工作都是坚持三个月左右就会"跳槽"，刘女士对于自己频繁"跳槽"的想法感到苦恼，她不知道自己究竟适合什么工作……

> 心理烦恼：生活中的常见情绪困扰，这种困扰可能发生在人生的每一个阶段，造成个体心理烦恼的原因包括经济问题、人际关系问题、情感问题、理想与前途等。产生心理烦恼的时候，如果可以及时调整这种负性情绪，那么一般不会对个体造成较大的影响。但如果长期处于这种负性情绪当中，个体的心理健康水平会受到很大的影响，也会影响个体的成长和发展。

心理烦恼案例：

案例一：担心钱会用光，担心无法自信地表达自己的观点，担心将来工作前景不好，担心不能很好地维持一段稳定的情感，担心会失去好朋友……

案例二：小文今年 12 岁，是某校初一学生，她的皮肤白皙，头发呈淡淡的黄色，有一张可爱的娃娃脸，两只眼睛像葡萄一般非常水灵。小文自述小时候因为得过风湿，不能晒太阳，并且一直在服药，这导致自己的个子比同龄人矮一些，所以总是很苦恼，来到心理健康中心想咨询如何消除自己的烦恼。

2. 数不胜数

LDA 主题模型：Blei 等学者提出，潜在狄利克雷分配（Latent Dirichlet Allocation，LDA）是一种无监督的主题模型，它基于文档、主题和单词挖掘文本中的潜在语义，生成文本的隐含主题。该模型常用于主题挖掘、主题爬虫、文本分类等领域。

困惑度：许多学者选择用困惑度指标对主题模型的优劣进行评价。困惑度表示对文本主题的不确定程度，理论上，困惑度越小，模型的性能越好，普遍的做法是指定困惑度曲线的最低点或拐点对应的主题数为最佳主题数。

TF-IDF 算法：TF（Term Frequency）为词频，IDF（Inverse Document Frequency）是包含某个特定词语的文档数，TF-IDF 算法通过对文档中的词赋予不同的权重，对词频进行排序，以提高文档检索的准确性。具体可以理解为如果某个特定词语在某篇文章中频繁出现，但是在其他文章中出现的频率比较低，那么认为该词更能代表此篇文章。

3. 计研心算

1）项目解决逻辑

（1）获取数据集，本章所用的数据集来自开源的项目托管平台 GitHub 网站，选择"心理咨询语料库"这一数据集进行分析。将获取的数据集进行整理并且存储为.csv 格式文件，以便后续的数据分析。

（2）对数据集中完整的句子进行分词。

（3）对分词后的文档进行处理，根据 TF-IDF 的计算结果，查看文档中的重要词语，并生成词云图片。

（4）计算文档的困惑度，并且依据困惑度曲线确定文档的最佳主题数。

（5）根据主题数提取文档的主题，将主题可视化。

2）项目实现过程

本节代码都是在 Python 3.8（Anaconda 3 工具的 Spyder 部分）中实现的。

心理咨询语料库简介：该语料库由斯坦福大学、加州大学洛杉矶分校（UCLA）和台湾辅仁大学临床心理学等心理学专业人士参与建设，并由 Chatopera 和诸多志愿者合作完成。此数据库是心理咨询领域首个开放的语料库，包括 20000 个数据，每个数据都是用户在 Chatopera AI 心理咨询聊天时的对话内容。

（1）将数据集导入 Spyder 中，中文文本无法通过空格来划分词语，需要使用 jieba 中文分词库对句子进行处理，转化为词。在进行分词处理时需要导入停用词表和自定义词典。介词、副词、连词等停用词在语句中并无实际的意义，使用哈工大的停用词表将停用词去掉可以提高文档分析的效率，数据集中留下来的大多数词语与本节的分析相关。心理烦恼的类型有很多，生涯事件的种类也很丰富，所以构建了本节专用的自定义词典，在词典中加入关于心理烦恼（如"学业焦虑""家庭不和睦""难以入睡"等）和生涯（如"高考失利""选择工作""怀二胎"等）的词语，自定义词典可以保证这些词语在分词时不被切分开且存在于文档中。分词完毕之后，保存分词后的文档。代码实现如下。

```python
#导入需要的库
import csv
import re
import pandas as pd
import jieba


#读取文本
df = pd.read_csv(r"D:\大数据心理学\心理咨询语料库\data_re.csv",
                encoding="ANSI").astype(str)
#读取停用词表
def stopwordslist():
    stopwords = [line.strip() for line in open(
        r"D:\大数据心理学\心理咨询语料库\stop_words1.txt", "r",
        encoding="UTF-8").readlines()]
    return stopwords
#加载自定义词典
jieba.load_userdict(r"D:/大数据心理学/心理咨询语料库/data_dic.txt")
#对每行进行分词
def seg_sentence(sentence):
    sentence_seged = jieba.cut(sentence.strip())
    stopwords = stopwordslist()
    outstr = ""
    for word in sentence_seged:
        if word not in stopwords and len(word) > 1:
            if word != "\t":
                outstr += word
                outstr += " "
    return outstr
inputs = df["title"]
line_seg = []
for line in inputs:
    line_seg.append(seg_sentence(line))
name = ["title"]
test = pd.DataFrame(columns=name, data=line_seg)
print(test)
test.to_csv(r"D:\大数据心理学\心理咨询语料库\re.csv", encoding="ANSI")
```

（2）导入分词后的文件，基于 TF-IDF 算法进行关键词提取，并且将 TF-IDF 值高的关键词生成词云图保存至本地，以便查看。代码实现如下。

```python
#导入需要的库
import csv
```

```
import re
import pandas as pd
import jieba
from os import path
import jieba.analyse as anls
from PIL import Image
import numpy as np
import matplotlib.pyplot as plt

#词云生成工具
from wordcloud import WordCloud, ImageColorGenerator
#需要对中文进行处理
import matplotlib.font_manager as fm
#背景图
bg = np.array(Image.open("D:/大数据心理学/心理咨询语料库/background.jpg"))
#获取当前的项目文件夹的路径
d = path.dirname("_file_")
#读取文本
text = pd.read_csv(r"D:\大数据心理学\心理咨询语料库\re.csv",
                   encoding="ANSI").astype(str)
#读取停用词表
def stopwordslist():
    stopwords = [line.strip() for line in open(
        r"D:\大数据心理学\心理咨询语料库\stop_words1.txt", "r",
        encoding="UTF-8").readlines()]
    return stopwords
#自定义词典
jieba.load_userdict(r"D:\大数据心理学\心理咨询语料库\data_dic.txt")
#将句子分词，去除停用词
def seg_sentence(sentence):
    #使用 jieba 词库对每行进行分词
    sentence_seged = jieba.cut(sentence.strip())
    stopwords = stopwordslist()
    outstr = ""
    #将不在停用词表里且长度大于 1 的词语存储在分词文件中，并用空格连接分词结果
    for word in sentence_seged:
        if word not in stopwords and len(word) > 1:
            if word != "\t":
                outstr += word
                outstr += " "
    return outstr
inputs = text["title"]
line_seg = []
for line in inputs:
    line_seg.append(seg_sentence(line))
name = ["title"]
```

```
test = pd.DataFrame(columns=name, data=line_seg)
print(test)
test.to_csv(r"D:\大数据心理学\心理咨询语料库\re.csv", encoding="ANSI")
fW = open("fenci.csv", "w", encoding="ANSI")
fW.write(" ".join(line_seg))
fW.close()
line_seg_str =" ".join(line_seg)#list 类型分为 str
#读取"fenci"文件
with open("fenci.csv", "r", encoding="gbk") as r:
    lines =r.readlines()
with open("fenci.csv", "w", encoding="gbk") as w:
    for line in lines:
        if len(line) > 2:
            w.write(line)
fW = open("fenci.csv", "w", encoding="gbk")
fW.write(" ".join(line_seg))
fW.close()
text_split_no_str =" ".join(line_seg)
#基于 TF-IDF 算法提取关键词
print("基于 TF-IDF 提取关键词结果：")
keywords = []
for x, w in anls.extract_tags(text_split_no_str, topK=200, withWeight=True):
    keywords.append(x)
keywords = " ".join(keywords)
print(keywords)
print("基于词频统计结果")
txt = open("fenci.csv", "r", encoding="gbk").read()
words = jieba.cut(txt)
counts = {}
for word in words:
    if len(word) == 1:
        continue
    else:
        rword = word
    counts[rword] = counts.get(rword, 0) + 1
items = list(counts.items())
items.sort(key=lambda x:x[1], reverse=True)
for i in range(33):
    word, count=items[i]
    print(word)
#设置词云形状、颜色、字体、宽度、高度等属性
wc = WordCloud(
    background_color="white",
    max_words=300,
    mask=bg,
    max_font_size=60,
```

```
        scale=16,
        random_state=42,
        mode="RGBA",
        width=800,
        height=600,
        font_path="simhei.ttf"
        ).generate(keywords)
#为图片设置字体
my_font = fm.FontProperties(fname="simhei.ttf.ttf")
#产生背景图片，基于彩色图像的颜色生成器
image_colors = ImageColorGenerator(bg)
#开始画图
plt.imshow(wc)
plt.axis("off")
plt.figure()
plt.show()
plt.axis("off")
plt.imshow(bg, cmap=plt.cm.gray)
plt.show()
#保存云图
wc.to_file("D:/大数据心理学/第 1 章/第 1 节/心理咨询语料库/ciyun_re.png")
print("词云图片已保存")
```

（3）对预处理后的文本进行训练，根据困惑度确定文档的主题数，使用 gensim 库创建 LDA 模型，生成困惑度曲线以确定最佳主题数，将困惑度曲线保存至本地。代码实现如下。

```
from gensim import corpora, models
import math
import matplotlib.pyplot as plt


#分析文档的困惑度
def ldamodel(num_topics, pwd):
    cop = open(r"D:\大数据心理学\第 1 章\第 1 节\心理咨询语料库\re.csv")
    train = []
    for line in cop.readlines():
        line = [word.strip() for word in line.split(" ")]
        train.append(line)
    dictionary = corpora.Dictionary(train)
    corpus = [dictionary.doc2bow(text) for text in train]
    corpora.MmCorpus.serialize("corpus.mm", corpus)
    lda = models.LdaModel(corpus=corpus, id2word=dictionary, random_state=1,
                    num_topics=num_topics)
    topic_list = lda.print_topics(num_topics, 10)
    return lda, dictionary
#定义困惑度函数
def perplexity(ldamodel, testset, dictionary, size_dictionary, num_topics):
    print("the info of this ldamodel: \n")
```

```python
        print("num of topics: %s" % num_topics)
        prep = 0.0
        prob_doc_sum = 0.0
        topic_word_list = []
        for topic_id in range(num_topics):
            topic_word = ldamodel.show_topic(topic_id, size_dictionary)
            dic = {}
            for word, probability in topic_word:
                dic[word] = probability
            topic_word_list.append(dic)
        doc_topics_ist = []
        for doc in testset:
            doc_topics_ist.append(ldamodel.get_document_topics(
                doc, minimum_probability=0))
        testset_word_num = 0
        for i in range(len(testset)):
            prob_doc = 0.0
            doc = testset[i]
            doc_word_num = 0
            for word_id, num in dict(doc).items():
                prob_word = 0.0
                doc_word_num += num
                word = dictionary[word_id]
                for topic_id in range(num_topics):
                    prob_topic = doc_topics_ist[i][topic_id][1]
                    prob_topic_word = topic_word_list[topic_id][word]
                    prob_word += prob_topic * prob_topic_word
                prob_doc += math.log(prob_word)  #p(d) = sum(log(p(w)))
            prob_doc_sum += prob_doc
            testset_word_num += doc_word_num
        prep = math.exp(-prob_doc_sum / testset_word_num)
        print("模型困惑度为 : %s" % prep)
        return prep
#主题数与困惑度的折线图
def graph_draw(topic, perplexity):
    x = topic
    y = perplexity
    plt.plot(x, y, color="red", linewidth=2)
    plt.xlabel("Number of Topic")
    plt.ylabel("Perplexity")
    plt.savefig("Perplexity-Topics")
    plt.show()  #画图
if __name__ == "__main__":
    #要求：语料需要将多篇文档合成一篇，将任意几篇合成一篇即可
```

```
        pwd = "~/test.txt"
        for i in range(1, 2, 1):
            print("抽样为"+str(i)+"时的 perplexity")
            a = range(1, 20, 1)
            p = []
            for num_topics in a:
                lda, dictionary = ldamodel(num_topics, pwd)
                corpus = corpora.MmCorpus("corpus.mm")
                testset = []
                for c in range(int(corpus.num_docs/i)):
                    testset.append(corpus[c*i])
                prep = perplexity(lda, testset,
                                  dictionary, len(dictionary.keys()), num_topics)
                p.append(prep)
            graph_draw(a, p)
```

（4）根据困惑度曲线确定最佳主题数，通过 pyLDAvis 库将主题可视化，并且保存为.html 格式的文件。代码实现如下。

```
#导入需要的库
import numpy as np
from gensim import corpora, models
import pyLDAvis.gensim_models


if __name__ == "__main__":
    f = open("D:/大数据心理学/第 1 章/第 1 节/心理咨询语料库/re.csv",
             encoding="ANSI")
#逐行读取文本
    texts = [[word for word in line.split()] for line in f]
    f.close()
    M = len(texts)
    print("文本数目：%d 个" % M)
#建立词典，根据文本中的词建立词典
    dictionary = corpora.Dictionary(texts)
    V = len(dictionary)
    print("词的个数：%d 个" % V)
#计算文本向量
    corpus = [dictionary.doc2bow(text) for text in texts]
    corpus_tfidf = models.TfidfModel(corpus)[corpus]
#LDA 模型拟合
    num_topics = 4
#定义 LDA 的参数值
    lda = models.LdaModel(corpus_tfidf, num_topics=num_topics,
                          id2ord=dictionary, alpha=0.01,
                          eta=0.01, minimum_probability=0.001,
                          update_every=1, chunksize=100,
```

```
                              passes=1, random_state=20)
    #定义所有文档的主题
    doc_topic = [a for a in lda[corpus_tfidf]]
    print("Document-Topic:")
    print(doc_topic)
    #输出文档的主题分布
    num_show_topic = 10
    print("文档的主题分布：")
    doc_topics = lda.get_document_topics(corpus_tfidf)
    idx = np.arange(M)
    for i in idx:
        topic = np.array(doc_topics[i])
        topic_distribute = np.array(topic[:, 1])
        topic_idx = topic_distribute.argsort()[:-num_show_topic - 1:-1]
        print("第%d个文档的前%d个主题：" % (i, num_show_topic))
        print(topic_idx)
        print(topic_distribute[topic_idx])
    #每个主题的词分布
    num_show_term = 20
    for topic_id in range(num_topics):
        print("主题#%d: \t" % topic_id)
        term_distribute_all = lda.get_topic_terms(topicid=topic_id)
        term_distribute = term_distribute_all[:num_show_term]
        term_distribute = np.array(term_distribute)
        term_id = term_distribute[:, 0].astype(np.int)
        print("词: ", end="")
        for t in term_id:
            print(dictionary.id2token[t], end=" ")
        print("概率: ", end="")
        print(term_distribute[:, 1])
    #将主题词写入一个文档 topword.txt，每个主题显示 20 个词
    with open("ldatopic.txt", "w", encoding="utf-8") as tw:
        for topic_id in range(num_topics):
            term_distribute_all = lda.get_topic_terms(topicid=topic_id,
                                                      topn=20)
            term_distribute = np.array(term_distribute_all)
            term_id = term_distribute[:, 0].astype(np.int)
            for t in term_id:
                tw.write(dictionary.id2token[t] + " ")
            tw.write("\n")
plot = pyLDAvis.gensim_models.prepare(lda, corpus, dictionary)
pyLDAvis.save_html(plot, "D:/大数据心理学/第 1 章/第 1 节/心理咨询语料库/
                   "re-pyLDAvis.html")
```

3）项目结果呈现

（1）原数据集如图 1-1 所示，经过停用词过滤和分词处理的数据集如图 1-2 所示。

2	男 家庭烦恼，给我带来好大的阴影？谁能帮到我。
3	男 怎么克服恐惧症，求专家解答，我现在很困惑！
4	男 父亲突然离开人世，感到悲痛，走不出困境
5	女 新手宝妈，婚姻，婆媳，育儿理念，爱胡思乱想
6	女 这几天老是控制不住自己大哭，感觉透不过气来
7	女，焦虑不安，睡眠半睡半醒，心慌，老是胡思乱想
8	女 同性朋友，刚分手太痛苦了！需要多久才能好啊
9	女 老是幻想自己得抑郁症该有多好，这样的话怎么办
10	女 这样是否有抑郁症？这个我看不懂，麻烦了。

0	负罪感
1	家庭烦恼
2	离开人世 悲痛
3	新手 宝妈 育儿 理念
4	透不过气
5	焦虑不安 半睡半醒
6	这样的话
7	药店
8	合股 做生意 太难
9	社交障碍 短时间
10	小朋友
11	产后抑郁症

图 1-1　原数据集　　　　　　　　　　图 1-2　经过停用词过滤和分词处理的数据集

（2）根据困惑度曲线（见图 1-3）可知，拐点在主题数为 5～7.5 的范围内，设置主题数为 6，将文档主题可视化，主题可视化（6 个主题）如图 1-4 所示，但是此时存在部分主题重叠的现象，减少主题数至 4 时，主题可视化（4 个主题）如图 1-5 所示，此时主题没有重叠现象，则最具有区分度的主题数为 4。

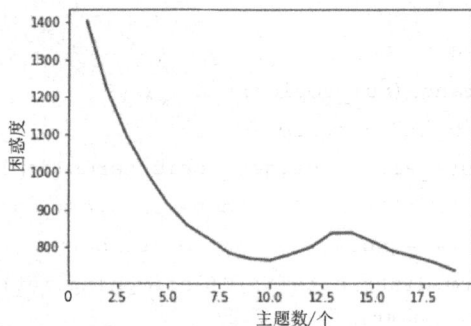

图 1-3　困惑度曲线

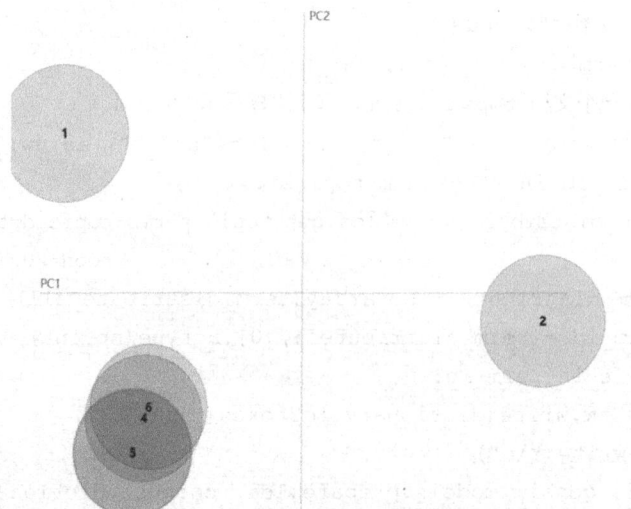

图 1-4　主题可视化（6 个主题）

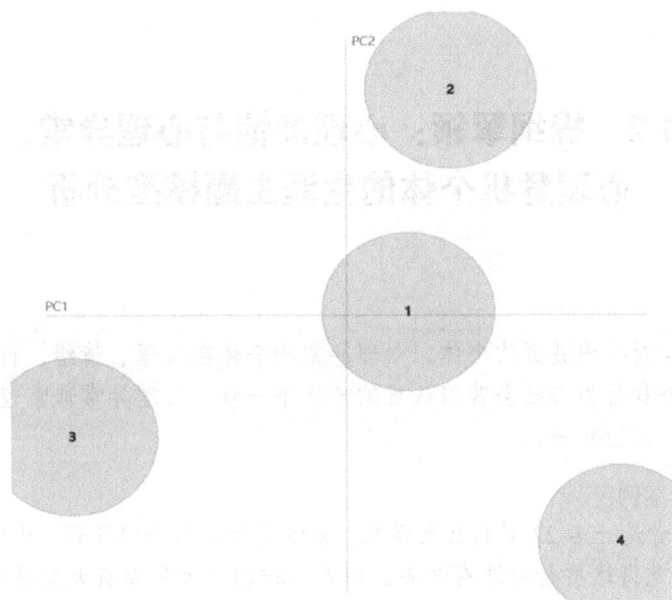

图 1-5　主题可视化（4 个主题）

（3）基于 LDA 模型训练之后，得到 4 个主题对应的词组，如表 1-1 所示（仅呈现部分词语），主题 1 可以标识为"大学生的心理烦恼和生涯主题模型"，主题 2 可标识为"面临毕业学生的心理烦恼和生涯主题模型"，主题 3 可标识为"上班族的心理烦恼和生涯主题模型"，主题 4 可标识为"高中生的心理烦恼和生涯主题模型"。

表 1-1　4 个主题对应的词组

主题 1	主题 2	主题 3	主题 4
很迷茫	毕业	没兴趣	焦虑
干嘛	心理压力	平常	早恋
玩游戏	无缘无故	班上	同一个
未婚	没有安全感	建立	题目
死亡	长大	九岁	抛开
大学生	打击	财务	高中学生
抽搐	发呆	称呼	技校
患上	留下	分钟	考不到

4）项目拓展应用

LDA 主题模型近年在各行各业得到了广泛应用。有研究者使用 LDA 模型对淘宝店铺的评论数据进行分析，综合展示了用户对网络销售平台服务的重点关注方面（如价格保护、货源渠道、客服质量、配件等），对电商平台的商家非常有参考价值。网络文学作品的阅读群体逐渐扩大，但该市场的作品鱼龙混杂，有研究者对《雪中悍刀行》进行主题分析，构建了小说的主题和小说的脉络，可以作为读者筛选小说的工具，为读者提供便利。总之，无论是像微博、评论这类短文本或是小说这类长文本，都可以使用主题模型进行分析和结果呈现，LDA 主题模型是一个便利、实用的文本分析工具。

1.2 提纲挈领：心理烦恼与心理异常、心理危机个体的生涯主题模型分析

1. 从心起航

> 心理异常：相对心理健康的个体，心理异常的个体在心理、情绪、行为等方面有失常表现，其心理状态和行为与社会普遍认可的方式不一致。心理异常通常包括心理障碍、人格障碍、精神病、神经症等。

心理异常个体案例：

案例一：来访者是一名 22 岁的女大学生，自述有担心宿舍门没锁、出门没有断电等反复检查的行为，自己觉得这些行为没有必要，但无法控制，近期因有大型考试，与室友关系紧张，导致出现了莫名的焦虑，同时伴随有心慌、头痛、失眠等症状，严重影响日常生活。

案例二：张同学是一名初二学生，一年前因感到学习压力大、无法完成作业等出现烦躁情绪，一直未求医。近一周，张同学的症状有所加重，出现上课时无法集中注意力、不愿上学、沉迷网络游戏等行为，家长干预教导后，出现大声哭泣或坐立不安的现象，甚至觉得生活没意思。

> 心理危机：由于突发事件引起的个体心理失衡的状态，可能伴有情绪、生理、行为方面的症状，严重时可能会引发危害自身和公众安全的行为。

心理危机个体案例：

某学生大三时在校应征入伍，入伍期间，多次立功表现优异。退伍返校后，不适应专业选择，降级并进入新的专业学习，后因学业困难和专业选择的困扰导致该生出现学业焦虑，并伴有抑郁情绪。该生进行心理咨询后服药性差，出现不按时服药和自主停药的行为，导致抑郁情绪反复，在就医后夜不归宿。

2. 数不胜数

该部分内容与 1.1 节保持一致，不再赘述。

3. 计研心算

1）项目解决逻辑

本节使用的数据来源与 1.1 节一致，本节分析数据时选择心理异常和心理危机的数据文本。项目解决逻辑与 1.1 节一致：分词处理、基于 TF-IDF 计算关键词并生成词云图、计算困惑度并确定主题数、主题可视化。

2）项目实现过程

本节代码在 Python 3.8（Anaconda 3 工具的 Spyder 部分）中实现。

本节所用停用词表与 1.1 节一致，对自定义词典进行了调整：除保留上节的生涯类词语以外，在词典中加入关于心理异常（如"抑郁症""焦虑症""双相情感障碍"等）和危机事

件（如"生意失败""换岗"等）的词语。在分词完毕之后，保存分词后的文档。

分词代码实现如下。

```
#导入需要的库
import csv
import re
import pandas as pd
import jieba


#读取文本
df = pd.read_csv(r"D:\大数据心理学\第 1 章\第 2 节\心理咨询语料库\data_re.csv",
                encoding="ANSI").astype(str)
#读取停用词表
def stopwordslist():
    stopwords = [line.strip() for line in open(
        r"D:\大数据心理学\第 1 章\第 2 节\心理咨询语料库\stop_words2s3.txt", "r",
        encoding="UTF-8").readlines()]
    return stopwords
#加载自定义词典
jieba.load_userdict(r"D:/大数据心理学/第 1 章/第 2 节/心理咨询语料库/data_dic.txt")
#对每行进行分词
def seg_sentence(sentence):
    sentence_seged = jieba.cut(sentence.strip())
    stopwords = stopwordslist()
    outstr = ""
    for word in sentence_seged:
        if word not in stopwords and len(word) > 1:
            if word != "\t":
                outstr += word
                outstr += " "
    return outstr
inputs = df["title"]
line_seg = []
for line in inputs:
    line_seg.append(seg_sentence(line))
name = ["title"]
test = pd.DataFrame(columns=name, data=line_seg)
print(test)
test.to_csv(r"D:\大数据心理学\第 1 章\第 2 节\心理咨询语料库\re1.csv", encoding="ANSI")
```

计算关键词并生成词云图，代码实现如下。

```
#导入需要的库
import csv
import re
import pandas as pd
import jieba
```

```
from os import path
import jieba.analyse as anls
from PIL import Image
import numpy as np
import matplotlib.pyplot as plt
#词云生成工具
from wordcloud import WordCloud, ImageColorGenerator
#需要对中文进行处理
import matplotlib.font_manager as fm


#背景图
bg = np.array(Image.open("D:/大数据心理学/第1章/第2节/心理咨询语料库/background.jp"))
#获取当前的项目文件夹的路径
D = path.dirname("__file__")
#读取文本
text = pd.read_csv(r"D:\大数据心理学\第1章\第2节\心理咨询语料库\re1.csv",
                   encoding="ANSI").astype(str)
#读取停用词表
def stopwordslist():
    stopwords = [line.strip() for line in open(
        r"D:\大数据心理学\ stop_words2s3.txt","r",
        encoding="UTF-8").readlines()]
    return stopwords
#自定义词典
jieba.load_userdict(r"D:\大数据心理学\第1章\第2节\心理咨询语料库\data_dic.txt")
#句子分词及去除停用词
def seg_sentence(sentence):
    #使用jieba词库对每行进行分词
    sentence_seged = jieba.cut(sentence.strip())
    stopwords = stopwordslist()
    outstr = ""
    #去除停用词
    #将不在停用词表里且长度大于1的词语存储在分词文件中，并用空格连接分词结果
    for word in sentence_seged:
        if word not in stopwords and len(word) > 1:
            if word != "\t":
                outstr += word
                outstr += " "
    return outstr
inputs = text["title"]
line_seg = []
for line in inputs:
    line_seg.append(seg_sentence(line))
name = ["title"]
test = pd.DataFrame(columns=name, data=line_seg)
```

```
print(test)
test.to_csv(r"D:\大数据心理学\心理咨询语料库\re1.csv", encoding="ANSI")
fW = open("fenci.csv", "w", encoding="ANSI")
fW.write(" ".join(line_seg))
fW.close()
line_seg_str = " ".join(line_seg)
with open("fenci.csv", "r", encoding="gbk") as r:
    lines =r.readlines()
with open("fenci.csv", "w", encoding=s"gbk") as w:
    for line in lines:
        if len(line) > 2:
            w.write(line)
fW = open("fenci.csv", "w", encoding="gbk")
fW.write(" ".join(line_seg))
fW.close()
text_split_no_str =" ".join(line_seg)
#基于 TF-IDF 算法提取关键词
print("基于 TF-IDF 提取关键词结果: ")
keywords = []
for x, w in anls.extract_tags(text_split_no_str, topK=200, withWeight=True):
    keywords.append(x)
keywords = " ".join(keywords)
print(keywords)
print("基于词频统计结果")
txt = open("fenci.csv", "r", encoding="gbk").read()
words = jieba.cut(txt)
counts = {}
for word in words:
    if len(word) == 1:
        continue
    else:
        rword = word
    counts[rword] = counts.get(rword, 0) + 1
items = list(counts.items())
items.sort(key=lambda x:x[1], reverse=True)
for i in range(30):
    word, count=items[i]
    print(word)
wc = WordCloud(
    background_color="white",
    max_words=300,
    mask=bg,
    max_font_size=60,
    scale=16,
```

```
        random_state=42,
        mode="RGBA",
        width=800,
        height=600,
        font_path="simhei.ttf"
        ).generate(keywords)
my_font = fm.FontProperties(fname="simhei.ttf.ttf")
image_colors = ImageColorGenerator(bg)
plt.imshow(wc)
plt.axis("off")
plt.figure()
plt.show()
plt.axis("off")
plt.imshow(bg, cmap=plt.cm.gray)
plt.show()
#保存云图
wc.to_file("D:/大数据心理学/心理咨询语料库/ciyun_re1.png")
print("词云图片已保存")
```

计算文档困惑度，代码实现如下。

```
#gensim 是用于挖掘文本主题的处理库
from gensim import corpora, models
import math
import matplotlib.pyplot as plt

#分析文档的困惑度
def ldamodel(num_topics, pwd):
    cop = open(r"D:\大数据心理学\心理咨询语料库\re1.csv")#打开要分析的文档并定义为cop
    train = []
    for line in cop.readlines():
        line = [word.strip() for word in line.split(" ")]
        train.append(line)
    dictionary = corpora.Dictionary(train)
    corpus = [dictionary.doc2bow(text) for text in train]
    corpora.MmCorpus.serialize("corpus.mm", corpus)
    lda = models.LdaModel(corpus=corpus, id2word=dictionary,
                          random_state=1,
                          num_topics=num_topics)
    topic_list = lda.print_topics(num_topics, 10)
    return lda, dictionary
#定义困惑度函数
def perpleity(ldamodel, testset, dictionary, size_dictionary, num_topics):
    print("the info of this ldamodel: \n")
    print("num of topics: %s" % num_topics)
    prep = 0.0
```

```python
    prob_doc_sum = 0.0
    topic_word_list = []
    for topic_id in range(num_topics):
        topic_word = ldamodel.show_topic(topic_id, size_dictionary)
        dic = {}
        for word, probability in topic_word:
            dic[word] = probability
        topic_word_list.append(dic)
    doc_topics_ist = []
    for doc in testset:
    doc_topics_ist.append(ldamodel.get_document_topics(
                        doc, minimum_probability=0))
    testset_word_num = 0
    for i in range(len(testset)):
        prob_doc = 0.0
        doc = testset[i]
        doc_word_num = 0
        for word_id, num in dict(doc).items():
            prob_word = 0.0
            doc_word_num += num
            word = dictionary[word_id]
            for topic_id in range(num_topics):
                #cal p(w) : p(w) = sumz(p(z)*p(w|z))
                prob_topic = doc_topics_ist[i][topic_id][1]
                prob_topic_word = topic_word_list[topic_id][word]
                prob_word += prob_topic * prob_topic_word
            prob_doc += math.log(prob_word)  #p(d) = sum(log(p(w)))
        prob_doc_sum += prob_doc
        testset_word_num += doc_word_num
    prep = math.exp(-prob_doc_sum / testset_word_num)
    print("模型困惑度为 : %s" % prep)
    return prep
#主题数与困惑度的折线图
def graph_draw(topic, perplexity):
    x = topic
    y = perplexity
    plt.plot(x, y, color="red", linewidth=2)
    plt.xlabel("Number of Topic")
    plt.ylabel("Perplexity")
    plt.savefig("Perplexity-Topics")
    plt.show()
if __name__ == "__main__":
    pwd = "~/test.txt"
```

```
    for i in range(1, 2, 1):
    print("抽样为"+str(i)+"时的 perplexity")
    a=range(1, 20, 1)
    p=[]
    for num_topics in a:
        lda, dictionary = ldamodel(num_topics, pwd)
        corpus = corpora.MmCorpus("corpus.mm")
        testset = []
        for c in range(int(corpus.num_docs/i)):
            testset.append(corpus[c*i])
        prep = perplexity(lda, testset,
                        dictionary, len(dictionary.keys()), num_topics)
        p.append(prep)
    graph_draw(a, p)
```

可视化主题的代码实现如下。

```
#导入需要的库
import numpy as np
from gensim import corpora, models
import pyLDAvis.gensim_models


if __name__ == "__main__":
    #读入文本数据
    f = open("D:/大数据心理学/心理咨询语料库/re1.csv", encoding="ANSI")
    texts = [[word for word in line.split()] for line in f]    f.close()
    M = len(texts)
    print("文本数目: %d 个" % M)
    #建立词典，根据文档中的词建立词典
    dictionary = corpora.Dictionary(texts)
    V = len(dictionary)
    print("词的个数: %d 个" % V)
    #计算文本向量
    corpus = [dictionary.doc2bow(text) for text in texts]
    #计算文档 TF-IDF
    corpus_tfidf = models.TfidfModel(corpus)[corpus]
    #LDA 模型拟合
    num_topics = 3
    #定义 LDA 的参数值
    lda = models.LdaModel(corpus_tfidf, num_topics=num_topics,
                        id2ord=dictionary, alpha=0.01,
                        eta=0.01,
                        minimum_probability=0.001, update_every=1,
                        chunksize=100, passes=1, random_state=20)
    #定义所有文档的主题
    doc_topic = [a for a in lda[corpus_tfidf]]
    print("Document-Topic: ")
```

```python
print(doc_topic)
#输出文档的主题分布
num_show_topic = 10
print("文档的主题分布：")
doc_topics = lda.get_document_topics(corpus_tfidf)
idx = np.arange(M)    #M 为文本个数，生成从 0 开始到 M-1 的文本数组
for i in idx:
    topic = np.array(doc_topics[i])
    topic_distribute = np.array(topic[:, 1])
    topic_idx = topic_distribute.argsort()[:-num_show_topic - 1:-1]
    print("第%d 个文档的前%d 个主题：" % (i, num_show_topic))
    print(topic_idx)
    print(topic_distribute[topic_idx])
#每个主题的词分布
num_show_term = 20
for topic_id in range(num_topics):
    print("主题#%d: \t" % topic_id)
    term_distribute_all = lda.get_topic_terms(topicid=topic_id)
    term_distribute = term_distribute_all[:num_show_term]
    term_distribute = np.array(term_distribute)
    term_id = term_distribute[:, 0].astype(np.int)
    print("词: ", end="")
    for t in term_id:
        print(dictionary.id2token[t], end=" ")
    print("概率: ", end="")
    print(term_distribute[:, 1])
with open("ldatopic.txt", "w", encoding="utf-8") as tw:
    for topic_id in range(num_topics):
        term_distribute_all = lda.get_topic_terms(topicid=topic_id,
                                                  topn=20)
        term_distribute = np.array(term_distribute_all)
        term_id = term_distribute[:, 0].astype(np.int)
        for t in term_id:
            tw.write(dictionary.id2token[t] + " ")
        tw.write("\n")
plot =pyLDAvis.gensim_models.prepare(lda, corpus, dictionary)
pyLDAvis.save_html(plot, "D:/大数据心理学/心理咨询语料库/re1-pyLDAvis.html")
```

3）项目结果呈现

（1）经过停用词过滤、分词处理的数据集如图 1-6 所示。

（2）基于 TF-IDF 算法得到心理异常个体主题词云图（见图 1-7（a）），心理异常个体中提到较多的词语包括离婚、打游戏、出车祸等。心理危机个体主题词云图（见图 1-7（b））显示，心理危机个体中提到较多的词语有婆媳关系、二胎、车祸等。

| 负罪感 |
| 家庭烦恼 帮到 |
| 离开人世 悲痛 |
| 新手 宝妈 育儿 理念 |
| 透不过气 |
| 焦虑不安 半睡半醒 |
| 合股 做生意 太难 |
| 社交障碍 短时间 |
| 产后抑郁症 |
| 说不清楚 |
| 多变 猜不透 |
| 想找人倾诉 |

图 1-6　经过停用词过滤、分词处理的数据集

（a）心理异常个体主题词云图　　　　　　（b）心理危机个体主题词云图

图 1-7　词云图

（3）根据困惑度曲线图（见图 1-8），最佳主题数应为 6，但存在主题重叠，逐步减少主题数至 3，主题可视化如图 1-9 所示，不再出现主题间相互重叠的现象，则最佳主题数为 3。

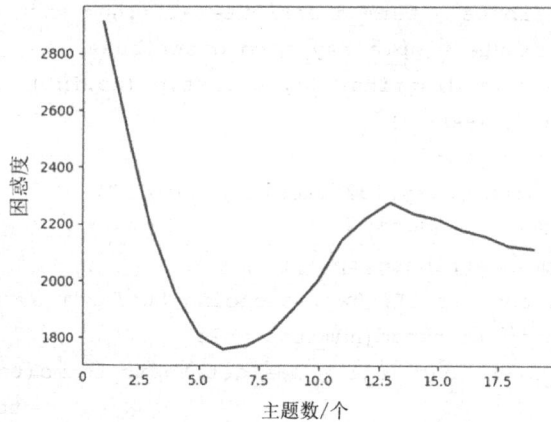

（a）心理异常

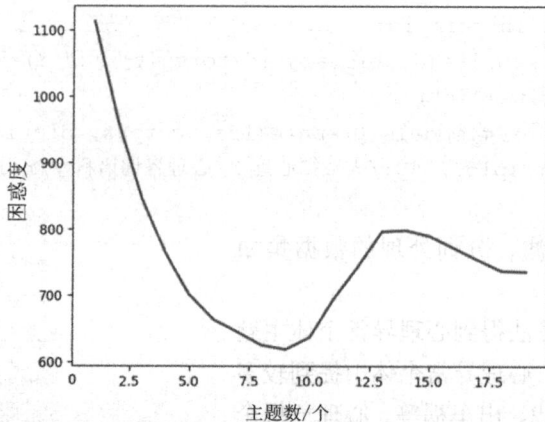

（b）心理危机

图 1-9　困惑度曲线图

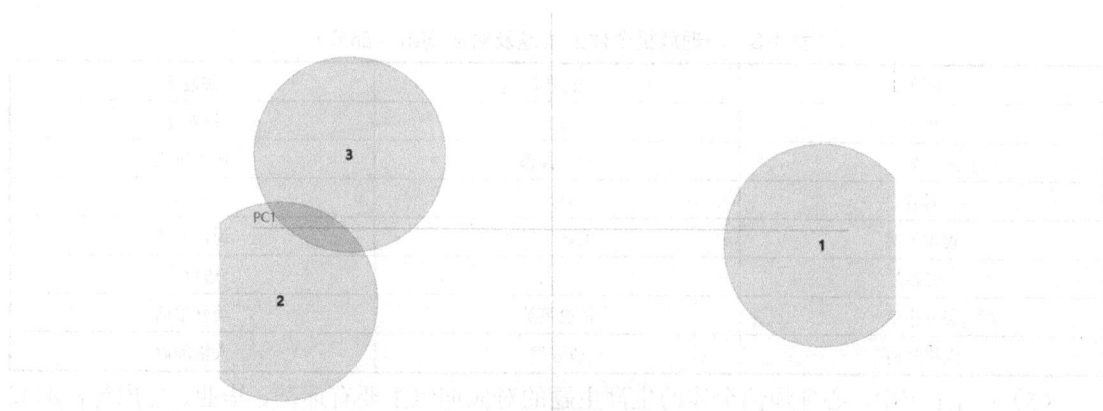

（a）心理异常个体主题可视化（3 个主题）

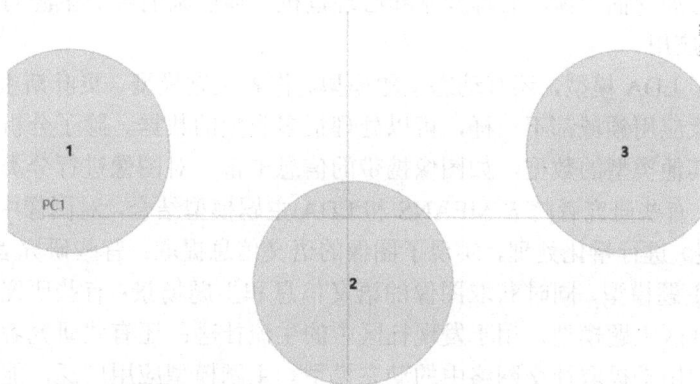

（b）心理危机个体主题可视化（3 个主题）

图 1-9　主题可视化

（4）经过 LDA 模型训练，发现心理异常个体的主题及对应词组（部分）如表 1-2 所示，其中，主题 1 可标识为以"强迫"为中心的生涯主题模型，主题 2 可标识为以"杂乱"为中心的生涯主题模型，主题 3 可标识为以"家庭生活"为中心的生涯主题模型。心理危机个体的主题及对应词组（部分）如表 1-3 所示，其中，主题 1 可标识为以"心理障碍"为中心的生涯主题模型，主题 2 可标识为以"家庭生活"为中心的生涯主题模型，主题 3 可标识为以"生活和压力"为中心的生涯主题模型。

表 1-2　心理异常个体的主题及对应词组（部分）

主题 1	主题 2	主题 3
分钟	建立	财务
九岁	纠纷	单亲
不知情	残疾	疤痕
总爱	心理	婆家
称呼	抽搐	题目
没希望	小朋友	患上
投入	开小差	相应

表 1-3 心理危机个体的主题及对应词组（部分）

主题 1	主题 2	主题 3
单亲	婆家	没希望
良好	产后抑郁	压力过大
暴食	算计	受尽
说说笑笑	美好生活	说说笑笑
边缘型	一以	边缘型
美好生活	说说笑笑	美好生活
人格障碍	边缘型	人格障碍

（5）在 1.1 节中，心理烦恼个体的生涯主题的对应词组主要有迷茫、毕业、焦虑等，本节中的心理异常和心理危机个体的生涯主题对应词组主要有突发事件、纠纷、产后抑郁等。对比可知，相比于心理烦恼个体，心理异常和心理危机个体面临的各类生涯问题更严重。

4）项目拓展应用

主题模型除了 LDA 模型，还有动态主题模型、作者主题模型、贝叶斯主题模型等，各种类型使用的参数及应用领域都不一样，可以处理很多类型的数据。除了分析文本以外，主题模型还可以处理其他类型的数据，如图像携带的信息丰富，对图像进行分类和识别是视觉研究中的热点问题。有些研究者将 K-MEANS 和 LDA 主题模型结合，对图像中的特征信息（如颜色、纹理、尺度）进行量化处理，实现了图像的语义信息提取；有些研究者针对复杂图像，通过完全的稀疏主题模型，同时获取图像的语义信息和主题场景；有些研究者拓展作者主题模型，提出用户社区主题模型，用于发现社区中的主流社区；还有些研究者将动态模型应用于社交网络社区，用于提取社交网络中的动态模型。主题模型应用广泛，能够帮助人们解决许多分类、聚类的问题。

参考文献

[1] Super D E. A Life-span, Life-space Approach to Career Development[J]. Journal of Vocational Behavior, 1980, 16(3): 282-298.

[2] 李南，谭光霞. 高中生生涯咨询案例分析[J]. 成才之路，2019，(23)：100.

[3] 张宇，王乃弋. 关于大学毕业生生涯未决的咨询案例分析[J]. 中国大学生就业，2021，(15)：59-64.

[4] 李然. 大学生完美主义人格及其与自尊、烦恼心理的关系[D]. 西安：陕西师范大学，2008.

[5] 孙苏芬. 你若盛开，蝴蝶自来——初中生体像烦恼心理辅导案例[J]. 中小学心理健康教育，2020，(36)：50-51.

[6] Blei D M, Ng A Y, Jordan M I. Latent Dirichlet Allocation[J]. Journal of Machine Learning Research, 2003, 3:993-1022.

[7] 赵凯，王鸿源. LDA 最优主题数选取方法研究：以 CNKI 文献为例[J]. 统计与决策，2020，36(16)：175-179.

[8] 谭春辉，熊梦媛. 基于 LDA 模型的国内外数据挖掘研究热点主题演化对比分析[J]. 情报

科学，2020，9(3)：1-12.

[9] 董伟，董思遥，王聪，等. 基于 TF-IDF 算法和 DTM 模型的网络学习社区主题分析[J]. 现代教育技术，2022，32(02)：90-98.

[10] 陈欢. 基于主题事件演化模型的网络舆情分析[D]. 上海工程技术大学，2020.

[11] 王博，刘盛博，丁堃，等. 基于 LDA 主题模型的专利内容分析方法[J]. 科研管理，2015，36(3)：7.

[12] 张浩，王婷. 基于主题模型的网络流通渠道服务质量分析与评价体系研究[J]. 物流科技，2022，45(01)：38-42.

[13] 刘锡峰，武帅，曾桢，等. 基于主题模型和知识图谱的网络文学文本挖掘研究——以《雪中悍刀行》为例[J]. 信息技术与信息化，2020，(12)：115-120.

[14] 仲稳山，沈红兵，于晓萍. 泰州师专理科学生心理异常状况调查及矫治[J]. 卫生职业教育，2004，(07)：120-123.

[15] 刘新红. 基于高校辅导员视角的大三学生心理异常调查与分析[J]. 大众标准化，2021，(10)：79-81.

[16] 张冰，段彩彬. 强迫症大学生咨询案例报告一例[J]. 校园心理，2018，16(03)：229-231.

[17] 张文瑄，袁勇贵. 平衡心理治疗应用于 1 例青少年抑郁症患者的案例报告[J]. 医学与哲学(B)，2018，39(10)：67-69+81.

[18] 曾红，严瑞婷，王爽，等. 青少年个体心理危机的生成机制及影响因素[J]. 心理学探新，2018，38(06)：539-545.

[19] 吴丽娟. 退伍兵学生心理危机干预案例解析——以高校辅导员的视角[J]. 科教文汇（上旬刊），2020，(04)：157-158.

[20] 韩亚楠，刘建伟，罗雄麟. 概率主题模型综述[J]. 计算机学报，2021，44(06)：1095-1139.

[21] Zhong Y, Zhu Q, Zhang L. Scene Classification based on the Multi-feature Fusion Probabilistic Topic Model for High Spatial Resolution Remote Sensing Imagery[J]. IEEE Transactions on Geoscience and Remote Sensing, 2015, 53(11): 6207-6222.

[22] Zhu Q, Zhong Y, Zhang L, et al. Scene Classification based on the Fully Sparse Semantic Topic Model[J]. IEEE Transactions on Geoscience and Remote Sensing, 2017, 55(10): 5525-5538.

[23] Zhou D, Manavoglu E, Li J, et al. Probabilistic Models for Discovering E-communities[C]. Proceedings of the 15th International Conference on World Wide Web, 2006, 173-182.

[24] Xu S, Shi Q, Qiao X, et al. Author-Topic over Time (AToT): A Dynamic Users' Interest Model[J]. Lecture Notes in Electrical Engineering, 2014, 274.

第 2 章

知微知彰："冬奥会"热点话题的识别与追踪

2.1 大海捞针："冬奥会"微博博文的爬取

1. 从心起航

伴随互联网的飞速发展，网络已经成为人们生活中必不可少的部分。根据中国互联网络信息中心（China Internet Network Information Center，CNNIC）发布的《中国互联网络发展状况统计报告》，截至 2021 年 6 月，我国网民规模达 10.11 亿，较 2020 年 12 月增长 2175 万，互联网普及率达 71.6%。十亿用户接入互联网，形成了全球最为庞大、生机勃勃的数字社会。社交网络为人们提供了一个交流的虚拟平台。网络使用者可以通过互联网平台交流信息，分享知识、经验，并通过信息平台发出自己的声音。

随着在线社交网络的不断壮大，网络本身也逐渐成为人类复杂社会生态系统的一个缩影，以微博为主的社交传媒平台逐渐成为舆情发展、演变、传播的主要空间，甚至开始影响人们信息传播行为的演化过程。因此，通过对在线社交网络进行有效分析，可以迅速地把握人类社交网络行为背后所隐藏的规律、机制乃至一般性的法则。

例如，有研究通过网络爬取获得上海美食具体数据，进行数据处理与分析，根据所得结论充分了解市场上客户的消费习惯和消费倾向，以便商家及时调整策略，迎合市场需求；再如，有研究利用网络爬虫软件在新浪微博上获取巴黎圣母院大火相关博文，从热度变化、地域分布、情感趋势等方面分析民众对巴黎圣母院大火的舆论关注情况及舆论走向，探讨官方微博在舆论引领中发挥的作用；又如，为了探讨某一市级旅游目的地中不同类型旅游地的旅游流差异，有研究者利用爬虫技术获取微博旅游数据，对 2016—2019 年到访桂林市漓江风景区、阳朔风景区的国内旅游流时空变化进行分析，得出旅游流时空分布特征及影响旅游流变化的因素，为漓江及阳朔旅游客流市场的预测提供参考，亦为桂林市区与阳朔差异化定位和协同发展提供依据，促进区域旅游业的可持续发展。

随着互联网的普及，社交媒体逐渐成为人们生活的重要组成部分。用户的在线行为能够通过电子记录在网络空间中被实时保存下来，形成自然情境下丰富的用户行为数据，提供了新的数据平台和研究途径。许多研究结果证明，用户在社交媒体上的行为数据蕴含了大量的心理学信息，是了解人们认知、情感、人格、心理健康等心理过程的"一扇窗"。

2. 数不胜数

网络爬虫（Web Crawler）：又名网络蜘蛛，是自动地抓取万维网信息的脚本或程序。若将网络比作蜘蛛网，则网络爬虫就相当于蜘蛛，能够获取网页上的信息、数据等，不断循环下去，将所要获取数据的网页都爬取完毕。搜索引擎就是最简单的例子，如生活中经常用到的百度、谷歌等，这些都是网络爬虫的产品。

现在爬虫的搜索策略主要为深度优先搜索策略、广度优先搜索策略、非完全 PageRank 策略及大站优先搜索策略。微博跟其他普通网站相比，动态性和网页结构都比较复杂，对于爬虫的防范也更加严格，普通的爬虫程序一般不能直接获取微博相应的网页内容。但微博网页内容中的数据格式较为统一，利用爬虫原理，运用一些工具和方法，可以设计针对新浪微博数据的网络爬虫，就可以较为方便地获取微博中的有关数据。

3. 计研心算

1）项目解决逻辑

登录微博，获取相应的 cookie，修改代码中的 cookie、时间、关键词等信息，启动爬虫。

2）项目实现过程

以下代码在 Python 3.9（PyCharm 工具）中实现，具体过程如下。

（1）微博登录：新浪微博的数据都需要在登录的情况下才能访问，所以"微博登录"是爬虫需要解决的第一个问题。登录成功后，可通过按"F12"键或在网页中选择"更多工具"选项，打开"开发人员工具"，按组合键"Ctrl+R"刷新记录，找到相应的 cookie。

（2）设置"setting"文件中的 cookie、关键词、爬取时间等信息。

设置 cookie：将此前在微博页面中查找到的 cookie 复制到'cookie'后的单引号里，即下画线处。该部分代码如下。

```
#采用 utf-8 编码
BOT_NAME = "weibo"
SPIDER_MODULES = ["weibo.spiders"]
NEWSPIDER_MODULE = "weibo.spiders"
COOKIES_ENABLED = False
TELNETCONSOLE_ENABLED = False
LOG_LEVEL = "ERROR"
#访问完一个页面后访问下一个页面时需要等待的时间默认为 10s
DOWNLOAD_DELAY = 5
DEFAULT_REQUEST_HEADERS = {
                          "Accept":"text/html,application/xhtml+xml,\
                                application/xml;q=0.9,*/*;q=0.8",
                          "Accept-Language": "zh-CN,zh;q=0.9,en;q=0.8,\
                                en-US;q=0.7",
                          "cookie": "_____" }
ITEM_PIPELINES = {
                "weibo.pipelines.DuplicatesPipeline": 300,
                "weibo.pipelines.CsvPipeline": 301,
```

```
                      #"weibo.pipelines.MysqlPipeline": 302,
                      #"weibo.pipelines.MongoPipeline": 303,
                      #"weibo.pipelines.MyImagesPipeline": 304,
                      #"weibo.pipelines.MyVideoPipeline": 305}
```

设置关键词：根据所要爬取的相关话题，选定关键词，此处选择的关键词是"冬奥会"。
该部分代码如下。

```
#搜索的关键词列表可写多个,值可以是由关键词或话题组成的列表，也可以是包含关键词的 txt 文件
#路径，如"keyword_list.txt"，txt 文件中每个关键词占一行
KEYWORD_LIST = ["冬奥会"]#或者 KEYWORD_LIST = "keyword_list.txt"
#搜索的微博类型：0 代表搜索全部微博，1 代表搜索全部原创微博，2 代表热门微博，3 代表关注人微
#博，4 代表认证用户微博，5 代表媒体微博，6 代表观点微博
WEIBO_TYPE = 1
#筛选微博中必须包含的内容：0 代表不筛选、获取全部微博，1 代表搜索包含图片的微博，2 代表包
#含视频的微博，3 代表包含音乐的微博，4 代表包含短链接的微博
CONTAIN_TYPE = 0
#筛选微博的发布地区，精确到省或直辖市，值不应包含"省"或"市"等字，如想要筛选北京市的微
#博请用"北京"而不是"北京市"，想要筛选安徽省的微博请用"安徽"而不是"安徽省"，可以写多个地区
#具体支持的地名见 region.py 文件，注意只支持省或直辖市的名字，不支持省下面的市名及直辖市
#下面的区县名，不筛选请用"全部"
REGION = ["全部"]
```

设置起止时间，该部分代码如下。

```
#搜索的起始日期为 yyyy-mm-dd 形式，搜索结果包含该日期
START_DATE = "2022-01-18"
#搜索的终止日期为 yyyy-mm-dd 形式，搜索结果包含该日期
END_DATE = "2022-03-10"
```

设置细分搜索的阈值，该部分代码如下。

```
#设置细分搜索的阈值，若结果页数大于或等于该值，则认为结果没有完全展示，细分搜索条件，重新
#搜索以获取更多微博。数值越大，速度越快，也越有可能遗漏微博；数值越小，速度越慢，获取的微博就越多
#建议数值大小设置在 40 至 50 之间
FURTHER_THRESHOLD = 40
#图片文件的存储路径
IMAGES_STORE = "./"
#视频文件的存储路径
FILES_STORE = "./"
#配置 MongoDB 数据库
#MONGO_URI = "localhost"
#配置 MySQL 数据库，以下为默认配置，可以根据实际情况更改，程序会自动生成一个名为 weibo 的
#数据库，如想更换名称，请更改 MYSQL_DATABASE 值
#MYSQL_HOST = "localhost"
#MYSQL_PORT = 3306
#MYSQL_USER = "root"
#MYSQL_PASSWORD = "123456"
#MYSQL_DATABASE = "weibo"
```

（3）启动爬虫

在文件夹下打开 cmd 窗口，输入"scrapy crawl search -s JOBDIR = crawls/search"，启动爬虫。

3）项目结果呈现

爬取 2022 年 1 月 18 日至 2022 年 3 月 10 日关于"冬奥会"的用户微博数据（见图 2-1），包含"用户 ID""用户昵称""微博正文""发布位置""话题""转发数""评论数""点赞数""发布时间"等信息。

id	bid	user_id	用户昵称	微博正文	头条文章	发布位置	艾特用户	话题	转发数	评论数	点赞数	发布时间
4.74E+15	LhKC2uC0	7.59E+09	今日关注话题	吕梁汾阳市冬奥期间部分洗煤企业逆流而上是实力				冬奥欢乐	0	0	0	2022/3/1 20:28
4.74E+15	LhKCHe4F	3.26E+09	小慧子hhhh	我已为@摸鱼能手邓大头投出·摸鱼能手·				冬奥欢乐	0	0	0	2022/3/1 20:29
4.74E+15	LhKCR0m	7.64E+09	南北望1227	吕梁汾阳市冬奥期间部分洗煤企业逆流而上是实力					0	0	0	2022/3/1 20:30
4.74E+15	LhKEx048	7.53E+09	苏苏少喝奶	#周深新歌梦想指路#在这个雪卡布句_周_周深新歌					0	0	0	2022/3/1 20:34
4.74E+15	LhKFrspbN	7.64E+09	南北望1227	冬奥期间,孝义市大孝堡长黄村三厂"逆流而上",				娱乐综艺	0	0	0	2022/3/1 20:36
4.74E+15	LhKGJcaSl	2.27E+09	可涵影视	韩国和匈牙利决定在剩下的短道速滑比				娱乐综艺	0	0	0	2022/3/1 20:39
4.74E+15	LhKJ0dzM	1.89E+09	侃侃而谈zp	#羽生结弦因伤退出花滑世锦赛#说实话,羽生结弦					0	0	5	2022/3/1 20:45
4.74E+15	LhKNF9JC	7.65E+09	千里明月阁	吕梁汾阳市冬奥期间部分洗煤企业逆流而上是实力					0	0	0	2022/3/1 20:56
4.74E+15	LhKNAtfjc	2.19E+09	邢光辉A	北京2022年冬奥会#我的冬奥英雄#北京:我的冬奥					4	2	9	2022/3/1 20:56
4.74E+15	LhKO0cXN	6.5E+09	Nora-naya	因为一个冬奥会我彻底脱粉我担了,以前我觉得他					0	0	5	2022/3/1 20:57
4.74E+15	LhKOV9ef	5.72E+09	最美表演	冰墩墩雪容融完成交班#冰墩墩雪容融冰墩墩雪					0	1	0	2022/3/1 21:00
4.74E+15	LhKPyr8ij	5.81E+09	qingting_77	北京冬奥会举行首次每日例行新闻发布会张艺谋凶					0	0	0	2022/3/1 21:01
4.74E+15	LhKQ7jhp	5.07E+09	老鬼嗑瓜	#羽生结弦因伤退出花滑世锦赛#3月1日,羽生结弦					0	0	0	2022/3/1 21:03
4.74E+15	LhKRggA0	6.59E+09	四海捏	我已为@大绵羊BOBO投出一票大绵羊BC冬奥欢乐					0	0	0	2022/3/1 21:05
4.74E+15	LhKRzwdc	7.62E+09	西西要开心	#周深献声致敬冬奥在这个雪卡布句_周深献声					0	0	0	2022/3/1 21:06
4.74E+15	LhKTeBzF	7.62E+09	你看不见我	#周深献声致敬冬奥#在这个雪卡布句_周深献声					0	0	0	2022/3/1 21:10
4.74E+15	LhKT7fB54	5.07E+09	搞笑狗狗毛	你找到自己的😊了吗?#狗狗#冬奥会#狗_狗,冬					0	0	0	2022/3/1 21:10
4.74E+15	LhKTFsPiG	6.25E+09	时间视频	【冬奥揭秘|一天吃80只! #冬奥运动员最冬奥运动					6	9	74	2022/3/1 21:11
4.74E+15	LhKTnqcU	1.64E+09	UABingWatc	最近不知道为什么毫无看剧的欲望。从冬奥会之后					0	0	0	2022/3/1 21:11
4.74E+15	LhKTOmV	1.69E+09	挥哥跑世界	冰墩墩谷爱凌#北京 张家口_云顶滑雪公 北京2022:					0	0	3	2022/3/1 21:12
4.74E+15	LhKUytPp	7.74E+09	徐幽年	我已为@被牛撞了个满怀投出·被牛撞了·冬奥欢乐					0	0	0	2022/3/1 21:13
4.74E+15	LhKUu0L	1.89E+09	Sunnyboyyy	冬奥会第一个物品到达,质量很好,真心谁能拒绝					0	0	0	2022/3/1 21:13
4.74E+15	LhKUbFeC	1.56E+09	法考刑诉向	提前备战下届冬奥会L法考刑诉向高甲的微博视频					10	132	681	2022/3/1 21:13
4.74E+15	LhKUW8kl	1.07E+09	bj红色驿站	文化新长征1251||看看世界历扁美篇					0	0	0	2022/3/1 21:14
4.74E+15	LhKUPg4q	1.84E+09	浙江联通	#5G领航扬帆未来#北京冬奥会搭载的5G 5G领航,扬					0	0	0	2022/3/1 21:14
4.74E+15	LhKUZm9	1.04E+09	半岛晨报	[#首钢园恢复预约开放#游客青蛙公主]首钢园恢					1	0	0	2022/3/1 21:15
4.74E+15	LhKVroelk	2.97E+09	养乐多的小	雪花是「卧底」、全世界构成了一个火炬、文化自信					0	0	0	2022/3/1 21:16
4.74E+15	LhKVSDEj	3.61E+09	ItsGoOds	TwoeventsoftheBeijii 北京:首都 金博洋的:谢尔巴科					2	4	34	2022/3/1 21:17
4.74E+15	LhKWUnP	6.61E+09	披着橙子的	武大靖#武大靖#张家齐4岁练跳水, 大靖武大靖					3	319	343	2022/3/1 21:19

图 2-1　关于"冬奥会"的用户微博数据

4）项目拓展应用

科技在进步，互联网在发展，人的生活习惯也在不断变化，网络爬虫所采集的数据对各行各业都是一笔不可多得的财富。爬虫技术具有以下广阔的应用前景。

（1）青年人租房信息平台。刚毕业参加工作的大学生买房困难，国家努力采取一系列措施控制楼市，鼓励大学毕业生等年轻人以租房代替买房。然而，目前尚无较为独立的提供租房参考信息的平台。可以以微博巨大的信息量为基础，爬取网民的日常微博言论，大数据整合出各城市、各区域的治安、环境、人员复杂度等信息，在一个独立的平台上展现。

（2）高校转型建设建议平台。国内高校数量众多，多数都在努力转型。通过网络爬虫，可以获得真实性远超一些调查问卷数据的信息。利用这些数据进行筛选和整合，搭建一个反映大学生真实诉求的平台，可帮助高校进行转型建设。

（3）网络舆论预警、引导及反馈机制。社交媒体网络舆论的发展可能会引发舆情危机，通过网络爬虫技术，可以发现在某一事件发生后公众的态度与立场，进而充分利用主流媒体的作用，加强对网络舆论的引导，可以延缓舆情危机爆发甚至避免舆情危机爆发。

2.2 时过境迁："冬奥会"微博博文的时间主题模型分析

1. 从心起航

大型事件（Mega-event）是在特定时间里举办且引起公众高度重视的一次性活动或事件，如奥运会、世博会等。对于国家而言，大型事件的开展在经济、文化、政治等多方面具有宣传和塑造意义。例如，2008 年北京奥运会的成功举办让中国的民族文化、民族理念等能够在世界范围内进行大规模、深层次的传播，包括海外孔子学校的建立等。

中国举办的 2022 年北京冬奥会无疑是中国的大型事件之一。对内聚民心、对外展形象，提供了重要的历史机遇。对内而言，冬奥会旨在普及冬季运动知识，激发民众参与热情，使可持续办奥理念深入人心；对外而言，冬奥会旨在展现中国开放包容、积极进取、绿色发展的国家形象，通过冬奥会的故事讲述中国的故事。我国媒体围绕政治、文化、景观这三个维度，在新媒体平台发布与北京冬奥会相关的宣传，国家特征被制作者符号化，形成特定的媒介奇观。观众的集体记忆被唤醒，与制作者形成共通的互文空间，进而引发情感共鸣，增强身份认同和文化自信。

作为 Web 2.0 时代新生网络的应用形式，坐拥 5.73 亿月活跃用户的微博，将延续"围观"和"出圈"定位，通过多种互动和跨界对话，采用运动员空降超话互动等形式，打造全民奥运的社交场景，吸引用户参与，成为围观和讨论重大体育赛事的重要平台。据不完全统计，开幕式 4h 内，77 个开幕式话题登上热搜，开幕式相关话题的总阅读量达 141 亿次，讨论博文共 4172 万条，微博用户互动达 7737 万次。

微博网络中除了用户之间的关注关系之外，用户发布的博文是用户兴趣的真实反映，是用户兴趣的重要依据。大量的社交网络数据中蕴含着丰富的信息，具有重要的研究价值。通过大数据分析技术，可以发现公众对"冬奥会"关注的问题与话题。若考量时间变量，从"冬奥会"前、中、后三个时间序列进行分析，则可以看出公众对"冬奥会"的关注点随时间的变化。

2. 数不胜数

时间主题模型：本节选择的机器学习方法是时间主题模型，主要指动态主题模型（Dynamic Topic Model，DTM）。DTM 是一种无监督的动态时序主题模型，是在 LDA 模型的基础上融入时间因素的改进模型，能够挖掘文档主题，分析不同主题在时间序列中的演化趋势。

DTM 的基本思想分为两个部分。首先，将整体时间按照一定的时间段进行划分，将文档集合中的文档根据其内在的时间戳信息划分到相应的时间片中；然后，对每个时间片中的文档子集通过 LDA 进行主题挖掘，得到主题随时间动态演化的情况。每个时间片上的分布结果根据之前一个时间片的主题训练结果进行动态变化。

图 2-2 所示为 DTM 图（以三个时间片为例），每个主题的自然参数 $\beta_{t,k}$ 及主题比例的逻辑正态分布平均参数 α_t 随着时间而演变。从图 2-2 可以看出，当代表时间变化的水平箭头被移除时，模型打破时间动态，简化为一组独立的主题模型。利用时间动态，时间 t 处的第 k 个

主题从切片 t-1 处的第 k 个主题平滑演化。

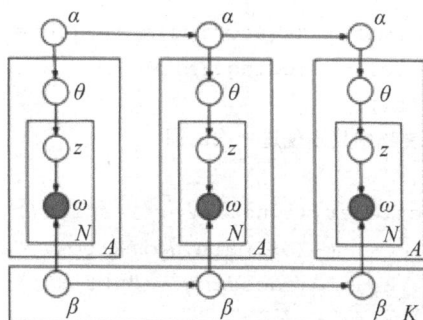

图 2-2　DTM 图

3．计研心算

1）项目解决逻辑

在 2.1 节中，我们通过微博爬虫获得了 10 万多条数据，划分为 2022 年 1 月 18 日至 2022 年 2 月 3 日、2022 年 2 月 4 日至 2022 年 2 月 21 日、2022 年 2 月 22 日至 2022 年 3 月 10 日三个时段。首先，通过使用 Python 中的 Pandas 库在每个时间段内随机抽取 2000 条数据，进行主题分析，确定最佳主题数；然后，进行时间主题分析，得到每个主题随时间的演变。

2）项目实现过程

以下代码在 Python 3.9（PyCharm 工具）中实现，具体实现过程如下。

（1）随机抽样的代码如下。

```
import pandas as pd


#读取 csv 表格,pandas 直接转换为 DataFrame
frame = pd.read_csv("path")   #path 是 csv 文件的保存路径
samples = frame.sample(2000)  #使用 sample 方法随机抽取 n 行
#写入新的 csv 文件
samples.to_excel("D:/第 2 章/"冬奥会"微博博文的时间主题模型分析/冬奥会随机抽样结"
                 "果.xls", encoding = "utf-8-sig")
```

（2）数据清洗，该部分代码同第 1 章的“分词”代码。

（3）确定主题数，该部分代码同第 1 章的“计算文档困惑度”代码。

（4）时间主题分析，该部分代码如下。

```
import logging
from gensim import corpora
from six import iteritems
from gensim.models import ldaseqmodel, LdaSeqModel
from gensim.corpora import Dictionary, bleicorpus
import os
import matplotlib.pyplot as plt
import pylab as pl
import numpy as np
```

```
""" 预处理 """
logging.basicConfig(format = "%(asctime)s : %(levelname)s : %(message)s",
                    level = logging.INFO)
stoplist = set("".split())
#构造词典，并去除停用词及文档中只出现过一次的词
root = "./"
dictionary=corpora.Dictionary(line.lower().split() for line in open\
                              (os.path.join(root, "datasets/清洗后.txt"),\
                               encoding = "utf-8"))
stop_ids = [
    dictionary.token2id[stopword]
    for stopword in stoplist
    if stopword in dictionary.token2id
]
once_ids = [tokenid for tokenid, docfreq in iteritems(dictionary.dfs) if\
            docfreq == 1]
dictionary.filter_tokens(stop_ids + once_ids)
dictionary.compactify()
#保存词典
dictionary.save("./datasets/news_dictionary")
class MyCorpus(object):
    def __iter__(self):
        for line in open("./datasets/冬奥会微博爬虫清洗后.txt", encoding = "utf-8"):
            yield dictionary.doc2bow(line.lower().split())
corpus_memory_friendly = MyCorpus()
corpus = [vector for vector in corpus_memory_friendly]
corpora.BleiCorpus.serialize("./datasets/news_corpus", corpus)
#存储为Blei lda-c格式的语料库
try:
    dictionary = Dictionary.load("./datasets/news_dictionary")
except FileNotFoundError as e:
    raise ValueError("SKIP: Please download the Corpus/news_dictionary dataset.")
""" LDA """
corpus = bleicorpus.BleiCorpus("./datasets/news_corpus")
#设置这个语料库的间隔，此处分为三个时期，第一个时期内有2000条咨询信息，第二个时期内有
#2000条咨询信息，第三个时期内有2000条咨询信息
time_slice = [2000, 2000, 2000]
#设置主题数，此处为4个主题
num_topics = 4
#在模型中加载语料库、词典、参数进行训练
ldaseq = ldaseqmodel.LdaSeqModel(corpus=corpus, id2word=dictionary,\
                                 time_slice= time_slice, num_topics=
                                 num_topics,\ random_state=20)
""" 查看主题演变 """
corpusTopic = ldaseq.print_topic_times(0)
```

```python
#查询指定主题在不同时期的演变
topicEvolution1 = ldaseq.print_topic_times(1)
topicEvolution2 = ldaseq.print_topic_times(2)
topicEvolution3 = ldaseq.print_topic_times(3)
print("topicEvolution0: ", corpusTopic)
print("topicEvolution1: ", topicEvolution1)
print("topicEvolution2: ", topicEvolution2)
print("topicEvolution3: ", topicEvolution3)
""" 查看每个文档的主题分布 """
doc_topic, topic_term, doc_lengths, term_frequency, vocab = \
    ldaseq.dtm_vis (time = 0, corpus = corpus)
np.save("doc_topic.npy", doc_topic)
#读取训练好的数据
doc_topic = np.load("2-doc_topic.npy")
""" 求平均 """
doc_list_T = np.array(doc_topic).T
#填写每个时期下的数据数量
doc_list_T_0 = doc_list_T[:, :2000].mean(1)
doc_list_T_1 = doc_list_T[:, 2000:4000].mean(1)
doc_list_T_2 = doc_list_T[:, 4000:].mean(1)
#连接每个时期
doc_list_T_mean = np.concatenate((doc_list_T_0, doc_list_T_1))
doc_list_T_mean = np.concatenate((doc_list_T_mean, doc_list_T_2))
#（时间数，主题数）
time_topic = doc_list_T_mean.reshape((3, 4)).T
""" 绘图 """
fig = plt.figure(figsize = (10, 7))
plt.xticks(fontsize = 15)
plt.yticks(fontsize = 15)
x = np.arange(0, 3, 1)
plt.plot(x, time_topic[0], label = u"TS 1")
plt2 = plt.plot(x, time_topic[1], label = u"TS 2")
plt3 = plt.plot(x, time_topic[2], label = u"TS 3")
plt4 = plt.plot(x, time_topic[3], label = u"TS 4")
plt.legend()
plt.xlabel(u"时间", fontsize = 15)
plt.ylabel(u"主题强度", fontsize = 15)
plt.show()
```

3）项目结果呈现

本节使用主题困惑度作为确定最佳主题数的指标。困惑度是一种对语言概率模型的效果进行评价并协助改进参数的有效方法，它以信息理论为基础，对概率分布或模型的不确定性（信息熵）进行计算。困惑度表示文档 d 从属的主题 z 的不确定性，因此理论上，困惑度越小，模型性能越优，困惑度曲线的最低点或拐点处对应的主题数就为最佳主题数:

$$\text{perlexity}(D) = \exp - \frac{\sum_{i=1}^{M} \ln p(di)}{\sum_{i=1}^{M} N_i} \tag{2-1}$$

$$p(d_i) \sum_z p(z,d) = \sum_z p(z) p(d|z) \tag{2-2}$$

结合可视化结果，本次数据分析中，选定最佳主题数为 4。困惑度分析结果如图 2-3 所示。

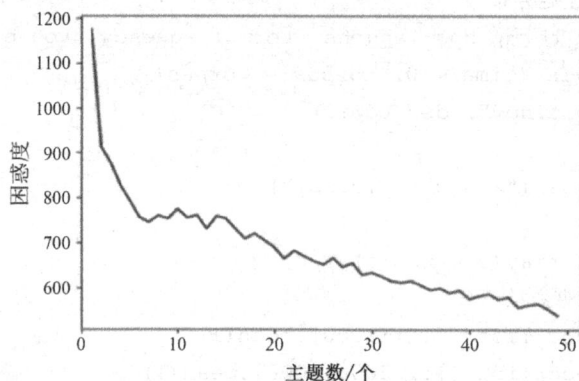

图 2-3　困惑度分析结果

通过 DTM 分析可知，得到四个主题，主题分布如表 2-1 所示。

表 2-1　主题分布

	主题	关键词
主题 1	回顾奥运，憧憬未来	冬奥会、冬奥、北京、志愿者、运动、中国、助力、一起、梦想、未来等
主题 2	全民关注，助力冬奥	冰雪、滑雪、加油、冰墩墩、比赛、运动员、金牌、项目、健儿、短道等
主题 3	服务保障，喜迎残奥	北京、中国、工作、国家、残奥会、运动员、发展、保障、服务、安全等
主题 4	精心筹备，善始善终	北京、开幕式、冬奥、彩排、举行、期待、鸟巢、闭幕式、徽章、央视等

注：此处仅呈现主题下部分关键词。

主题强度是用于衡量科学研究主题是否为研究热点的量化指标，通常使用该研究主题在全部科学文献中的权重总和与总文献量的比值来表示：

$$\theta_j = \frac{\Sigma_d \theta_j^{(d)}}{M} \tag{2-3}$$

式中，θ_j 表示第 j 个主题的主题强度值；M 表示文献总量；$\theta_j^{(d)}$ 表示第 j 个主题在文档 d 上的权重。主题强度可以体现出主题在文本集中的重要程度，第 j 个主题在各文档中所占的比重越大说明其越重要。

图 2-4 所示为主题演变，主题 1 在冬奥会期间热度有所下降，冬奥会之后热度明显上升。这与冬奥会之后，很多志愿者等发微博回顾奥运感谢经历不无关系。同时，在整个奥运会期间，全民为奥运健儿加油呐喊，主题 2 热度一直居高不下，奥运会期间主题热度最高，占据话题热度近 50%。冬奥会结束后，人员流动，以及残奥会的筹备，让服务保障等话题开始被讨论，因此主题 3 在奥运会之后热度有所上升。主题 4 主要涉及开幕式与闭幕式等话题，通

过图 2-4 也可以发现，该主题在冬奥会之前、冬奥会期间热度较高，冬奥会之后热度明显下降。

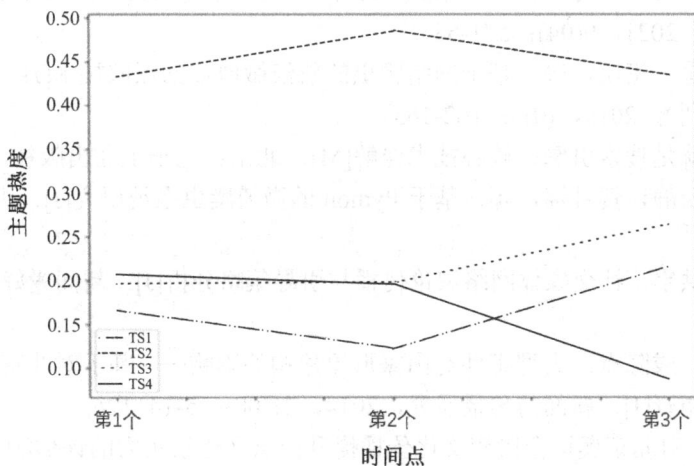

图 2-4　主题演变

4）项目拓展应用

本书第 1 章提到的主题模型是一类无监督的机器学习算法，能够挖掘大规模文档集中潜在的主题信息。DTM 在传统主题模型的基础上引入了时间特征，可以揭示主题和主题词的协同演变脉络，在多个方面都有广阔的应用价值。

例如，在一项关于国内外智慧教育的研究中，基于 DTM 对国内外智慧教育进行了主题识别与主题演化趋势分析。结果表明，国内智慧教育研究主题强调相关技术在课堂教学中的应用和对教学模式的理论创新，而国外偏重学习环境的构建与相关课程的开发；国内智慧教育研究主题的演化相对比较分散，而国外较好地体现了交叉性，其扩展性与实用性更强，进而为国内开展智慧教育研究提供有益参考，推动技术与教学的进一步融合。

又如，在对政府数据进行的大量探索中，有研究创新性地提出了政府公文公告的主题研究方法。基于 DTM 学习不同时间段政府公文公告数据的“文档-主题分布”和“主题-词语分布”的信息，通过统计分析与可视化分析，展示政府公文公告的主题及主题下词语演化情况，有效帮助公众理解政府发文的主题情况及关键词内容。

参考文献

[1] 魏春蓉，张宇霖. 基于新浪微博的社交网络用户关系分析[J]. 中华文化论坛，2016, (09)：156-161.

[2] 郭功举. 通过网络爬虫获取舆情数据分析人的行为习惯[J]. 测绘通报，2018，(S1)：289-291+295.

[3] 周义棋，田向亮，钟茂华. 基于微博网络爬虫的巴黎圣母院大火舆情分析[J]. 武汉理工大学学报（信息与管理工程版），2019，41(05)：461-466.

[4] 白刚，沈雨樨，高璐. 基于微博数据的桂林旅游流时空变化分析[J]. 西南大学学报（自

然科学版），2021，43(09)：71-80.

[5] 苏悦，刘明明，赵楠，等．基于社交媒体数据的心理指标识别建模：机器学习的方法[J]．心理科学进展，2021，9(04)：571-585.

[6] 王金峰，彭禹，王明，等．基于网络爬虫的新浪微博数据抓取技术[J]．中小企业管理与科技（上旬刊），2019，(01)：162-163.

[7] 张俊林．这就是搜索引擎：核心技术详解[M]．北京：电子工业出版社，2012.

[8] 陈政伊，袁云静，贺月锦，等．基于 Python 的微博爬虫系统研究[J]．大众科技，2017，19(8)：8-11.

[9] 张荣华，李洪宇．社交媒体网络舆论传播与引导策略分析[J]．新闻爱好者，2021，(11)：83-86.

[10] 李莹，林功，成陈霓．大型事件对国家形象建构的影响——基于对北京奥运会和上海世博会的问卷调查[J]．新闻与传播研究，2014，21(08)：5-14+126.

[11] 刘斌，李垚．对北京奥运会民族文化传播提升国家文化软实力的评估[J]．新闻界，2010，(05)：25-26.

[12] 崔潇，张茜．2022 年北京冬奥会文化符号的受众认知[J]．青年记者，2020，(27)：37-38.

[13] 彭瀚翔，刘英杰．大型事件短视频对国家形象的建构与效能——以北京冬奥会为例[J]．视听，2022，(04)：170-172.

[14] 牛晓杰，郑勤华．近 20 年在线学习环境研究评述——基于 LDA 和 DTM 的动态分析[J]．中国远程教育，2021，(07)：25-35+44.

[15] 闫盈盈．基于 DTM 模型的政府公文公告主题研究[J]．中国管理信息化，2020，23(21)：151-155.

[16] Blei D M, Lafferty J D. Dynamic Topic Models[C]. Proceedings of the 23rd International Conference on Machine Learning, 2006, 113-120.

[17] 王国睿，张亚飞，尚有为，等．基于 LDA 主题模型的电子病历热点主题发现[J]．中华医学图书情报杂志，2021，30(02)：33-39.

[18] 谭春辉，熊梦媛．基于 LDA 模型的国内外数据挖掘研究热点主题演化对比分析[J]．情报科学，2021，39(04)：174-185.

[19] 冯佳，张云秋．基于 LDA 和本体的科学前沿识别与分析方法研究[J]．情报理论与实践，2017，40(08)：49-54.

[20] 董伟，陶金虎．基于 DTM 的国内外智慧教育热点和主题演进比较[J]．现代教育技术，2019，29(07)：18-24.

[21] 闫盈盈．基于 DTM 模型的政府公文公告主题研究[J]．中国管理信息化，2020，23(21)：151-155.

第 3 章

光阴似箭："生涯"微博博文情感极性时间序列分析

3.1 日月如梭："生涯"时间序列微博博文的爬取

1. 从心起航

从学校到职场，不仅要经历环境的变化，更重要的是身份的转变。2021 年 9 月，中国青年报社社会调查中心联合问卷网发布的一项针对 1361 名职场青年的调查显示，91.6%的受访职场青年在初入职场时感到过不适应，有 75.5%受访职场青年表示不知道如何处理职场人际关系，有 71.8%受访职场青年表示不熟悉工作内容，不知如何上手，有 64.7%受访职场青年认为要进行职业规划，提前了解行业或岗位。毕业生在求职和就业的时候，除了受到自身的性格、能力、需求等自身因素的影响外，也会受到家庭、就业市场、社会环境等外在因素的影响。

案例：2022 年 3 月，某电视剧正在热映，里面的主人公是一名医生，他的医生生涯也伴随着病人、女友、家人、同事等各种各样的变化，而随着剧情的推进，也有很多网友在微博上发布了关于医生生涯的评论。因此，本节想要探究在这部电视剧播出期间，网友们发布的微博内容。

2. 数不胜数

网络爬虫是按照既定的规则自动抓取互联网信息的程序或者脚本，已广泛地运用于互联网的搜索引擎或者其他类似的网页中，基本上可以分为 4 类。第一类是通用网络爬虫，指搜索引擎爬虫，类似于百度、谷歌等这种大型的搜索引擎，其特点是根据一定的策略，用特定的计算机程序，收集互联网上的信息并对信息进行筛选和排序后展示给用户，搜索引擎由搜索者、用户界面、索引器和搜索器四部分组成；第二类是聚焦爬虫，可以有选择地爬取那些事先定义好的、与主题相关的网络爬虫；第三类是增量网络爬虫，有间隔地收集信息，一段时间内重新爬取数据进行数据更新；第四类是深层网络爬虫，深层网络爬虫需要通过登录提交数据，才能提取页面信息。

新浪微博《2020 用户发展报告》表明，微博 2020 年 9 月的月活跃用户为 5.11 亿，日活跃用户为 2.24 亿，如此庞大的用户数量说明微博中蕴含着海量的可以挖掘的数据。网络爬虫的研究不计其数，然而普通的爬虫很难直接抓取新浪微博的相关数据，因为新浪微博的数据都需要在登录的情况下才能访问。由于新浪微博有着复杂的登录机制，同时相关数据拥有统一的格式，针对这种情况，利用爬虫原理，可以开发出一款专门针对新浪微博数据的网络爬虫。

3. 计研心算

1）项目解决逻辑

以"生涯"和"医生"为关键词爬取某电视剧在 2022 年 3 月 15 日至 2022 年 4 月 15 日播出期间的微博博文。

2）项目实现过程

以下代码在 Python 3.8（Anaconda 3 工具的 Spyder 部分）中实现。

（1）在文件路径下打开 cmd 窗口，安装以下库。该部分的代码如下。

```
pip install scrapy
```

（2）设置 cookie。

获取 cookie 的步骤：用浏览器 Chrome 打开 https://passport.weibo.cn/signin/login；输入微博的用户名、密码，登录成功后会跳转到 https://m.weibo.cn；按"F12"键打开 Chrome 的开发者工具，在地址栏输入并跳转到 https://weibo.cn；依此选择 Chrome 开发者工具中的"Network"→"Name"→"weibo.cn"→"Headers"→"Request Headers"选项，"Cookie:"后的值即为我们要找的 cookie 值，复制即可；最后将 settings.py 文件中的"your cookie"替换为真实的 cookie。

```
DEFAULT_REQUEST_HEADERS = {
'Accept':
'text/html,application/xhtml+xml,application/xml;q=0.9,*/*;q=0.8',
#替换为真实的 cookie
'Accept-Language': 'zh-CN,zh;q=0.9,en;q=0.8,en-US;q=0.7',
 'cookie':' your cookie'
}
```

（3）设置搜索关键词。

搜索同时包含多个关键词的微博，如同时包含"医生"和"生涯"微博的搜索结果，修改 settings.py 文件中的 KEYWORD_LIST 参数，该部分代码如下。

```
KEYWORD_LIST = ['医生', '生涯']
```

（4）设置搜索时间范围。

START_DATE 代表搜索的起始日期，END_DATE 代表搜索的结束日期，值为"yyyy-mm-dd"形式，在本例中时间为 2022-03-15 至 2022-04-15。该部分代码如下。

```
START_DATE = '2022-03-15'
END_DATE = '2022-04-15'
```

本节的全部代码如下。

```
BOT_NAME = "weibo"
SPIDER_MODULES = ["weibo.spiders"]
NEWSPIDER_MODULE = "weibo.spiders"
COOKIES_ENABLED = False
TELNETCONSOLE_ENABLED = False
LOG_LEVEL = "ERROR"
```

```
#访问完一个页面后访问下一个时需要等待的时间默认为 10s
DOWNLOAD_DELAY = 10
DEFAULT_REQUEST_HEADERS = {
    "Accept":
    "text/html,application/xhtml+xml,application/xml;q=0.9,*/*;q=0.8",
    "Accept-Language": "zh-CN,zh;q=0.9,en;q=0.8,en-US;q=0.7",
    "cookie":"SUBP=0033WrSXqPxfM725Ws9jqgMF55"
            "529P9D9WFELDcAN9AKNo7wol5zj69d5N"
            "HD95QceheRShMESh.7Ws4Dqcj8xbf0Is"
            "Xt; SCF=AoK7J4H_0Lj4sM6OZ8lg-SIz"
            "21aBYqbRiWT90qVhdmnn2jZZT9lPhOZvx"
            "vKCoNFzemkYonTa009TRxuyqZq_2UU.;S"
            "UB=_2A25PRdrGDeRhGeBO6FoV9yzIwjyIH"
            "X_VsyeaOrDV6PUJbktANLVLVkW1NSh-5BkO"
            "Jcls1CnjXEFstugzEq8VBEPA4; _T_WM=f2"
            "b247013f8 255fbe1b5cb3a7ffb6b8b"
}
#获取 cookie 的步骤详见使用说明，获取后将"your cookie"替换成真实的 cookie 即可
ITEM_PIPELINES = {
"weibo.pipelines.DuplicatesPipeline": 300,
"weibo.pipelines.CsvPipeline": 301,
#"weibo.pipelines.MysqlPipeline": 302,
#"weibo.pipelines.MongoPipeline": 303,
#"weibo.pipelines.MyImagesPipeline": 304,
#"weibo.pipelines.MyVideoPipeline": 305
}
#搜索的关键词列表可写多个，值可以是由关键词或话题组成的列表，也可以是包含关键词的 txt 文
#件路径，如"keyword_list.txt"，txt 文件中每个关键词占一行
KEYWORD_LIST = ["医生 生涯"]  #或者 KEYWORD_LIST = "keyword_list.txt"
#搜索的微博类型：0 代表搜索全部微博，1 代表搜索全部原创微博，2 代表热门微博，3 代表关注人微
#博，4 代表认证用户微博，5 代表媒体微博，6 代表观点微博
WEIBO_TYPE = 1
#筛选微博中必须包含的内容：0 代表不筛选，获取全部微博，1 代表搜索包含图片的微博，2 代表包
#含视频的微博，3 代表包含音乐的微博，4 代表包含短链接的微博
CONTAIN_TYPE = 0
#筛选微博的发布地区，精确到省或直辖市，值不应包含"省"或"市"等字，如想筛选北京市的微博，
#请用"北京"而不是"北京市"，想要筛选安徽省的微博请用"安徽"而不是"安徽省"，可以写多个地区
#具体支持的地名见 region.py 文件，注意只支持省或直辖市的名字，不支持省下面的市名及直辖市
#下面的区县名，不筛选请用"全部"
REGION = ["全部"]
#搜索的起始日期为 yyyy-mm-dd 形式，搜索结果包含该日期
START_DATE = "2022-03-15"
#搜索的终止日期为 yyyy-mm-dd 形式，搜索结果包含该日期
END_DATE = "2022-04-15"
#细分搜索的阈值，若结果页数大于或等于该值，则认为结果没有完全展示，细分搜索条件后，重新搜
#索以获取更多微博。数值越大，速度越快，也越有可能漏掉微博；数值越小，速度越慢，获取的微博越多
#建议数值设置在 40 至 50 之间
```

```
FURTHER_THRESHOLD = 46
#图片文件的存储路径
IMAGES_STORE = "./"
#视频文件存储路径
FILES_STORE = "./"
#配置 MongoDB 数据库
#MONGO_URI = "localhost"
#配置 MySQL 数据库，以下为默认配置，可以根据实际情况更改，程序会自动生成一个名为 weibo 的
#数据库，如想更换名称请更改 MYSQL_DATABASE 值
#MYSQL_HOST = "localhost"
#MYSQL_PORT = 3306
#MYSQL_USER = "root"
#MYSQL_PASSWORD = "123456"
#MYSQL_DATABASE = "weibo"
```

3）项目结果呈现

以"医生"和"生涯"为关键词的部分爬虫结果如图 3-1 所示。

	id	bid	user_id	用户昵称	微博正文	转发数	评论数	点赞数	发布时间	发布工具
1										
2	4.76E+15	LozlidKdG	1.25E+09	森喜刚与驾	"你五月开始可以	0	0	0	######	iPhone客户端
3	4.76E+15	LoqZUaDrl	6.2E+09	废话超多的	就真的会难过的自	0	9	2	######	HUAWEI P30
4	4.76E+15	LonVJscnd	5.84E+09	俗人runin	篮球一直是世界_	0	0	0	######	新版微博 weibo.
5	4.76E+15	Lonsjhm25	2.63E+09	这个月亮朋	看疼痛难免的最	0	0	2	######	iPhone客户端
6	4.76E+15	LonBwvEYF	1.79E+09	牛牛宝贝说	当当300-60优惠	0	0	0	######	当当读书码
7	4.76E+15	LojExngBY	7.73E+09	一杯柠檬丝	#杨幂谢谢你医生	0	4	0		杨幂超话
8	4.76E+15	LojcA39jv	7.43E+09	一个伦敦儿	姓名：第一代男	0	0	0	######	iPhone 13 Pro M
9	4.76E+15	LoiOQdpE	1.75E+09	感情	我曾经对自己去t	1	0	126	######	微博 weibo.com
10	4.76E+15	LohwsoYu	6.23E+09	张小北啦	这辈子职业生涯』	0	0	1	######	
11	4.76E+15	LodTwnxd	7.67E+09	河南国资	#国企风采#Chine	0	0	0		360安全浏览器
12	4.76E+15	LoaXx1Qs	1.84E+09	米包香蕉妈	大数据真就蛮妙白	0	0	0	######	沉迷快乐的iPho
13	4.76E+15	Lo9kKdlOr	5.31E+09	RaYo苍蓝	威龙cp《他曾爱》	1	9	8	######	威龙cp超话
14	4.76E+15	Lo9iedfdo	5.21E+09	燕能到	一个作者对我说_	0	0	13	######	HarmonyOS设备
15	4.76E+15	Lo3Vwghx	5.87E+09	北门吹雪o	在作为"医生"的国	0	0	0	######	HarmonyOS设备
16	4.76E+15	Lo3fdowQ	2.34E+09	停止流浪白	偶像剧就是偶像_	0	0	1	######	HarmonyOS设备
17	4.76E+15	Lo0RO8ez	6.49E+09	鳎溷楷	我一直在想我想t	0	0	0	######	iPhone客户端
18	4.76E+15	Lo0KT3SY	2.68E+09	山风岚岚太	#追爱家族#气死	0	4	8	######	OPPO Reno

图 3-1　以"医生"和"生涯"为关键词的部分爬虫结果

4）项目拓展应用

　　微博爬虫的应用非常广泛，可以对感兴趣的话题或当下的热度话题进行以关键词为搜索的爬虫，以获取相应的微博文本数据，并进一步分析。例如，有研究以郑州城区 13 个雨量站2011—2018 年的降水摘录数据为基础，基于网络爬虫技术获取降雨场次同步的微博新闻报道信息，以敏感词为依据确定致灾降水的发生时间，并利用 GIS 软件定量分析郑州市致灾降水特征规律，对郑州城区致灾降水判别标准进行探讨，以期为城市防灾救灾排水规划提供参考；还有研究以典型舆情事件为背景，选取与事件相关的公安政务微博作为研究对象，爬取公安政务的微博评论进行分析，服务于公安政务微博热点事件网络舆情分析与管理；还有一些研究通过游客在微博、微信朋友圈等发布的网络游记和感触来获取数据，并进行分析，为开展合适的旅游景点、促进旅游业的发展做出一定的贡献。大部分互联网用户可以利用微博作为热点事件的获取来源，并对事态进行实时关注，发表自己的观点。还有一些部门在微博上建立了官方号，通过官方微博及时发布一些事件的实时进展，便于迅速澄清事实及快速回应民众的各项需求。因此，微博爬虫可以尝试应用于网络舆情、微博评论、情感分析等方向。

3.2　沧海桑田："生涯"微博博文情感极性时间序列分析

1．从心起航

　　文本情感分析：又称意见挖掘，是指通过计算技术对文本的主客观性、观点、情绪、极性的挖掘和分析，对文本的情感倾向做出分类和判断，致力于将单词、句子和文档映射到一组对应的情感类别上，继而得到一个可用于划分情感状态的心理学模型。文本情感分析的下一步是对主观性文本进行分析，主要包括文本情感极性分析和文本情感极性强度分析。

　　情感极性分析的任务就是识别主观文本的情感极性。情感极性分为两极，即正面（Positive）的赞赏和肯定、负面（Negative）的批评与否定，也有一些学者在正面和负面之间加入了中性（Neutral）。情感分类是情感分析技术的核心，其任务是判断文本的情感取向，根据文本表达的含义和情感信息将文本划分成积极和消极两种或多种类别。按照情感的粒度可以分为三种分类问题：二分类（积极和消极）、三分类（积极、消极和中立）和多分类。目前情感分析方法主要有基于情感词典的方法、基于机器学习的方法和基于深度学习的方法。根据文本粒度不同，情感分析主要从四个方面进行，包括词级情感分析、句级情感分析、篇章级情感分析和话题级情感分析。

　　在 3.1 节，我们已经爬取了某部剧关于"医生"和"生涯"的微博博文，接下来将文本数据库分为消极和积极两极，采取机器学习的方法，探究随着时间的推移这些博文的情感极性是怎样变化的。

2．数不胜数

　　本节主要采用基于机器学习方法的句级文本分类，利用训练集，采用特定的机器学习方法，对测试集进行有效的分类。常用的机器学习分类器有朴素贝叶斯（Naive Bayes，NB）、最大熵（Max Entropy，ME）、支持向量机（Support Vector Machine，SVM）等。本节将使用支持向量机、决策树（Decision Tree，DT）、随机森林（Random Forest，RF）、梯度提升（Gradient Boosting，GB）、K 近邻（K Neighbors）这五种常用的机器学习文本分类器模型。

　　支持向量机：所有知名的数据挖掘算法中最健壮、最准确的方法之一，它属于二分类算法，可以支持线性和非线性的分类。支持向量机是由线性可分情况下的最优分类面发展而来的，其主要思想是针对二类分类问题，在高维空间中寻找一个超平面作为两类的分割，以保证最小的分类错误率。

　　决策树：顾名思义，它利用树的结构对数据记录进行分类，树的一个叶节点代表某个条件下的一个记录集，根据记录字段的不同取值建立树的分支，在每个分支子集中重复建立下层节点和分支，便可生成一棵决策树。

　　随机森林：是一种组合方法，由许多的决策树组成，对于每棵决策树，随机森林采用的是分 N 次、有放回地随机取出 N 个样本，即采用了随机的方法形成决策树，因此也叫作随机决策树。随机森林中的树之间是没有关联的。当测试数据进入随机森林时，其实就是对每棵决策树分别进行分类，最后取所有决策树中分类最多的那类为最终结果。

梯度提升：由 Friedman 于 1999 年首次提出，它的主要思想是每次建立的模型都是之前建立模型的损失函数的梯度下降。若模型能够让损失函数持续下降，则说明模型在不断改进，而损失下降最快即为损失函数的梯度方向，即每次学习的弱学习器就是梯度的下降方向。梯度提升从数值优化的基本点出发，利用最速下降原理，将数值优化泛化到函数空间。

K 近邻：数据挖掘分类方法中最常用的方法之一。所谓的 *K* 近邻是指 *K* 个最近的邻居，即每个样本都可以用最接近它的 *K* 个邻居来代表。该算法的基本思路是在给定新文本后，寻找训练文本集中与该新文本距离最近的 *K* 篇文本，根据这 *K* 篇文本所属的类别判定新文本所属的类别。

Word2vec：Google 于 2013 年提出的将词表征为实数值向量的算法模型，其简单、高效的特点引起了工业界和学术界的关注。Word2vec 模型包含两种模型，分别是连续词袋模型（Continuous Bag of Words Model，CBOW）与连续跳字模型（Continuous Skip-gram Model）。CBOW 的核心思想是通过上下文词预测中心词，Skip-gram 则是通过中心词预测上下文词，与 Skip-gram 模型相比，CBOW 模型适合文本数量较大的运算，具有较高的计算精度。本节将采用 CBOW 模型进行词向量化。

时间序列分析：时间序列是按照时间排序的一组随机变量，它通常是在相等间隔的时间段内依照给定的采样率对某种潜在过程进行观测的结果。时间序列数据本质上反映的是某个或者某些随机变量随时间不断变化的趋势，而时间序列预测方法的核心就是从数据中挖掘这种规律，并利用这种规律估计将来的数据。时间序列分析分为确定性变化分析和随机性变化分析两类。确定性变化分析使用的方法主要为移动平均法、指数平滑法和季节指数等。随机性变化分析使用的方法主要有自回归模型、移动平均模型、自回归平均移动模型和自回归差分移动平均模型等。

3．计研心算

1）项目解决逻辑

首先对爬取后的微博文本数据库进行数据清洗和预处理，然后通过机器学习的方法进行情感极性分类，最后分别绘制"消极""积极""平均情感值""医生"在博文中的出现频次、"生涯"在博文中的出现频次的时间序列变化图。

2）项目实现过程

以下代码在 Python 3.8（Anaconda 3 工具的 Jupyter Notebook 部分）中实现。

（1）数据清洗

对爬取后的"医生""生涯"数据库进行数据清洗，去除重复的、无效的微博博文。

（2）情感分类

第一步，对清洗后的微博文本进行人工标记情感，将消极文本记为-1，积极文本记为 1，得到可用的数据库文件 data.xlsx。

第二步，进行分词和预处理，读取停用词表。

第三步，先按照 7∶3 的比例生成训练集和测试集，再基于 Word2vec 中的 CBOW 模型，生成该文本的向量，即特征。

第四步，用 5 种不同的机器学习方法，包括支持向量机、决策树、随机森林、梯度提升、

K 近邻，选取人工情感赋值中的 70%文本作为训练集进行模型训练，剩余 30%的文本作为测试集进行验证，得到模型的分类结果。

模型分类的评价指标为精确率（Precision，P）、召回率（Recall，R）和 F_1 值（F_1-score）作为模型。对于二分问题，可将样本根据真实类别和分类器预测类别分为真正例（True Positive，TP）、假正例（False Positive，FP）、假负例（False Negative，FN）和真负例（True Negative，TN）。具体公式见式（3-1）、式（3-2）。

精确率：

$$P = \frac{TP}{TP + FP} \tag{3-1}$$

召回率：

$$R = \frac{TP}{TP + FN} \tag{3-2}$$

F_1 值：

$$F_1 = \frac{2PR}{P + R} \tag{3-3}$$

情感分类的整体代码如下。

```
#读入原始数据集
import pandas as pd

dfneg = pd.read_excel(r"data.xlsx", sheet_name = "消极",usecols=[2])
#读取第二列的数据
dfneg["y"] = -1
dfneu = pd.read_excel(r"data.xlsx", sheet_name = "积极",usecols=[2])
dfneu["y"] = 1
df0=dfneu.append(dfneg, ignore_index = True)
df0["content"]
#读取停用词表
def stopwordslist():
    stopwords=[line.strip() for line in open(r"stopwords.txt", "r",\
                                    encoding="utf-8").readlines()]
    return stopwords
#分词和预处理
import jieba

df0["cut"] = df0["content"].apply(jieba.lcut)
#按照 7:3 的比例生成训练集和测试集
from sklearn.model_selection import train_test_split
x_train, x_test, y_train, y_test=train_test_split(df0.cut,df0.y,
                                    test_size=0.3)

x_train[:2]

#初始化 Word2vec 模型和词表
from gensim.models.word2vec import Word2Vec

#指定向量维度
```

```
n_dim =30
w2vmodel = Word2Vec(vector_size=n_dim, min_count=3)
#生成词表
w2vmodel.build_vocab(x_train)
#在训练集上建模（数据量大时可能会花费几分钟）
#本例消耗内存较少
%time w2vmodel.train(x_train, \
total_examples = w2vmodel.corpus_count, epochs=60)
#生成整句对应的所有词条的词向量矩阵
pd.DataFrame([w2vmodel.wv[w] for w in df0.cut[0] if w in w2vmodel.wv]).head()
#用各词向量直接平均的方式生成整句对应的向量
def m_avgvec(words, w2vmodel):
    return pd.DataFrame([w2vmodel.wv[w]
    for w in words if w in w2vmodel.wv]).agg("mean")
#用矩阵生成建模，耗时较长
%time train_vecs = pd.DataFrame([m_avgvec(s, w2vmodel) for s in x_train if\
                                not s is None])
%time test_vecs = pd.DataFrame([m_avgvec(s, w2vmodel) for s in x_test if\
                                not s is None])


#导入库
import numpy as np
#用转换后的矩阵拟合 SVM 模型
from sklearn.svm import SVC

#训练集
clf0 = SVC(kernel="rbf", verbose=True)
clf0.fit(train_vecs, y_train)
clf0.score(train_vecs, y_train)


#此处用测试集验证
from sklearn.metrics import classification_report
print(classification_report(y_test, clf0.predict(test_vecs)))
#用转换后的矩阵拟合 DT 模型
from sklearn.tree import DecisionTreeClassifier

#训练集
clf1=DecisionTreeClassifier(max_depth=None,min_samples_split=2,\
                            random_state=0)
clf1.fit(train_vecs, y_train)
scores1 = cross_val_score(clf1, train_vecs, y_train)
print(scores1.mean())

#此处用测试集验证
from sklearn.metrics import classification_report
print(classification_report(y_test, clf1.predict(test_vecs)))
#用转换后的矩阵拟合随机森林模型
```

```python
from sklearn.ensemble import RandomForestClassifier

#训练集
clf2=RandomForestClassifier(n_estimators=300,max_depth=None,\
                            min_samples_split=2, random_state=1)
clf2.fit(train_vecs, y_train)
scores2 = cross_val_score(clf2, train_vecs, y_train)
print(scores2.mean())

#此处用测试集验证
from sklearn.metrics import classification_report

print(classification_report(y_test, clf2.predict(test_vecs)))
#用转换后的矩阵拟合 GB 模型
from sklearn.ensemble import GradientBoostingClassifier

#训练集
clf3 =GradientBoostingClassifier(random_state=20)
clf3.fit(train_vecs, y_train)
clf3.score(train_vecs, y_train)

#此处用测试集验证
from sklearn.metrics import classification_report

print(classification_report(y_test, clf3.predict(test_vecs)))
#用转换后的矩阵拟合 KNN 模型
from sklearn.neighbors import KNeighborsClassifier

clf4 = KNeighborsClassifier(n_neighbors=30)
clf4.fit(train_vecs, y_train)
clf4.score(train_vecs, y_train)

#此处用测试集验证
from sklearn.metrics import classification_report

print(classification_report(y_test, clf4.predict(test_vecs)))

#模型预测
import jieba

def m_pred(string, model):
words = jieba.lcut(string)
words_vecs = pd.DataFrame(m_avgvec(words, w2vmodel)).T
result = model.predict(words_vecs)
if int(result[0]) == -1 :
   print(string, ": 消极")
if int(result[0]) == 1 :
```

```
    print(string, ": 积极")
comment = "我们顾魏医生遇到职业生涯的第一个关卡了吗？心疼"
#comment = "顾魏是最优秀的医生，过了这一关，顾魏的医疗生涯会一帆风顺"
m_pred(comment, clf2)
```

（3）计算每天的平均情感值

将爬取的、为期一个月的数据整理为包括每天发布的"消极"文本的数量、每天发布的"积极"文本的数量、"平均情感值"及"医生"在博文中的出现频次、"生涯"在博文中的出现频次三部分的文件。平均情感值计算公式如下，由此得到数据文件 data-30d.csv。

$$平均情感值 = \frac{1\times积极文本数+(-1)\times消极文本数}{总文本数} \tag{3-4}$$

（4）绘制以"天"为单位的时间序列变化图。该部分代码如下。

```
#导入库
import pandas as pd
import datetime
import matplotlib.pylab as plt
import numpy as np
import seaborn as sns
from matplotlib.pylab import style


#设定画布
style.use("ggplot")
plt.rcParams["font.sans-serif"] = ["SimHei"]
plt.rcParams["axes.unicode_minus"] = False
#导入文件
careerFile = "data-30d.csv"
career = pd.read_csv(careerFile, index_col=0, parse_dates=[0])
#将索引 index 设置为时间，parse_dates 对日期格式处理为标准格式。
career.head(32)
#定义 df
df=pd.read_csv("data-30d.csv")
#绘制变量"消极"的线性图
def plot_df(df, x, y, title="消极", xlabel="日期", ylabel="消极", dpi=100):
  plt.figure(figsize=(15, 5), dpi=dpi)
  plt.plot(df[x], df[y], color="tab:red")
  plt.gca().set(title=title, xlabel=xlabel, ylabel=ylabel)
  plt.show()
plot_df(df, x="日期", y="消极")
#绘制变量"积极"的线性图
def plot_df(df, x, y, title="积极", xlabel="日期", ylabel="积极", dpi=100):
  plt.figure(figsize=(15, 5), dpi=dpi)
  plt.plot(df[x], df[y], color="tab:blue")
  plt.gca().set(title=title, xlabel=xlabel, ylabel=ylabel)
  plt.show()
plot_df(df, x="日期", y="积极")
#绘制变量"平均情感值"的线性图
def plot_df(df, x, y, title="平均情感值", xlabel="日期", ylabel="平均情感值",
            dpi=100):
```

```
    plt.figure(figsize=(15, 5), dpi=dpi)
    plt.plot(df[x], df[y], color='tab:green')
    plt.gca().set(title=title, xlabel=xlabel, ylabel=ylabel)
    plt.show()
plot_df(df, x="日期", y="平均情感值")
#绘制变量"医生"的线性图
def plot_df(df, x, y, title="医生", xlabel="日期", ylabel="医生", dpi=100):
    plt.figure(figsize=(15, 5), dpi=dpi)
    plt.plot(df[x], df[y], color="tab:pink")
    plt.gca().set(title=title, xlabel=xlabel, ylabel=ylabel)
    plt.show()
plot_df(df, x="日期", y="医生")
#绘制变量"生涯"的线性图
def plot_df(df, x, y, title="生涯", xlabel="日期", ylabel="生涯", dpi=100):
    plt.figure(figsize=(15, 5), dpi=dpi)
    plt.plot(df[x], df[y], color="tab:purple")
    plt.gca().set(title=title, xlabel=xlabel, ylabel=ylabel)
    plt.show()
plot_df(df, x="日期", y="生涯")
```

3）项目结果呈现

（1）数据 data.xlsx 的部分呈现如图 3-2 所示。人工标记爬取完、清洗后的博文的情感，将消极文本记为-1，积极文本记为 1，得到可用的数据库文件 data.xlsx。图 3-2 中，time 表示时间，point 表示分数，content 表示内容。

1	time	point	content
2	2022/4/9 13:18	-1	看哭了都，医生用自己的职业生涯做担保去做危险的手术才换来了信任。被冤枉真
3	2022/4/8 21:21	-1	"对于一个医生来说，职业声誉和职业生涯比生命还重要，我病人他已经不信任我了
4	2022/4/7 20:26	-1	顾魏作为医生，被患者家属冤枉、网爆，真的是太惨了。就是这样的事情发生多了
5	2022/4/7 0:39	-1	真的挺可笑的，面对无法改变的、噩梦一般的体制和现实，我们时刻被教育被告诫
6	2022/4/3 20:38	-1	《肖战｜顾魏》回到自己的办公室，顾魏面对不信任自己的病患家属，整个人陷入
7	2022/4/3 7:59	-1	心疼顾魏！《余生请多指教》预告，又要虐了！顾魏上热搜"无良医生被曝光"？顾
8	2022/4/1 20:56	-1	说点什么吧。刚看完《余生》第25集，心里很难受，刚才痛哭了一场。第25集讲的
9	2022/4/1 20:38	-1	哎这不是甜剧嘛？我真是气死了！人家顾魏本来想为了林之校放弃去德国的机会
10	2022/4/1 19:05	-1	真是被这些网友笑死，病人家属可以道德绑架医生，让医生去违反规定做事，然后
11	2022/3/31 0:48	-1	肖战开虐了，对于一个医生来说，职业声誉和职业生涯比生命还重要，我的病人已
12	2022/3/30 15:43	-1	正剧多虐花絮就有多欢乐！观众：终究是我们错付了！！！"你们小时候难道不会这
13	2022/3/30 15:21	-1	每次看到有关医生的剧和综艺都会想到以后自己的职业生涯，害怕发生医患冲突，
14	2022/3/30 8:39	-1	睡了一个晚上，还是好心疼顾魏啊！"一个医生的职业声誉和职业生涯比生命还重要
15	2022/3/30 7:00	-1	看到家属闹事那段，我真心心疼顾医生，完美诠释了现实生活中的医闹现场，特别
16	2022/3/30 0:08	-1	作为一个医生，职业声誉和职业生涯比生命还重要。肖战演的太好了，我真的能感
17	2022/3/29 23:10	1	有毛病啊！病人活不活，又不是医生说了算的！病人很遗憾没抢救过来就要医生赔
18	2022/3/29 23:02	-1	难道就我一个人认为医闹家属该道个歉吗，毕竟因为他们错误的决定差点断送顾医
19	2022/3/29 22:45	-1	电视到底是电视，还有顾魏这样拿自己职业生涯赌的医生吗？没有劝人学医天打
20	2022/3/29 22:34	-1	放在现实中可能病人去世。顾医生职业生涯直接完球了剧还是剧。
21	2022/3/29 22:06	-1	希望能给医生多点理解吧，严医生今晚那段话说得挺好，培养一个优秀的医生挺不容
22	2022/3/29 21:22	-1	职业生涯受到重创，医生最珍视的职业操守和尊严被不信任了，这不是最大的
23	2022/3/29 21:14	-1	电视剧《余生请多指教》剧情发展和我想象得有点不太一样，我以为会有男女主携

all　消极　积极

图 3-2　数据 data.xlsx 的部分呈现

（2）词向量矩阵的部分结果如图 3-3 所示。

	0	1	2	3	4	5	6	7	8	9	...	20
0	1.046075	-0.120253	0.095581	-0.965252	1.050838	-0.322398	1.238138	0.183135	0.337993	-0.445268	...	0.522949
1	-0.127214	1.065196	-0.616632	-1.700472	0.607533	-0.881518	2.770195	0.517793	-0.084184	-0.135380	...	0.485200
2	-0.630633	-0.339869	0.783668	-0.269035	-1.217483	0.200071	1.217985	-0.180265	0.011027	-1.118265	...	-0.470618
3	-0.576742	0.016496	0.758624	-0.549956	1.500298	0.170669	1.538067	-0.740546	0.805893	-0.342439	...	0.201034
4	1.425529	-0.548864	2.726793	-0.990834	2.687987	0.899166	1.344740	0.853881	0.440810	0.900523	...	-0.799706

图 3-3　词向量矩阵的部分结果

（3）支持向量机模型分类结果如图 3-4 所示。其中，precision 是精确率，recall 是召回率，f1-score 是 F_1 值，support 是支持，即相应的类中有多少样例分类正确，accuracy 是准确率，macro avg 是宏平均，weighted avg 是加权平均。

	precision	recall	f1-score	support
-1	0.69	0.77	0.73	78
1	0.83	0.76	0.79	114
accuracy			0.77	192
macro avg	0.76	0.77	0.76	192
weighted avg	0.77	0.77	0.77	192

图 3-4　支持向量机模型分类结果

决策树模型分类结果如图 3-5 所示。

	precision	recall	f1-score	support
-1	0.61	0.59	0.60	78
1	0.72	0.74	0.73	114
accuracy			0.68	192
macro avg	0.66	0.66	0.66	192
weighted avg	0.68	0.68	0.68	192

图 3-5　决策树模型分类结果

随机森林模型分类结果如图 3-6 所示。

	precision	recall	f1-score	support
-1	0.70	0.73	0.71	78
1	0.81	0.78	0.79	114
accuracy			0.76	192
macro avg	0.75	0.76	0.75	192
weighted avg	0.76	0.76	0.76	192

图 3-6　随机森林模型分类结果

梯度提升模型分类结果如图 3-7 所示。

	precision	recall	f1-score	support
-1	0.68	0.72	0.70	78
1	0.80	0.77	0.79	114
accuracy			0.75	192
macro avg	0.74	0.74	0.74	192
weighted avg	0.75	0.75	0.75	192

图 3-7　梯度提升模型分类结果

K 近邻模型分类结果如图 3-8 所示。

	precision	recall	f1-score	support
-1	0.70	0.71	0.70	78
1	0.80	0.79	0.79	114
accuracy			0.76	192
macro avg	0.75	0.75	0.75	192
weighted avg	0.76	0.76	0.76	192

图 3-8　K 近邻模型分类结果

通过比较以上模型的分类结果，综合来说，"积极"文本的分类指标明显优于对"消极"文本的分类，本例中的"积极"文本数量更多。在分类器中，支持向量机模型的指标表现更好一些，在支持向量机模型分类下，"消极"文本的精确率为 0.69，召回率为 0.77，F_1 值为 0.73；"积极"文本的精确率为 0.83，召回率为 0.76，F_1 值为 0.79；"积极"文本和"消极"文本的平均精确率为 0.76，平均召回率为 0.77，平均 F_1 值为 0.76，平均数均超过 0.75，说明该模型的训练结果较好，可以用于文本情感分析。

（4）将爬取的、为期一个月的数据整理为包括每天发布的"消极"文本的数量、每天发布的"积极"文本的数量、"平均情感值"及"医生"和"生涯"在博文中出现的频次的数据文件 data-30d.csv，数据文件 data-30d.csv 的部分呈现如图 3-9 所示。

日期	消极	积极	平均情感值	医生	生涯
3/15	2	1	-0.33	3	4
3/16	6	5	-0.09	20	11
3/17	3	5	0.25	14	8
3/18	0	1	1	3	1
3/19	0	1	1	1	1
3/20	0	2	1	3	2
3/21	0	0	0	0	0
3/22	0	1	1	1	1
3/23	1	0	-1	1	1
3/24	0	0	0	0	0
3/25	1	0	-1	1	1
3/26	0	0	0	0	0
3/27	10	6	-0.25	19	18
3/28	126	88	-0.18	342	218
3/29	83	215	0.44	491	310
3/30	6	31	0.68	57	38
3/31	1	7	0.75	11	8
4/1	4	2	-0.33	9	6
4/2	0	4	1	7	4

图 3-9 数据文件 data-30d.csv 的部分呈现

（5）时间序列的简单线性图呈现："消极""积极""平均情感值""医生""生涯"的线性图分别如图 3-10～图 3-14 所示。

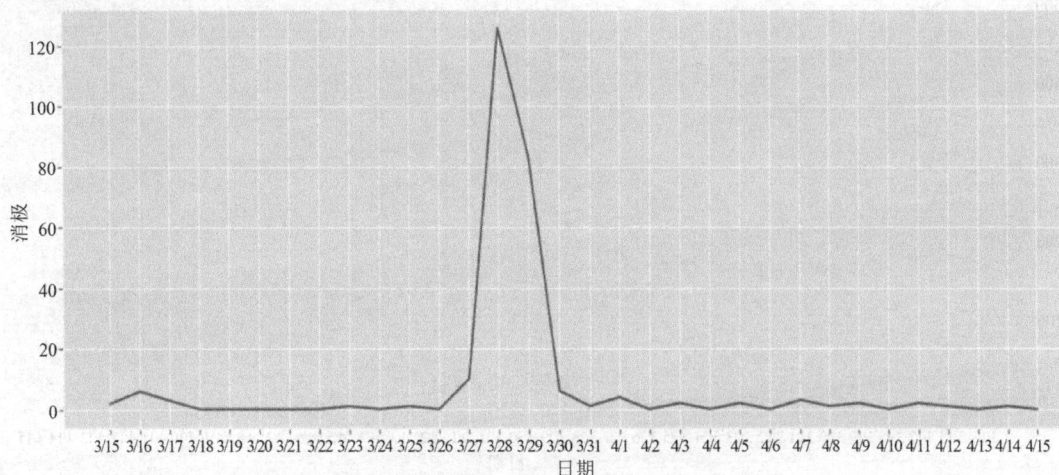

图 3-10 "消极"的线性图

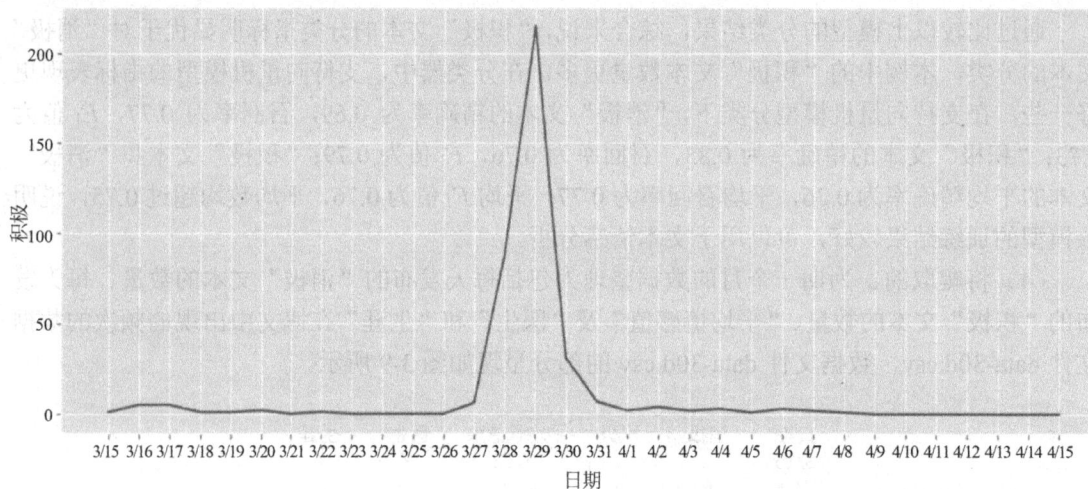

图 3-11 "积极"的线性图

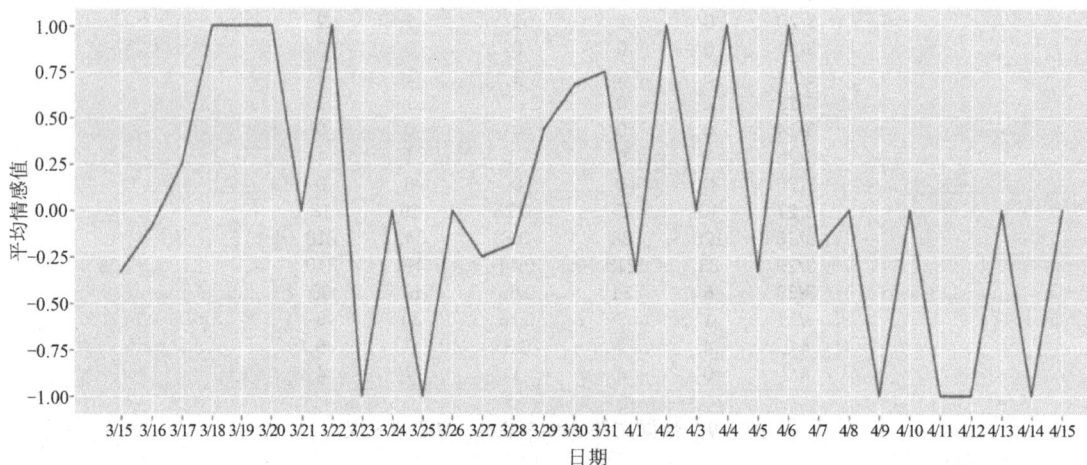

图 3-12 "平均情感值"的线性图

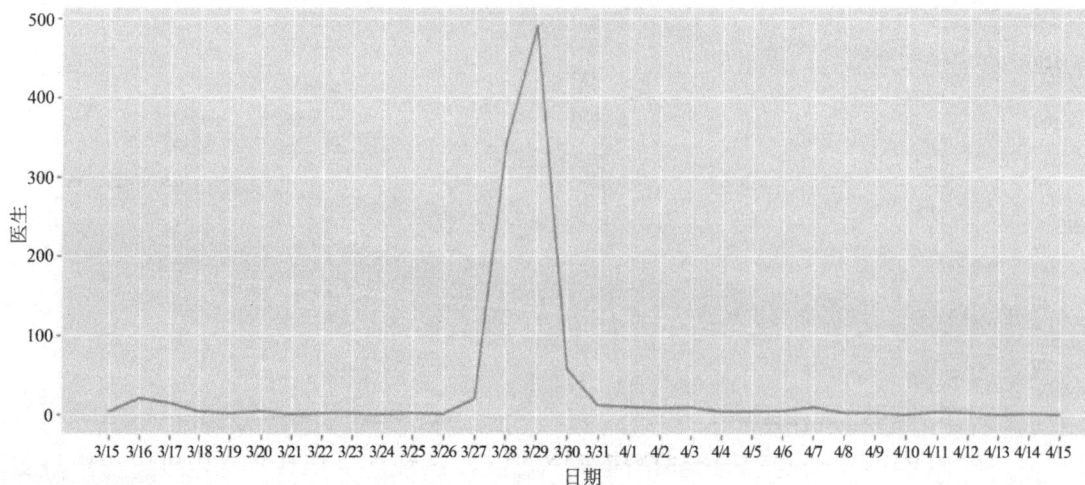

图 3-13 "医生"的线性图

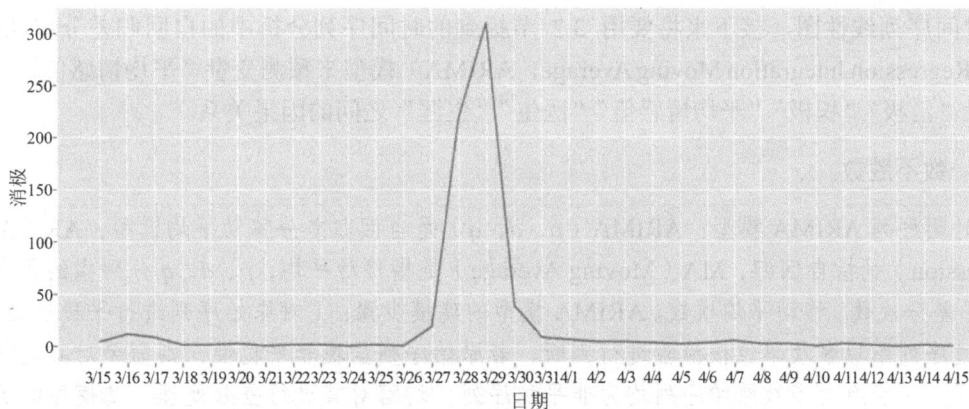

图 3-14　"生涯"的线性图

通过绘制简单的时间序列线性图，可以发现"消极"文本和"积极"文本发文量最多的时间主要集中在 2022 年 3 月 28 日和 2022 年 3 月 29 日这两天。先是"消极"文本达到最多，后是"积极"文本数量超过"消极"文本，这应该与某电视剧里关于医生生涯的情节发展有关。变量"医生"出现的频次要高于"生涯"出现的频次，说明某电视剧的观众相比于生涯更关注医生的角色。

4）项目拓展应用

本节主要介绍了文本情感极性分析和用于情感分类的常用的机器学习方法。情感分析的应用前景非常广阔，当前网络文本挖掘的研究发展迅速，其中网络评论情感分析这个技术领域也十分热门，随着情感分析软件的开发日渐完善，它能够实现网络直播平台评论（舆论）的正确引导与控制。现阶段，越来越多人在社交媒体上发表自己的观点和看法，表达情感，通过分析他们的情感极性可以判断他们的态度，对于双方立场、网络购物等问题的评论的情感分析十分有必要，所以将情感分析应用于各大网络平台和社交媒体的评论是富有理论研究意义和社会应用价值的。从情感分析的不同研究方法来看，未来情感分析的研究可以关注以下方面。

（1）现有的情感分析研究多基于单一领域，如酒店评论等，在个性化推荐中如何将多个领域的内容结合进行情感分类以实现更好的推荐效果是未来值得研究和探索的工作方向。

（2）复杂语句的情感分析研究需要进一步完善，当带有情感倾向的网络用语、歇后语、成语等，尤其是含有反讽或隐喻类的词越来越频繁地出现时，情感极性的检测就会存在难度，因而需要进一步研究。

（3）在情感分析的子任务中，大多研究是基于简单二分类的情感分析，实现多分类、更加细粒度的情感分析也是将来的研究热点。

3.3　分秒必争："生涯"与情感极性因果关系微博博文时间序列分析

1. 从心起航

在 3.2 节，我们已经绘制了某部剧变量"消极""积极""平均情感值""医生""生涯"简单的时间序列线性图，接下来将要用 3.2 节提到的时间序列分析中的自回归差分移动平均（Auto Regression Integration Moving Average，ARIMA）模型来预测变量"平均情感值"，并检验变量"消极""积极""平均情感值""医生""生涯"之间的因果关系。

2. 数不胜数

时间序列 ARIMA 模型：ARIMA（p, d, q）是自回归差分移动平均模型，AR（Auto Regression）是指自回归，MA（Moving Average）是指移动平均，p、d、q 分别指的是自回归项、差分次数、移动平均项数。ARIMA 模型的建模步骤：①对原始序列进行平稳性检验：可通过序列图观察及单位根检验进行判断，若原始序列呈现非平稳性，则需要对其进行差分处理。一般绝大多数原始序列均为非平稳序列，均需对其进行差分处理。②模型的识别与检验：差分处理完成后，通过自相关函数（Auto Correlation Function，ACF）及偏自相关函数（Partial Autocorrelation Function，PACF）图进行定阶，即确定 p 值和 q 值。当平稳序列的自相关函数图呈现拖尾、偏自相关函数图呈现截尾时，建立 AR 模型；当偏自相关函数图呈现拖尾、自相关图函数呈现截尾时，建立 MA 模型；当平稳序列的自相关函数图和偏自相关函数图均呈现拖尾时，建立 ARIMA 模型。通过赤池信息准则（Akaike Information Criterion，AIC）和贝叶斯信息准则（Bayesian Information Criterion，BIC）的等值对比，选出最优模型。③参数估计、模型的拟合与结果预测：对确定的模型进行参数估计，根据选择的最优模型来检验拟合效果并进行结果预测。

Granger 因果检验（Granger Causality Testing）：解决了变量 X 是否引起变量 Y 的问题，主要依据是现在的 Y 能够在多大程度上被过去的 X 解释。如果 X 在 Y 的预测中有帮助，或者 X 与 Y 的相关系数在统计学上显著时，那么可以认为"Y 是由 X Granger 引起的"，其零假设为 X 过去的观测值（如 p）对于预测 Y 值没用。

该检验是用 p 个过去的 Y 值对 p 个过去的 X 值回归而成的。统计量的分布为 F 分布。假定 Y 有 AR 模型 AR（p）：

$$Y_t = a_0 + a_1 Y_{t-1} \cdots + a_p Y_{t-p} + \varepsilon_{1t} \tag{3-5}$$

对 X 进行自回归：

$$Y_t = a_0 + a_1 Y_{t-1} + \cdots + a_p Y_{t-p} + b_0 X_{t-p} + \varepsilon_{2t} \tag{3-6}$$

如果系数 $b_1, \cdots, b_p$ 都显著不为 0 或者 ε_{2t} 的方差显著小于 ε_{1t} 的方差，那么称变量 X 为 Y 的"Granger 原因"。

3. 计研心算

1）项目解决逻辑

首先建立时间序列 ARIMA 模型，包括对原始序列进行平稳性检验、模型的识别与检验、参数估计、模型的拟合与结果预测，然后进行 Granger 因果检验。

2）项目实现过程

以下代码在 Python 3.8（Anaconda 3 工具中的 Jupyter Notebook 部分）中实现。

（1）导入数据文件 data-30d-1.csv，data-30d-1.csv 与 data-30d.csv 内容一致，只是更改了日期格式。生成时间序列，对原始序列"平均情感值"进行数据重采样和差分处理。该部分的代码如下。

```
#导入时间序列的库
```

```
import pandas as pd
import datetime
import matplotlib.pylab as plt
import seaborn as sns
from matplotlib.pylab import style
#导入 ARIMA 模型，导入 ACF 和 PACF
from statsmodels.tsa.arima_model import ARIMA
from statsmodels.graphics.tsaplots import plot_acf, plot_pacf

#设定参数
style.use("ggplot")
plt.rcParams["font.sans-serif"] = ["SimHei"]
plt.rcParams["axes.unicode_minus"] = False
#读入数据文件
careerFile = "data-30d-1.csv"
#将索引 index 设置为时间，parse_dates 将日期格式处理为标准格式
career = pd.read_csv(careerFile, index_col=0, parse_dates=[0])
career.head(10)
#数据按天降采样，指标为求和，也可以是平均，可以自行指定。数据重采样是指时间数据由一个频率
#转换到另一个频率，包括降采样和升采样，本节使用降采样
career_day = career["平均情感值"].resample("D").sum()
#确定训练的起止时间
career_train = career_day["2022/3/15":"2022/4/9"]
#画布大小
career_train.plot(figsize=(9,5))
plt.legend(bbox_to_anchor=(1.25, 0.5))
#图的标题
plt.title("career 平均情感值")
sns.despine()
#对数据进行一阶差分，让其更加平稳
career_diff = career_train.diff()
career_diff = career_diff.dropna()
plt.figure()
plt.plot(career_diff)
plt.title("一阶差分")
plt.show()
```

（2）通过 ACF 及 PACF 图定阶，确定 p 值和 q 值。该部分的代码如下。

```
#绘制 ACF 图
acf = plot_acf(career_diff, lags=20)
plt.title("ACF")
acf.show()
#绘制 PACF 图
pacf = plot_pacf(career_diff, lags=10)
plt.title("PACF")
pacf.show()
#判断是否为 AR 模型、MA 模型或 ARIMA 模型，设定 p、q 值
model = ARIMA(career_train, order=(1, 1, 0),freq="D")
```

```
#统计 ARIMA 模型的指标
result = model.fit()
result.summary()
```

（3）结果预测的代码如下。

```
#指定起始时间与终止时间。预测值起始时间必须在原始数据中，不需要终止时间
pred = result.predict("2022/4/6", "2022/4/15",dynamic=True, typ="levels")
print (pred)
#预测结果图
plt.figure(figsize=(10, 6))
plt.xticks(rotation=45)
plt.plot(pred)
plt.plot(career_train)
```

（4）Granger 因果检验的代码如下。

```
#导入需要的包
import pandas as pd
import statsmodels.tsa.stattools as sm

#导入文件
data = pd.read_csv("data-30d-1.csv",header = 0)
print(data)
#使用"积极"预测"消极"
result_1 = sm.grangercausalitytests(data[["消极","积极"]], maxlag=1)
#使用"积极"预测"平均情感值"
result_2 = sm.grangercausalitytests(data[["平均情感值","积极"]], maxlag=1)
#使用"积极"预测"医生"
result_3 = sm.grangercausalitytests(data[["医生","积极"]], maxlag=1)
#使用"积极"预测"生涯"
result_4 = sm.grangercausalitytests(data[["生涯","积极"]], maxlag=1)
#使用"消极"预测"积极"
result_5 = sm.grangercausalitytests(data[["积极","消极"]], maxlag=1)
#使用"消极"预测"平均情感值"
result_6 = sm.grangercausalitytests(data[["平均情感值","消极"]], maxlag=1)
#使用"消极"预测"医生"
result_7 = sm.grangercausalitytests(data[["医生","消极"]], maxlag=1)
#使用"消极"预测"生涯"
result_8 = sm.grangercausalitytests(data[["生涯","消极"]], maxlag=1)
#使用"平均情感值"预测"消极"
result_9 = sm.grangercausalitytests(data[["消极","平均情感值"]], maxlag=1)
#使用"平均情感值"预测"积极"
result_10 = sm.grangercausalitytests(data[["积极","平均情感值"]], maxlag=1)
#使用"平均情感值"预测"医生"
result_11 = sm.grangercausalitytests(data[["医生","平均情感值"]], maxlag=1)
#使用"平均情感值"预测"生涯"
result_12 = sm.grangercausalitytests(data[["生涯","平均情感值"]], maxlag=1)
#使用"医生"预测"消极"
result_13 = sm.grangercausalitytests(data[["消极","医生"]], maxlag=1)
#使用"医生"预测"积极"
```

```
result_14 = sm.grangercausalitytests(data[["积极","医生"]], maxlag=1)
#使用"医生"预测"平均情感值"
result_15 = sm.grangercausalitytests(data[["平均情感值","医生"]], maxlag=1)
#使用"医生"预测"生涯"
result_16 = sm.grangercausalitytests(data[["生涯","医生"]], maxlag=1)
#使用"生涯"预测"积极"
result_17 = sm.grangercausalitytests(data[["积极","生涯"]], maxlag=1)
#使用"生涯"预测"消极"
result_18 = sm.grangercausalitytests(data[["消极","生涯"]], maxlag=1)
#使用"生涯"预测"平均情感值"
result_19 = sm.grangercausalitytests(data[["平均情感值","生涯"]], maxlag=1)
#使用"生涯"预测"医生"
result_20 = sm.grangercausalitytests(data[["医生","生涯"]], maxlag=1)
```

3）项目结果呈现

（1）平均情感值的时间序列图。"平均情感值"自 3 月 15 日至 4 月 9 日的时间序列图如见图 3-15 所示。

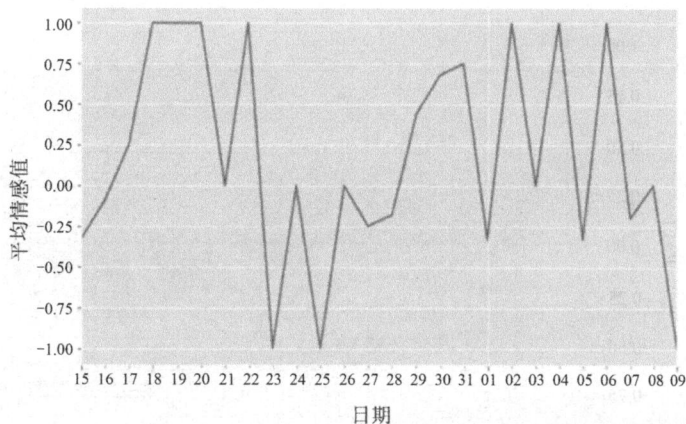

图 3-15　"平均情感值"自 3 月 15 日至 4 月 9 日的时间序列图

（2）原始时间序列的一阶差分图（见图 3-16）。

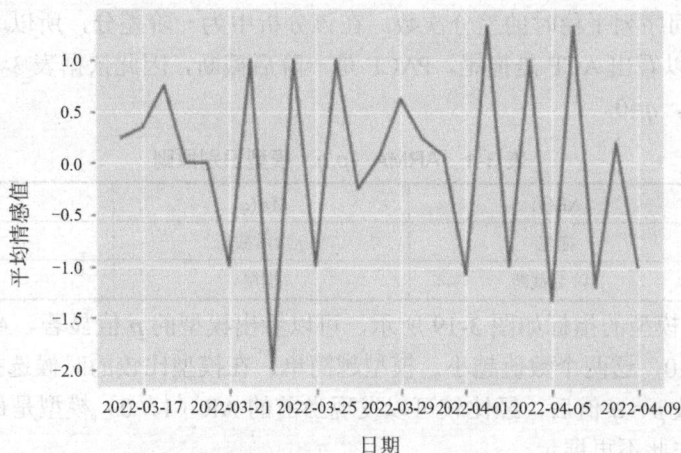

图 3-16　原始时间序列的一阶差分图

（3）ACF 图和 PACF 图如图 3-17 和图 3-18 所示。

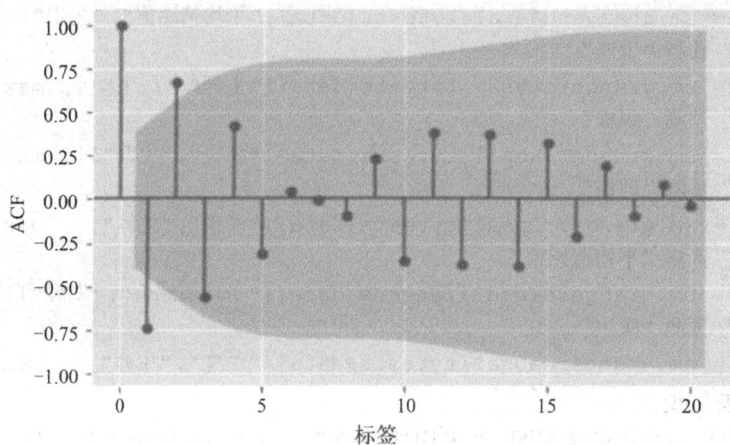

图 3-17 ACF 图

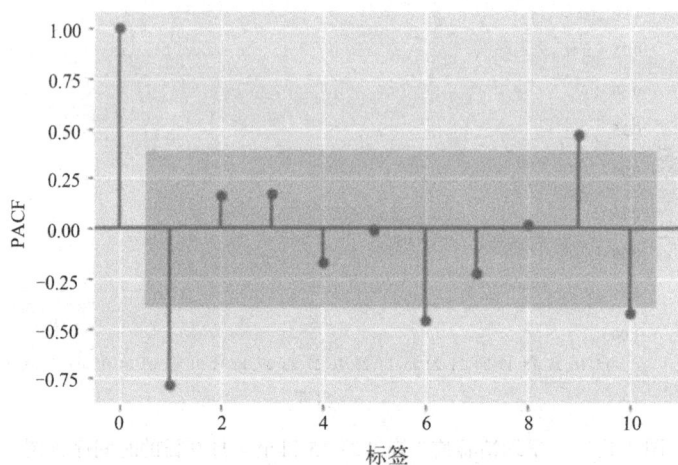

图 3-18 PACF 图

因为 d 为时间序列平稳时的差分次数。在该分析中为一阶差分，所以 d 为 1。根据图 3-17 和图 3-18，可以看出 ACF 是拖尾，PACF 是一阶后截断，因此依据表 3-1 可判断出该模型是 AR 模型，$p=1$，$q=0$。

表 3-1 ARMA（p,q）模型识别原则

	AR(p)	MA(q)	ARMA(p,q)
ACF	拖尾	q 阶后截断	拖尾
PACF	p 阶后截断	拖尾	拖尾

（4）ARIMA 模型的指标如图 3-19 所示，可以看出模型的 p 值显著。AIC 和 BIC 值分别为 52.154 和 55.810，这两个数值越小，模型越简单，在模型比较的时候选择更简单的模型。在本项目中，更改 p、q 值后，经比较可以发现当前的 AR（1，0）模型是最适合的。用于比较的模型结果图在此不再展示。

ARIMA Model Results

Dep. Variable:	D.平均情感值	No. Observations:	25
Model:	ARIMA(1, 1, 0)	Log Likelihood	-23.077
Method:	css-mle	S.D. of innovations	0.599
Date:	Sun, 28 Aug 2022	AIC	52.154
Time:	23:21:01	BIC	55.810
Sample:	03-16-2022	HQIC	53.168
	- 04-09-2022		

	coef	std err	z	P>|z|	[0.025	0.975]
const	-0.0143	0.070	-0.205	0.838	-0.151	0.122
ar.L1.D.平均情感值	-0.7488	0.125	-5.990	0.000	-0.994	-0.504

Roots

	Real	Imaginary	Modulus	Frequency
AR.1	-1.3355	+0.0000j	1.3355	0.5000

图 3-19　ARIMA 模型的指标

（5）预测结果

图 3-20 所示为 4 月 6 日至 4 月 15 日"平均情感值"的预测结果图，将预测值与真实数据进行比较，可以发现 4 月 6 日至 4 月 10 日的预测还是比较准确、合理的。自 4 月 11 日至 4 月 15 日的预测值和真实数据相差较大，其部分原因可能是某部电视剧临近结尾，网友们对剧中医生生涯的评论减少了，4 月 15 日消极文本和积极文本的发文数量已经是 0 了，所以在分析时也要考虑到现实情况。

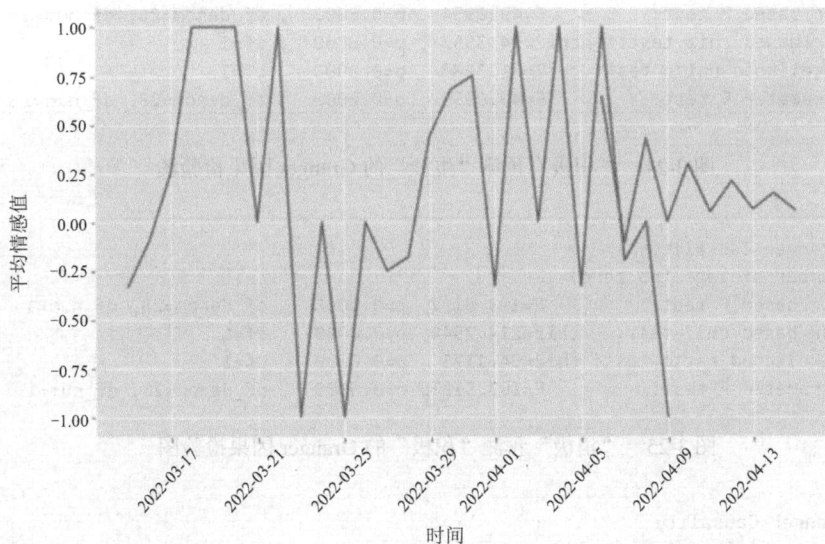

图 3-20　4 月 6 日至 4 月 15 日"平均情感值"的预测结果图

（6）Granger 因果检验

Granger 因果检验图如图 3-21～图 3-40 所示，如果 p 值均小于 0.05，即 p 值显著，那么说明变量 X 对变量 Y 的预测有帮助，可以认为 Y 是由 X 引起的，X 与 Y 存在因果关系。

```
Granger Causality
number of lags (no zero) 1
ssr based F test:          F=4.6619   , p=0.0396   , df_denom=28, df_num=1
ssr based chi2 test:   chi2=5.1614   , p=0.0231   , df=1
likelihood ratio test: chi2=4.7742   , p=0.0289   , df=1
parameter F test:          F=4.6619   , p=0.0396   , df_denom=28, df_num=1
```

图 3-21   "积极"预测"消极"的 Granger 因果检验图

```
Granger Causality
number of lags (no zero) 1
ssr based F test:          F=1.3681   , p=0.2520   , df_denom=28, df_num=1
ssr based chi2 test:   chi2=1.5147   , p=0.2184   , df=1
likelihood ratio test: chi2=1.4788   , p=0.2240   , df=1
parameter F test:          F=1.3681   , p=0.2520   , df_denom=28, df_num=1
```

图 3-22   "积极"预测"平均情感值"的 Granger 因果检验图

```
Granger Causality
number of lags (no zero) 1
ssr based F test:          F=37.1705, p=0.0000   , df_denom=28, df_num=1
ssr based chi2 test:   chi2=41.1530, p=0.0000   , df=1
likelihood ratio test: chi2=26.1889, p=0.0000   , df=1
parameter F test:          F=37.1705, p=0.0000   , df_denom=28, df_num=1
```

图 3-23   "积极"预测"医生"的 Granger 因果检验图

```
Granger Causality
number of lags (no zero) 1
ssr based F test:          F=49.0954, p=0.0000   , df_denom=28, df_num=1
ssr based chi2 test:   chi2=54.3557, p=0.0000   , df=1
likelihood ratio test: chi2=31.3980, p=0.0000   , df=1
parameter F test:          F=49.0954, p=0.0000   , df_denom=28, df_num=1
```

图 3-24   "积极"预测"生涯"的 Granger 因果检验图

```
Granger Causality
number of lags (no zero) 1
ssr based F test:          F=193.5197, p=0.0000   , df_denom=28, df_num=1
ssr based chi2 test:   chi2=214.2540, p=0.0000   , df=1
likelihood ratio test: chi2=64.1175 , p=0.0000   , df=1
parameter F test:          F=193.5197, p=0.0000   , df_denom=28, df_num=1
```

图 3-25   "消极"预测"积极"的 Granger 因果检验图

```
Granger Causality
number of lags (no zero) 1
ssr based F test:          F=1.1721   , p=0.2882   , df_denom=28, df_num=1
ssr based chi2 test:   chi2=1.2977   , p=0.2546   , df=1
likelihood ratio test: chi2=1.2712   , p=0.2595   , df=1
parameter F test:          F=1.1721   , p=0.2882   , df_denom=28, df_num=1
```

图 3-26   "消极"预测"平均情感值"的 Granger 因果检验图

```
Granger Causality
number of lags (no zero) 1
ssr based F test:          F=51.1439 , p=0.0000  , df_denom=28, df_num=1
ssr based chi2 test:    chi2=56.6236 , p=0.0000  , df=1
likelihood ratio test: chi2=32.2110 , p=0.0000  , df=1
parameter F test:          F=51.1439 , p=0.0000  , df_denom=28, df_num=1
```

图 3-27　"消极"预测"医生"的 Granger 因果检验图

```
Granger Causality
number of lags (no zero) 1
ssr based F test:          F=43.3240 , p=0.0000  , df_denom=28, df_num=1
ssr based chi2 test:    chi2=47.9659 , p=0.0000  , df=1
likelihood ratio test: chi2=28.9859 , p=0.0000  , df=1
parameter F test:          F=43.3240 , p=0.0000  , df_denom=28, df_num=1
```

图 3-28　"消极"预测"生涯"的 Granger 因果检验图

```
Granger Causality
number of lags (no zero) 1
ssr based F test:          F=0.2331 , p=0.6330  , df_denom=28, df_num=1
ssr based chi2 test:    chi2=0.2580 , p=0.6115  , df=1
likelihood ratio test: chi2=0.2570 , p=0.6122  , df=1
parameter F test:          F=0.2331 , p=0.6330  , df_denom=28, df_num=1
```

图 3-29　"平均情感值"预测"消极"的 Granger 因果检验图

```
Granger Causality
number of lags (no zero) 1
ssr based F test:          F=0.4564 , p=0.5048  , df_denom=28, df_num=1
ssr based chi2 test:    chi2=0.5053 , p=0.4772  , df=1
likelihood ratio test: chi2=0.5013 , p=0.4789  , df=1
parameter F test:          F=0.4564 , p=0.5048  , df_denom=28, df_num=1
```

图 3-30　"平均情感值"预测"积极"的 Granger 因果检验图

```
Granger Causality
number of lags (no zero) 1
ssr based F test:          F=0.5068 , p=0.4824  , df_denom=28, df_num=1
ssr based chi2 test:    chi2=0.5611 , p=0.4538  , df=1
likelihood ratio test: chi2=0.5561 , p=0.4559  , df=1
parameter F test:          F=0.5068 , p=0.4824  , df_denom=28, df_num=1
```

图 3-31　"平均情感值"预测"医生"的 Granger 因果检验图

```
Granger Causality
number of lags (no zero) 1
ssr based F test:          F=0.5138 , p=0.4794  , df_denom=28, df_num=1
ssr based chi2 test:    chi2=0.5688 , p=0.4507  , df=1
likelihood ratio test: chi2=0.5637 , p=0.4528  , df=1
parameter F test:          F=0.5138 , p=0.4794  , df_denom=28, df_num=1
```

图 3-32　"平均情感值"预测"生涯"的 Granger 因果检验图

```
Granger Causality
number of lags (no zero) 1
ssr based F test:            F=5.4453   , p=0.0270   , df_denom=28, df_num=1
ssr based chi2 test:   chi2=6.0287   , p=0.0141   , df=1
likelihood ratio test: chi2=5.5089   , p=0.0189   , df=1
parameter F test:            F=5.4453   , p=0.0270   , df_denom=28, df_num=1
```

图 3-33　"医生"预测"消极"的 Granger 因果检验图

```
Granger Causality
number of lags (no zero) 1
ssr based F test:            F=141.1197, p=0.0000   , df_denom=28, df_num=1
ssr based chi2 test:   chi2=156.2397, p=0.0000   , df=1
likelihood ratio test: chi2=55.7505, p=0.0000   , df=1
parameter F test:            F=141.1197, p=0.0000   , df_denom=28, df_num=1
```

图 3-34　"医生"预测"积极"的 Granger 因果检验图

```
Granger Causality
number of lags (no zero) 1
ssr based F test:            F=1.4491   , p=0.2387   , df_denom=28, df_num=1
ssr based chi2 test:   chi2=1.6044   , p=0.2053   , df=1
likelihood ratio test: chi2=1.5643   , p=0.2110   , df=1
parameter F test:            F=1.4491   , p=0.2387   , df_denom=28, df_num=1
```

图 3-35　"医生"预测"平均情感值"的 Granger 因果检验图

```
Granger Causality
number of lags (no zero) 1
ssr based F test:            F=24.1103 , p=0.0000   , df_denom=28, df_num=1
ssr based chi2 test:   chi2=26.6936 , p=0.0000   , df=1
likelihood ratio test: chi2=19.2559 , p=0.0000   , df=1
parameter F test:            F=24.1103 , p=0.0000   , df_denom=28, df_num=1
```

图 3-36　"医生"预测"生涯"的 Granger 因果检验图

```
Granger Causality
number of lags (no zero) 1
ssr based F test:            F=215.5740, p=0.0000   , df_denom=28, df_num=1
ssr based chi2 test:   chi2=238.6712, p=0.0000   , df=1
likelihood ratio test: chi2=67.0597 , p=0.0000   , df=1
parameter F test:            F=215.5740, p=0.0000   , df_denom=28, df_num=1
```

图 3-37　"生涯"预测"积极"的 Granger 因果检验图

```
Granger Causality
number of lags (no zero) 1
ssr based F test:            F=4.3307   , p=0.0467   , df_denom=28, df_num=1
ssr based chi2 test:   chi2=4.7947   , p=0.0285   , df=1
likelihood ratio test: chi2=4.4582   , p=0.0347   , df=1
parameter F test:            F=4.3307   , p=0.0467   , df_denom=28, df_num=1
```

图 3-38　"生涯"预测"消极"的 Granger 因果检验图

```
Granger Causality
number of lags (no zero) 1
ssr based F test:             F=1.4034  , p=0.2461  , df_denom=28, df_num=1
ssr based chi2 test:    chi2=1.5537  , p=0.2126  , df=1
likelihood ratio test: chi2=1.5161  , p=0.2182  , df=1
parameter F test:             F=1.4034  , p=0.2461  , df_denom=28, df_num=1
```

图 3-39　"生涯"预测"平均情感值"的 Granger 因果检验图

```
Granger Causality
number of lags (no zero) 1
ssr based F test:             F=24.7180 , p=0.0000  , df_denom=28, df_num=1
ssr based chi2 test:    chi2=27.3663 , p=0.0000  , df=1
likelihood ratio test: chi2=19.6153 , p=0.0000  , df=1
parameter F test:             F=24.7180 , p=0.0000  , df_denom=28, df_num=1
```

图 3-40　"生涯"预测"医生"的 Granger 因果检验图

整理上述图片结果，多变量的 Granger 因果检验结果表 3-2 所示。

表 3-2　多变量的 Granger 因果检验结果

变量	p 值	解释
"积极"预测"消极"	显著	"积极"与"消极"存在因果关系
"积极"预测"平均情感值"	不显著	"积极"与"平均情感值"不存在因果关系
"积极"预测"医生"	显著	"积极"与"医生"存在因果关系
"积极"预测"生涯"	显著	"积极"与"生涯"存在因果关系
"消极"预测"积极"	显著	"消极"与"积极"存在因果关系
"消极"预测"平均情感值"	不显著	"消极"与"平均情感值"不存在因果关系
"消极"预测"医生"	显著	"消极"与"医生"存在因果关系
"消极"预测"生涯"	显著	"消极"与"生涯"存在因果关系
"平均情感值"预测"消极"	不显著	"平均情感值"与"消极"不存在因果关系
"平均情感值"预测"积极"	不显著	"平均情感值"与"积极"不存在因果关系
"平均情感值"预测"医生"	不显著	"平均情感值"与"医生"不存在因果关系
"平均情感值"预测"生涯"	不显著	"平均情感值"与"生涯"不存在因果关系
"医生"预测"消极"	显著	"医生"与"消极"存在因果关系
"医生"预测"积极"	显著	"医生"与"积极"存在因果关系
"医生"预测"平均情感值"	不显著	"医生"与"平均情感值"不存在因果关系
"医生"预测"生涯"	显著	"医生"与"生涯"存在因果关系
"生涯"预测"积极"	显著	"生涯"与"积极"存在因果关系
"生涯"预测"消极"	显著	"生涯"与"消极"存在因果关系
"生涯"预测"平均情感值"	不显著	"生涯"与"平均情感值"不存在因果关系
"生涯"预测"医生"	显著	"生涯"与"医生"存在因果关系

从表 3-2 中可以看出，变量"积极"与"消极"、"积极"与"医生"、"积极"与"生涯"、"消极"与"医生"、"消极"与"生涯"、"医生"与"生涯"之间是互为因果的。这样的结果可能与某部电视剧关于医生职业生涯的情节发展有关。在某部剧中，某医生的职业生涯遭遇了挑战，主人公在战胜挑战的过程中与其家庭、同事、女友等之间的关系引起了网友积极的和消极的评论，该段剧情播出期间，积极的评论多，消极的评论也多。该剧情结束之后，消极的评论减少，积极的评论也相应减少了。在这些评论里，积极的评论包含着"医生"和"生

涯"，消极的评论里也包含着"医生"和"生涯"，所以"医生"和"生涯"出现的频次也随之增多或减少。在比较"医生""生涯"对"消极""积极"的预测时，可以发现相比于"消极"，"积极"则更多由"医生""生涯"引起，说明观众在谈论某一职业的生涯时产生的评论和情感更有可能是积极的，而"平均情感值"与其他变量之间的 Granger 因果检验均是不显著的。变量"平均情感值"是由变量"积极"和"消极"共同决定的，单一地用"消极"去预测"平均情感值"，或用"积极"去预测"平均情感值"，或用"平均情感值"去预测"生涯"等变量都是不显著的，说明它们之间没有因果关系。

4）项目拓展应用

时间序列数据的研究方法主要包括分类、聚类和回归预测等，在本节主要讨论时间序列预测方法的 ARIMA 模型。现实生活中有很多时间序列数据预测问题，包括语音分析、噪声消除、股票市场的分析等，其本质主要是根据前 T 个时刻的观测数据推算 $T+1$ 时刻的时间序列值。在当今大数据时代，医疗、金融、气象、农业、生物、航天、交通等各个领域都会产生大量的时间序列数据，研究领域的覆盖范围非常广。例如，有学者基于哈尔滨市 2013 至 2018 年日值空气质量数据和气象观测数据建立了 PM2.5 质量浓度的多元时间序列模型，对不同时期 PM2.5 浓度的治理提供技术支持和科学依据。除了单变量的时间序列分析，多变量时间序列的因果关系分析也是数据挖掘的研究热点，因果关系的分析方法包括本节使用的 Granger 因果检验，随着研究的深入，因果分析方法将主要面向非线性、多变量、非平稳系统，今后的研究工作也可以在此展开。本项目在此基础上还可以构建微博用户生涯词典，用于探讨这些变量对生涯的影响。

参考文献

[1] 王志伟，杨哲. 初入职场 91.6%受访职场青年感到过不适应[N]. 中国青年报，2021-09-09(010).

[2] 毕志杰，李静. 基于 Python 的新浪微博爬虫程序设计与研究[J]. 信息与电脑（理论版），2020，32(04)：150-152.

[3] 周中华，张惠然，谢江. 基于 Python 的新浪微博数据爬虫[J]. 计算机应用，2014，34(11)：3131-3134.

[4] 胡钰鑫，王慧亮，郭元. 基于网络爬虫和 IDF 曲线的郑州城区致灾降水特征研究[J]. 水电能源科学，2021，39(04)：4-7.

[5] 魏姮清. 面向公安政务微博的用户评论情感分析及反馈控制研究[D]. 武汉：武汉理工大学，2020.

[6] 杨月. Python 网络爬虫技术的研究[J]. 电子世界，2021，(10)：57-58.

[7] 余鹏，田杰. 基于卷积神经网络的多维特征微博文本情感分析[J]. 计算机与数字工程，2020，48(09)：2244-2247.

[8] 杨立公，朱俭，汤世平. 文本情感分析综述[J]. 计算机应用，2013，33(06)：1574-1578+1607.

[9] 李胜旺，杨艺，许云峰，等. 文本方面级情感分类方法综述[J]. 河北科技大学学报，2020，41(06)：518-527.

[10] 王春东，张卉，莫秀良，等．微博情感分析综述[J]．计算机工程与科学，2022，44(01)：165-175.

[11] 黄卫东，陈凌云，吴美蓉．网络舆情话题情感演化研究[J]．情报杂志，2014，33(01)：102-107.

[12] 郭云龙，潘玉斌，张泽宇，等．基于证据理论的多分类器中文微博观点句识别[J]．计算机工程，2014，40(04)：159-163+169.

[13] 祁小军，兰海翔，卢涵宇，等．贝叶斯、KNN 和 SVM 算法在新闻文本分类中的对比研究[J]．电脑知识与技术，2019，15(25)：220-222.

[14] 马建斌，李滢，滕桂法，等．KNN 和 SVM 算法在中文文本自动分类技术上的比较研究[J]．河北农业大学学报，2008，(03)：120-123.

[15] 唐华松，姚耀文．数据挖掘中决策树算法的探讨[J]．计算机应用研究，2001，(08)：18-19+22.

[16] 马骊．随机森林算法的优化改进研究[D]．广州：暨南大学，2016.

[17] 张文生，于廷照．Boosting 算法理论与应用研究[J]．中国科学技术大学学报，2016，46(03)：222-230.

[18] 田艳，王天奇．基于 Word2vec 模型的专业通用词提取算法及应用举例[J]．沧州师范学院学报，2018，34(03)：68-72.

[19] 唐焕玲，卫红敏，王育林，等．结合 LDA 与 Word2vec 的文本语义增强方法[J]．计算机工程与应用，2022，58(13)：135-145.

[20] 杨海民，潘志松，白玮．时间序列预测方法综述[J]．计算机科学，2019，46(01)：21-28.

[21] 周晓兰，戴香平，陈洪龙．基于朴素贝叶斯模型的评论文本情感分析[J]．科学技术创新，2021，(33)：88-90.

[22] 王婷，杨文忠．文本情感分析方法研究综述[J]．计算机工程与应用，2021，57(12)：11-24.

[23] 丁海峰，李立清．基于 ARIMA 模型的我国长三角地区卫生总费用时间序列预测分析研究[J]．中国医疗管理科学，2022，12(02)：4-10.

[24] 李文鸿．基于 Granger 因果检验的我国股票市场财富效应研究[J]．江汉大学学报（自然科学版），2020，48(02)：5-9.

[25] 杨海民，潘志松，白玮．时间序列预测方法综述[J]．计算机科学，2019，46(01)：21-28.

[26] 甄贞，刘佳宇，牛亚洲，等．基于多元时间序列的哈尔滨市 PM2.5 影响因素分析[J]．河南师范大学学报（自然科学版），2022，50(01)：98-107.

[27] 任伟杰，韩敏．多元时间序列因果关系分析研究综述[J]．自动化学报，2021，47(01)：64-78.

第4章

以小见大：社交媒体与消费者信心指数

4.1 抽丝剥茧：消费者信心指数微博用户词典的构建

1. 从心起航

消费者信心指数（Consumer Confidence Index, CCI）：又称消费者情绪指数（ICS），用于反映消费者对于当下或一定时期后的经济形势和消费状况的心理感受和信心程度，包括消费者对利率状况、就业状况、物价状况等多方面经济形势的看法。消费者信心指数包括消费者满意指数和消费者预期指数。其中，消费者满意指数代表消费者对当前经济形势的"满意"程度，消费者预期指数代表了消费者对未来一定时期内的经济状况和消费状况的"预期"程度，反映了消费者对未来经济发展的信心。

心理学与消费者信心指数：心理学研究发现，行为主体对事物进行认知评价时会产生情绪，同时行为主体的情绪又会影响认知评价过程。而个体在生活中表达的真实内容可以反映其情感倾向，当这种情感倾向与未来经济发展有关时，可以通过统计和分析个体的表达内容，建立统计模型，进而预测未来一段时间内的经济发展趋势。

2. 数不胜数

网络爬虫的基本流程主要分为三部分：获取网页、解析网页、存储数据。具体步骤如下。

（1）获取网页就是向一个网址发出请求，该网址会返回整个网页的数据，类似于在浏览器中输入网址并进入网站，就可以看到该网站的整个页面。

（2）解析网页是指从整个网页的数据中提取想要的数据，可以是全部数据，也可以是部分数据。例如，你在读书网站想看评分排行榜，这个排行榜就是你想要的数据。

（3）存储数据是指存储网页上的数据，存储的形式可以是 txt 文件、csv 文件等。

文本挖掘：从大量文本数据中抽取有价值的知识，并且利用这些知识重新组织信息的过程。该方法可以对文本内容进行词频分析。文本挖掘的基本流程为对大量的文本内容进行分词处理，继而统计某个词在文档中出现的次数。分词是指将句子分为多个单独的词。

3．计研心算

1）项目解决逻辑

本项目的目标是从微博文本中获得能够代表消费者信息指数的目标词。具体实现逻辑如下。

（1）查阅文献资料，确定消费者信心指数的词典维度；

（2）获取相应维度的微博文本；

（3）对微博文本进行预处理及词频分析；

（4）从分析结果中筛选符合消费者信心指数的词汇；

（5）形成问卷，招募被试对词汇进行判定；

（6）确定词汇并形成词典。

项目逻辑图如图 4-1 所示。

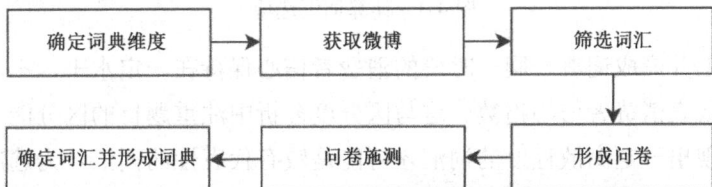

图 4-1　项目逻辑图

2）项目实现过程

本节代码在 Python 3.8.5（Anaconda 3 工具中的 Spyder 部分）中实现。

（1）确定词典维度。查找消费者信心指数方面的文献资料，参考已有问卷，结合我国当前经济形势，确定消费者信心指数的维度。在本项目中，消费者信心指数包括消费者满意指数（即期部分）：经济形势、利率、物价、消费、就业、收入、生活质量水平（共计 7 个），以及消费者预期指数（未来 12 个月内）部分。

（2）获取微博。选取财经类热门微博排名前 50 位博主与前 10 位媒体的所有原创微博（剔除转发及图片、视频、音频等）。

（3）筛选词汇。筛选符合消费者信心指数各维度的词汇，按维度与倾向性（积极、消极）整理所选词汇，删除重复词汇。

（4）形成问卷。基于以上词汇形成一份调查问卷，词汇问卷示例如图 4-2 所示。

● 下列是与经济形势相关的词汇，请您评价这些词汇在多大程度上符合目前您对经济形势的看法？（请在对应数字上打"√"）

	完全不符合	比较不符合	一般符合	比较符合	完全符合
GDP 增速下调	1	2	3	4	5
市场不稳定	1	2	3	4	5
股市上涨	1	2	3	4	5
个股盈利	1	2	3	4	5
股市大跌	1	2	3	4	5
出口增速反弹	1	2	3	4	5

图 4-2　词汇问卷示例

（5）问卷施测。招募被试，测验过程中，请被试判断这些词汇在多大程度上可以代表他们对相关情况的看法，计算每个词汇的各个选项的百分比（见图 4-3）。

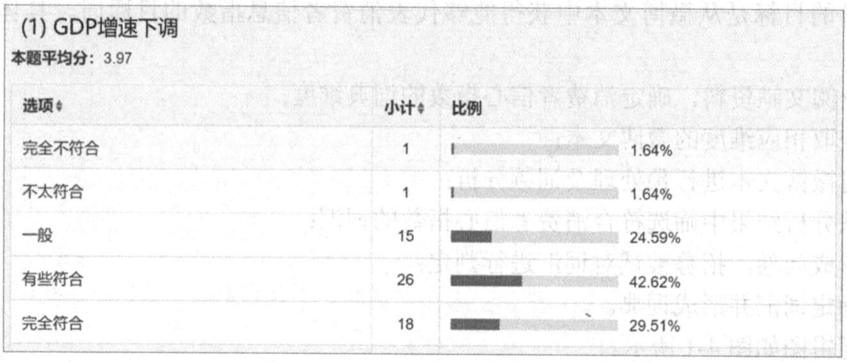
(1) GDP增速下调

本题平均分：3.97

选项	小计	比例
完全不符合	1	1.64%
不太符合	1	1.64%
一般	15	24.59%
有些符合	26	42.62%
完全符合	18	29.51%

图 4-3　计算词汇选项

（6）确定词汇并形成词典。同一时段的消费者信心保持在一定水平，不同评定者评分越一致的词汇越能代表消费者信心指数。这与区分度分析中注重题目的区分能力并不矛盾，跨时段的评分中表现出一定离散程度的词汇才可能是较有代表性的词汇。为选出代表评分一致性的词汇，经研究确定，符合下列条件之一的词汇予以保留：单个选项的百分比大于或等于 60%、相邻两个选项的百分比之和大于或等于 60%且相邻三个选项中两两相邻选项的百分比不能同时大于或等于 60%的词汇。最终据此形成消费者信心指数词典。

3）项目结果呈现

最终的消费者满意指数用户词典包含 7 个维度：经济形势、利率、物价、消费、就业、收入、生活质量水平，包括 100 个目标词（消费者满意指数的收入维度与消费者预期指数有 11 词重复，导入词典中只表示 1 次），其中，在消费者满意指数中，经济形势维度共计 25 词，利率维度共计 7 词，物价维度共计 23 词，消费维度共计 5 词，就业维度共计 5 词，收入维度共计 13 词，生活质量水平维度共计 20 词。此外，消费者预期指数共计 13 词，消费者信心指数用户词典如表 4-1 所示。

表 4-1　消费者信心指数用户词典

	维度	词汇
消费者满意指数	经济形势（25）	GDP 增速下调、市场不稳定、股市上涨、个股盈利、股市大跌、出口增速反弹、牛市、企业巨亏、股市暴跌、创业板新高、创业板牛、创业板上涨、经济陷入困境、股市暴涨、经济增长放缓、经济虚高、金融收缩、股市下跌、经济增长、投资增速下滑、证券跌停、国债收益飙升、资产价格下跌、基金恐慌、熊市
	利率（7）	利率上升、利率飙升、储蓄减少、利率下降、降息、利率大幅飙升、储蓄增加
	物价（23）	房价高、买不起房、物价高、食品贵、房价太高、房价上涨、房价暴跌、买得起房、房价暴涨、车位便宜、出租车涨价、进口车便宜、买不起车、油价上涨、电价下降、电影票贵、煤气涨价、水电涨价、天然气涨价、物价平稳、物价飙升、通货膨胀、天价月嫂
	消费（5）	全国居民消费价格总水平上涨、想买房、消费增速、消费低迷、市场饥渴
	就业（5）	找工作容易、失业率下降、失业率上升、减薪裁员、就业指数低

续表

	维度	词汇
消费者满意指数	收入（13）	涨工资、收入上涨、上调年终奖、家庭收入高、工资不低、收入高一点、收入差距下降、收入下降、工资不高、待遇差、人均收入低、赚钱真难、攒钱
	生活质量水平（20）	生活水平提高、空气质量非常好、不堵车、堵车、环境污染、重度污染、空气质量差、雾霾、严重空气污染、生活质量严重下降、看病贵、食品不安全、乱收费、贫富差距大、污染问题严重、生活成本高、毒霾、车位紧缺、卡奴、春运瘫痪
消费者预期指数	消费者预期指数（13）	涨工资、收入上升、上调年终奖、收入增长强劲、工资不低、收入高一点、收入差距下降、工资不高、待遇差、人均收入低、赚钱真难、个税免征额提高、攒钱

4）项目拓展应用

词典构建是程序准确识别文本中词汇的基础，是基于大数据研究的一种数据收集工具，类似于问卷，是文本分析研究中变量测量方法的组成部分。一般而言，文本分析研究中，可以统计文本中出现的目标词频数，进而获得各时间段上的数据，其中的目标词就是词典中的词汇。

在以文本分析为研究方法的领域中，词典构建具有重要意义且应用相当广泛。例如，通过构建特定情景下的情感词典可以判断该情境下的文本情感倾向（正向或负向），通过构建特定情境下研究变量的词典可以准确收集该情景下的研究变量数据。由于在不同情境下人们关注或发表的内容会有所区别，所以针对不同的研究背景（如奥运会期间），可以构建不同的词典，继而研究该情境下大众的情感倾向或研究变量之间的关系。

4.2　以寡敌众：基于网络社交媒体大数据构建消费者信心指数

1. 从心起航

上一节中，我们介绍了消费者信心指数及其与心理学的关系，本节将拓展介绍消费者信心指数产生的背景。

最初提出消费者信心指数概念的是美国密歇根大学调查研究中心的乔治·卡通纳（George Katona）。由此，经济学界开始重视消费者对经济形势的主观感受和消费信心。消费心理学方面的研究表明，消费者对经济形势的主观信心程度可以直接预测并影响宏观经济形势，消费者信心指数的概念也随之产生。

2. 数不胜数

在对文本信息进行正式分析之前，一般需要对获取的数据进行清洗，这个过程称为数据预处理。数据预处理分为以下三个步骤。

（1）数据清洗，即删除用户发表内容中出现的图片、表情、特殊符号、网址等不符合分析要求的内容，如 "@""#""￥" 等。

（2）文本分词，即将一句完整的话拆分为词语。这样文本内容就转变为结构化的数据形式。本项目中使用了 jieba 中文分词工具对微博文本进行分词处理，由于 jieba 中文分词工具自带词典，里面包含 35 万个基础词汇，因此非常简捷、高效。

（3）加入停用词表，即删除文本中对分析没有实际意义的词，降低语言复杂性，如"的""呢""他们"等以删除停用词。

3．计研心算

1）项目解决逻辑

本项目的目标为以微博文本为原始数据进行文本情感分析，通过不同实验条件下目标词的频数分析，计算消费者信心指数。考察"精确匹配"与"模糊匹配"两种目标词匹配方式的优劣，检验加入程度词与否定词的必要性。

具体解决思路：

（1）获取微博数据；

（2）数据预处理；

（3）抽取目标词频数，抽取方式为"精确匹配"和"模糊匹配"；

（4）统计不同权重设置下的目标词频数；

（5）基于目标词频数预测消费者信心指数；

（6）比较不同模型的拟合程度，确定最优预测模型。

2）项目实现过程

本节代码在 Python 3.8.5（Anaconda 3 工具中的 Spyder 部分）中实现。

（1）获取微博数据。本节通过新浪微博开放平台获得新浪微博用户 2009 年 8 月至 2012 年 9 月的微博文本，获取的微博数据如图 4-4 所示，作为本节的大数据实验材料。

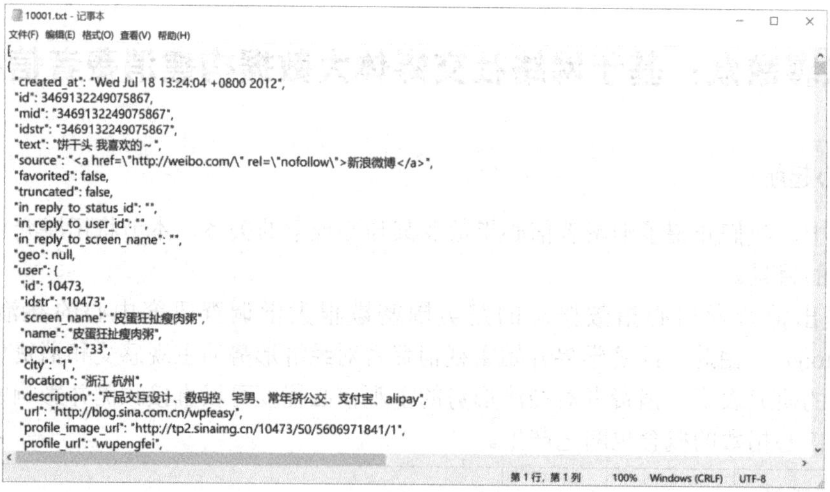

图 4-4　获取的微博数据

（2）数据预处理。首先采用文本批量处理技术，遍历所有文本，过滤数据库中的无用信息，保留用户的基本信息、发表时间和微博正文等有用信息，保存初步过滤后的文件。

```
#数据处理的准备工作
import os, time, csv, shutil, subprocess
import os.path
```

```
#要求电脑里安装了 WinRAR，并将 winrar.exe 的路径添加至系统环境变量 PATH
#设置大容量磁盘目录，供解压使用，但是在分析过程中，压缩文件在解压后一般会被删除，不会占用
#太大容量
    tmpdir="D:\\tmp"
    #统计关键字文件，如果没有路径，那么默认为当前程序的执行路径
    #统计词频，词频文件位于该 py 文件同目录下的 dict.txt 文件中，格式为一行一个，最后一个不需
#要换行符，程序自动判断
    keydict="dict.txt"
    #日志记录文件
    logfile="mohulog.txt"
    #存储中间文件（时间和关键词的目录名称）的文件夹名称
    tmpTK="MHtimeAndKey"
    #分割字符
    splitchar=[",",".","?","!",";",", ","。","; ","? ","! "]
    #准备要解压的文本数据压缩包
    rarlist=[]                          #压缩包列表
    rootdir="."                         #访问文件（根）目录
    logtxt=open(logfile, "w+")      #打开日志文件
    logtxt.close()                      #关闭日志文件（后面程序要调用，故需关闭）
    cwdstr=os.getcwd()+"\\"         #返回当前目录
    #for 循环：遍历 rootdir 文件夹中的文件，返回三元组（root, dirs, files）
    for parent, dirnames, filenames in os.walk(rootdir):
    #for 循环：遍历 filenames 文件夹中的文件
    for filename in filenames:
            #if 判断：判断文件是否为.rar 后缀的压缩包
            if(filename[-4:]==".rar"):
                #若是，则压缩包列表为"路径+\\+文件名"
                rarlist.append(parent+"\\"+filename)
#获取词典内容并生成 keyList
#打开《消费者信心指数微博用户词典》
fileKey=open(keydict, "r", encoding="gbk")
keyList=[]                              #空关键词列表
keyNum=[]                               #空关键词数量
for line in fileKey:                    #遍历 fileKey 文件
    if(line != "" and line != "\n"):   #判断不是空格和换行符
        if(line[-1]=="\n"):
            keyList.append(line[0:-1])#通过 append（）函数填充关键词列表
        else:
            keyList.append(line)
    keyNum.append(0)                                #在 keyNum 列表后添加一个 0
#输出关键词文本（词典）路径
print("从关键词文件%s 中获取到以下关键词："%keydict)
print(keyList)                                      #输出关键词内容
fileKey.close()                                     #关闭文件 fileKey
```

```
#判断并创建新目录
if False == os.path.exists("result":        #判断是否存在括号里的目录
    os.mkdir("result")                       #上面文件不存在时，创建新目录
if False == os.path.exists(tmpdir):
    os.mkdir(tmpdir)
if False==os.path.exists(tmpTK):
    os.mkdir(tmpTK)
else:
    #递归删除文件夹 tmpTK 中的所有子文件夹和子文件
    shutil.rmtree(tmpTK)
    #新建文件夹 tmpTK
    os.mkdir(tmpTK)
keyResultFile=open("Result\\mhresult_total.csv", "a+", newline="",
                    encoding="gbk")
writer=csv.writer(keyResultFile, delimiter=",")
listtmp=["文件","编号"]
for item in keyList:
    listtmp.append(item)
writer.writerow(listtmp)
keyResultFile.close()
#通过词典命名每列的标题
#用 Python 内建的 csv 格式
#横排命名含义：总数、精确匹配总数、精确匹配男、精确匹配女、精确匹配未知性别、精确匹配各种
#时间、精确匹配各个省份
#横排程序命名：total、mh_total、mh_m、mh_f、mh_unknown_gender、mh_time、
#mh_province_number
mapCsv={"total":1, "mh_total":2, "mh_m":3, "mh_f":4,
        "mh_unknown_gender":5, "mh_before2009":6, "mh_200901":7,\
        "mh_200902":8, "mh_200903":9, "mh_200904":10, "mh_200905":11,\
        "mh_200906":12, "mh_200907":13, "mh_200908":14, "mh_200909":15,\
        "mh_200910":16, "mh_200911":17, "mh_200912":18, "mh_201001":19,\
        "mh_201002":20, "mh_201003":21, "mh_201004":22, "mh_201005":23,\
        "mh_201006":24, "mh_201007":25, "mh_201008":26, "mh_201009":27,\
        "mh_201010":28, "mh_201011":29, "mh_201012":30, "mh_201101":31,\
        "mh_201102":32, "mh_201103":33, "mh_201104":34, "mh_201105":35,\
        "mh_201106":36, "mh_201107":37, "mh_201108":38, "mh_201109":39,\
        "mh_201110":40, "mh_201111":41, "mh_201112":42, "mh_201201":43,\
        "mh_201202":44, "mh_201203":45, "mh_201204":46, "mh_201205":47,\
        "mh_201206":48, "mh_201207":49, "mh_201208":50, "mh_201209":51,\
        "mh_201210":52, "mh_201211":53, "mh_201212":54, "mh_201301":55,\
        "mh_201302":56, "mh_201303":57, "mh_201304":58, "mh_201305":59,\
        "mh_201306":60, "mh_201307":61, "mh_201308":62, "mh_201309":63,\
        "mh_201310":64, "mh_201311":65, "mh_201312":66,"mh_after2013":67\
        }
```

```
listCsv =[]                           #空列表
for key in mapCsv:                    #若关键词在 mapCsv 中，则写入 listCsv
    listCsv.append(key)
listCsv.sort()                        #列表排序
listCsv.insert(0, "key")              #在索引 0 位置插入 key 字符
mapall=[]
for g1 in range(len(keyList)):
    mapall.append([])
for g3 in mapall:
    for g2 in range(len(mapCsv)+1):
        g3.append(0)
#新建文件
timeResultFile=open("Result\\mhresult_total_time.csv",
                    "w", newline="", encoding="gbk")
writer = csv.writer(timeResultFile, delimiter=",")
writer.writerow(listCsv)
for key1 in keyList:
    writer.writerow([key1])
timeResultFile.close()
#解压文件
count=0
for source in rarlist:
    print("开始解压文件：%s"%source)
    #启动 WinRAR 解压 source 和 tmpdir 中的压缩包
    rar_command = r"D:\\基础应用\\RAR\\WinRaR.exe" x %s  %s'%(source, tmpdir)
    (cmdstatus,cmdoutput) = subprocess.getstatusoutput(rar_command)
    if cmdstatus==0:
        print("解压文件：%s 完成！"%source)
    else:
        print("命令是：%s"%rar_command)
        print("解压文件：%s 出错！错误信息：%s"%(source, cmdoutput))
    #获取微博文件中以.txt 为后缀的文件
    #获取文件夹 Statuses 下的 txt 文件
    txtlist = []
    weibodir = ""
    for parent, dirnames, filenames in os.walk(tmpdir):
        for dirname in dirnames:
            if(dirname=="Statuses"):
                weibodir = parent+"\\"+dirname
    for parent, dirnames, filenames in os.walk(weibodir):
        for filename in filenames:
            if(filename[-4:]==".txt"):
                txtlist.append(parent+"\\"+filename)
    print("获取%s 中的 TXT 文档完成！"%source)
```

```
#循环读取文件
for txtfile in txtlist:                          #循环读取 txt 文件内的文本
    if(False == os.path.exists("result")):#判断是否存在 result 目录
        os.mkdir("result")                       #若没有则创建 result 目录
    #提取微博文本正文及其他需要的信息
    count = count+1
    print("开始分析第%d 个文件%s"%(count, txtfile))
    fileNameTo="result\\%d_mhtext.txt"%count
    fr = open(txtfile, "r", encoding="utf-8")
    fw = open(fileNameTo, "w", encoding="utf-8")
    #无限循环，读取文件 txtfile 内所有行和列
    while True:
        line=fr.readline()
        if not line:
            break
        if(0==line.find("{")and(len(line)==2)):
            fw.write("start\n")        #保存一条微的博开始标志
            line=fr.readline()
            fw.write(line)             #保存微博发布时间
            continue
        if(0==line.find("}") and (len(line)==3)):
            fw.write("end\n")          #保存一条微博的结束标志
            continue
        if(10==line.find("{") and (len(line)==12)):
            line=fr.readline()
            fw.write(line)             #保存用户 ID
            continue
        if(5==line.find("province")):
            fw.write(line)             #保存省份信息
            continue
        if(5==line.find("gender")):
            fw.write(line)             #保存性别信息
            continue
        if(3 == line.find("text")):
            fw.write(line)             #保存原创正文
    fr.close()                         #关闭文件
    fw.close()
    print("生成初步提取文件%s OK! "%fileNameTo)
    #匹配时间和关键词
    fileList=[]
    for key in keyList:
    fileList.append(open("result\\"+key+str(count)+".txt","w",\
                    encoding="utf-8"))
    print("Csv 结果文件初始化! ")
```

```
        listResult=[]
        for i in range(len(keyList)):
            for n in range(len(listCsv)-1):
                listResult[i].append(0)
        strDate=""
        strGender=""
        strProvince=""
        strText1=""
        strText2=""
```

（3）抽取目标词频数。选取 2010 年 1 月至 2011 年 8 月的微博数据作为训练集，基于消费者信心指数用户词典中的各目标词，分别采用精确匹配与模糊匹配两种匹配方式对微博文本消息进行分词和抓取，找出每月含有各目标词的微博片段，并记录每个目标词的每月频数，以.xlsx 格式进行保存。

① 精确匹配

在分割后的每个微博片段中，若出现与目标词完全一致的词，则目标词记为出现一次。如"今天堵车了"中，目标词"堵车"记为出现一次；若某个微博片段中与目标词完全一致的词反复出现，则该目标词记为出现多次，如"又堵车天天堵车"中目标词"堵车"记为出现两次。精确匹配的代码如下。

```
def exact_matching(single_sentence, word_group, date_time, gender):
    """
    实现对关键词和单个句子的精确匹配
    :param single_sentence: 微博文本，含有多个句子
    :param word_group:      关键词词组
    :param date_time:       微博发表时间
    :param gender:          微博用户性别
    """
def save_to_txt(path, single_sentence):
    """
    定义函数：把句子保存到 txt 中
    :param path:             文件名
    :param single_sentence:  单个句子
    :return:                 返回值为空
    """
    f = open(path, "a+", encoding="utf-8")
    f.write(single_sentence)
    f.close()
#核心代码
    count = 0                              #关键词数目
    tmp_key = []
for key_word in word_group:

    new_count = 0                          #新数目
    if key_word in single_sentence:        #判断句子中有无关键词
```

```
                #词语
                count += 1                        #有则加1
                new_count += 1
                tmp_key.append(key_word)          #将关键词加入临时的文件中
            #判断关键词数是否为0,若不为0,则将结果写入对应内容中(exact_result,date_time,
#key_word,gender)
            if new_count:
                save_to_dataframe(exact_result, date_time, key_word, gender)
                #将句子存入 txt 文件
                save_to_txt(os.path.join(tmpTK,
                           "exact_%s_%s.txt" % (date_time, key_word)),
                           single_sentence)
```

② 模糊匹配

在分割后的每个微博片段中，若同时出现目标词的每一个字，则记为出现一次，如在"房子价格真高啊"中，目标词"房价高"记为出现一次；若某个微博片段中反复出现目标词的组成部分，则该目标词记为出现多次，如在"房子价格真高啊，这么高的房价，俺买不起"中，目标词"房价高"记为出现两次。

```
#承接前面的代码
    #统计每个文件的词频
    print("开始统计文件%s 中的各个字频"%fileNameTo)
    fileFrom=open(fileNameTo, "r", encoding="utf-8")
    for text in fileFrom:
        if(text=="start\n"):
            continue
        if(3==text.find("text")):           #文本内容，写入 strText1
            strText1=text[10:]
            continue
        if(5==text.find("text")):           #文本内容，写入 strText2
            strText2=text
        if(5==text.find("gender")):         #性别
            strGender=text
        if(5==text.find("province")):       #省份
            continue
        if(3==text.find("created_at")):     #时间
            strDate=text
        if(text=="end\n"):                  #结束一次读取
            for n in range(len(keyList)):   #微博文本分割为多句
                b1=[]
                b1.append(strText1)
                for i1 in splitchar:
                    for i2 in range(len(b1)):
                        while(1):
```

```
                        b2=b1[i2].find(i1)
                        if b2>0:
                            if(len(b1[i2][(b2+1):])>2):
                                if((len(b1[i2][0:b2])>3) and(b1[i2][0:b2]!=\
                                    "text")):
                                    b1.append(b1[i2][0:b2])
                                b1[i2]=b1[i2][(b2+1):]
                            else:
                                b1[i2]=b1[i2][0:b2]
                        else:
                            break
                c1 = []
                for i3 in range(len(keyList[n])):
                    c1.append(keyList[n][i3:(i3+1)])
                    if(i3==(len(keyList[n])-1)):
                        break
                for b3 in b1:
                    while(b3.find("@")>=0):
                        startIndex = b3.find("@")
                        endiIndex = 0
                        end1=b3.find(" ", startIndex)
                        end2=b3.find(":", startIndex)
                        if((end1<0)and(end2>0)):
                            endIndex = end2
                        elif((end2<0)and(end1>0)):
                            endIndex = end1
                        elif((end1>0)and(end2>0)and(end1>end2)):
                            endIndex = end2
                        elif((end1>0)and(end2>0)and(end1<end2)):
                            endIndex = end1
                        elif((end1<0)and(end2<0)):
                            b3 = b3[0:startIndex]
                            break
                        else:
                            break
                        endIndex = endIndex+1
#print("startIndex=%d, endIndex=%d"%(startIndex, endIndex))
                        b3 = b3[0:startIndex]+b3[endIndex:]
                    c2=1
                    for c3 in c1:
                        if(-1!=b3.find(c3)):
```

```
                        continue
                    else:
                        c2=0
                        break
                if(c2):
                    listResult[n][listCsv.index("total")]+=1
                    listResult[n][listCsv.index("mh_total")]+=1
                    listResult[n][listCsv.index("mh_"+strGender[-4:-
                                                            3])]+=1

                    strDateTmp = ""
                    strMonth = strDate[21:24]
                    if(strMonth=="Jan"):       #命名对应日期
                        strDateTmp=strDate[-7:-3]+"01"
                    elif(strMonth=="Feb"):
                        strDateTmp=strDate[-7:-3]+"02"
                    elif(strMonth=="Mar"):
                        strDateTmp=strDate[-7:-3]+"03"
                    elif(strMonth=="Apr"):
                        strDateTmp=strDate[-7:-3]+"04"
                    elif(strMonth=="May"):
                        strDateTmp=strDate[-7:-3]+"05"
                    elif(strMonth=="Jun"):
                        strDateTmp=strDate[-7:-3]+"06"
                    elif(strMonth=="Jul"):
                        strDateTmp=strDate[-7:-3]+"07"
                    elif(strMonth=="Aug"):
                        strDateTmp=strDate[-7:-3]+"08"
                    elif(strMonth=="Sep"):
                        strDateTmp=strDate[-7:-3]+"09"
                    elif(strMonth=="Oct"):
                        strDateTmp=strDate[-7:-3]+"10"
                    elif(strMonth=="Nov"):
                        strDateTmp=strDate[-7:-3]+"11"
                    elif(strMonth=="Dec"):
                        strDateTmp=strDate[-7:-3]+"12"
                    else:
                        print(strMonth)
                    listResult[n][listCsv.index("mh_"+strDateTmp)]+=1
                    keyNum[n] = keyNum[n]+1
                    fileList[n].write(b3+"\n")
                    fileTmp = open("%s\\%s_%s.txt"%(tmpTK, strDateTmp,\
                                            keyList[n]),\
                                        "a", encoding="utf-8")
```

```
                        fileTmp.write(b3+"\n")
                        fileTmp.close()
            strDate = ""
            strGender = ""
            strText1 = ""
            strText2 = ""
    print("%s over!"%fileNameTo)
```

（4）统计不同权重设置下的目标词频数。在微博文本中，个体发表的内容大概率会使用程度词（如很、非常等）或否定词（不用、不是等）进行修饰，那么目标词中的不同修饰词及目标词中有无否定词所表达的态度程度是有差异的，故目标词的权重也应该有所区分。基于这种情况，本节选择以下两种设置目标词权重的方式。

① 只考虑程度词。程度词是副词的一种，副词一般用于修饰或限制动词与形容词，表示范围、程度等。本节采用知网情感词典中的"中文程度级别词语"，共 219 词。蔺璜等人将程度词划分为四个等级，即极量、高量、中量和低量，并为每个程度词定义了系数量。本文根据"中文程度级别词语"已有的情感强弱标注，将"极其/extreme/最/most"与"超/over"合并为"极量"，"很/very"为"高量"，"较/more"为"中量"，"稍/-ish"与"欠/insufficiently"合并为"低量"，并分别赋予这四个等级相应的权重，即 2、1.75、1.5、0.5，程度词库如表 4-2 所示。

表 4-2 程度词库

量级	程度词	频数	权重
极量	百分之百、倍加、备至、不得了、不堪、不可开交、不亦乐乎、不折不扣、彻头彻尾、充分、到头、地地道道、非常、极、极度、极端、极其、极为、截然、尽、惊人地、绝、绝顶、绝对、绝对化、刻骨、酷、满、满贯、满心、莫大、奇、入骨、甚为、十二分、十分、十足、死、滔天、痛、透、完全、完完全全、万、万般、万分、万万、无比、无度、无可估量、无以复加、无与伦比、要命、要死、已极、已甚、异常、逾常、贼、之极、之至、至极、卓绝、最为、佼佼、郅、綦、駒、最、不为过、超、超额、超外差、超微结构、超物质、出头、多、浮、过、过度、过分、过火、过劲、过了头、过猛、过热、过甚、过头、过于、过逾、何止、何啻、开外、苦、老、偏、强、溢、忒	99	2
高量	不过、不少、不胜、惨、沉、沉沉、出奇、大为、多、多多、多加、多么、分外、格外、够瞧的、够呛、好、好不、何等、很、很是、坏、可、老、老大、良、颇、颇为、甚、实在、太、太甚、特、特别、尤、尤其、尤为、尤以、远、着实、曷、碜	42	1.75
中量	大不了、多、更、更加、更进一步、更为、还、还要、较、较比、较为、进一步、那般、那么、那样、强、如斯、益、益发、尤甚、逾、愈、愈……愈、愈发、愈加、愈来愈、愈益、远远、越……越、越发、越加、越来越、越是、这般、这样、足、足足	37	1.5
低量	点点滴滴、多多少少、怪、好生、还、或多或少、略、略加、略略、略微、略为、蛮、稍、稍稍、稍微、稍为、稍许、挺、未免、相当、些、些微、些小、一点、一点儿、一些、有点、有点儿、有些、半点、不大、不丁点儿、不甚、不怎么、聊、没怎么、轻度、弱、丝毫、微、相对	41	0.5

在实际应用中，含有目标词的微博片段存在两种情况，即包含程度词和不包含程度词。若某条微博片段中存在 1 个目标词，但没有搜索到程度词，则该微博片段中目标词仍记为 1。若搜索到某个程度词，则记为该程度词的相应权重，如在某条微博片段中搜索到一个"最"、

则该微博片段记为 2；搜索到一个"最"、一个"不过"，则该微博片段记为 3.75。最后把所有微博片段的值相加，得到某目标词在某月出现的频数。

② 考虑程度词和否定词。除了程度词之外，否定词也是副词的一种，它是表示否定意义的词语，在文本中具有独特的语法意义和影响。在微博文本中，否定词的修饰会使情感词语的情感极性发生改变。当一个否定词修饰一个正面情感词时，原本表达的正面情感就会转变为负面情感，反之亦然。有研究表明，对于微博文本，单独考虑否定词并不会显著增加预测效果，因此本节在考虑程度词的基础上又考虑了否定词，参考多篇文献使用的否定词，本节单独构建了一个否定词库（见表 4-3），共包括 49 个词汇，并将权重设置为-1，程度词库仍采用上面介绍的 219 个词汇。

表4-3　否定词库

否定词	频数	权重
不曾、未必、没有、不要、难以、未曾、不是、没、未、别、莫、勿、不必、不用、白、甭、非、无、请勿、无须、并非、毫无、决不、休想、永不、未尝、毋、从不、从未、从未有过、尚未、一无、并未、从来不、从没、绝非、远非、切莫、绝不、毫不、禁止、忌、拒绝、杜绝、否、弗、木有、不、休	49	-1

同样，若某条微博片段中没有搜索到程度词和否定词，则该微博片段记为 1；若没有搜到程度词，搜到一个否定词，则记为-1；若搜索到某个程度词和否定词，则记为该程度词的相应权重，并考虑否定词的频数带来的符号改变（如在某条微博片段中搜索到一个"最"、一个否定词，则该微博片段记为-2；搜索到一个"最"、一个"半点"、两个否定词，则该微博片段记为 2.5）。最后把所有微博片段的值相加，得到某个目标词在某月出现的频数。相关代码如下。

```python
#将结果写入文件
csvFile = open("Result\\%dmhresult_%d.csv"%(count, count),\
               "w", newline="", encoding="gbk")
writer = csv.writer(csvFile, delimiter=",")
writer.writerow(listCsv)
for line in listResult:
    writer.writerow(line)
csvFile.close()
#总的数据结果
#将关键词和频数写入"Result\\mhresult_total.csv"
keyResultFile = open("Result\\mhresult_total.csv", "a+", newline="",\
                     encoding="gbk")
writer = csv.writer(keyResultFile, delimiter=",")
listtmp = [txtfile, count]
for item in range(len(keyList)):
    listtmp.append(keyNum[item])
writer.writerow(listtmp)
keyResultFile.close()
for n in range(len(keyList)):
    fileList[n].close()
```

```
            fileFinal = open("result\\%dmhtotalCount_%d.txt"%(count, count),\
                            "w", encoding="gbk")
            keyResultFile = open("Result\\mhresult_total.csv", "a+",\
                            newline="", encoding="gbk")
            writer = csv.writer(keyResultFile, delimiter=",")
            listtmp = [fileNameTo, count]
            #将关键词和频数写入"result\\%dmhtotalCount_%d.txt"
            for n in range(len(keyList)):
                strTmp = "%s:%d个\n"%(keyList[n], keyNum[n])
                print(strTmp[0:-1])                #输出关键词：数量
                fileFinal.write(strTmp)
                listtmp.append(keyNum[n])
            writer.writerow(listtmp)
            fileFinal.close()                      #关闭文件
            keyResultFile.close()
        shutil.rmtree(tmpdir)              #递归删除文件夹下的所有子文件夹和子文件
        os.mkdir(tmpdir)                   #创建目录
        shutil.rmtree("result")
os.mkdir("result")
```

通过上述文件形成的中间文件进行词频统计，相关代码如下。

```
import os, time, csv, shutil, subprocess, string
import os.path

#要求本部分代码与"完整版模糊匹配（第一步生成时间 VS 关键词中间文件）1.0.py"（即上面第一
#部分代码）在同一文件夹下，且已经执行
#要求以下配置和"完整版模糊匹配（第一步生成时间 VS 关键词中间文件）1.0.py"一致
tmpdir = "D:\\tmp"
#统计关键词文件，如读取文件部分下不带路径，默认在当前程序执行路径下
#统计词频，词频文件位于该 py 文件同目录下的 dict.txt 文件中，格式为一行一个，最后一个已经
#不需要换行符了，程序自动判断
keydict = "dict.txt"
#日志记录文件
logfile = "mohulog.txt"
#存储中间文件（时间 VS 关键词的目录名称）的文件夹名称为 MHtimeAndKey
#最终文件也位于该文件夹下的 mh_timeVSkey.csv 中
tmpTK = "MHtimeAndKey"
#程度词文件，格式一行一个，数字+权重=数值，如"2 权重=1.75"
cdcfile = "程度词.txt"
#程度词的权重与上面对应
cdcQz = [2, 1.75, 1.5, 0.5]
#否定词文件，格式为一行一个
fdcfile = "否定词.txt"
#获取词典内容
```

```
fileKey = open(keydict, "r", encoding="gbk")      #打开文件
#keyList = fileKey.readlines()
keyList = []                                       #新建目标词列表
keyNum = []                                        #目标词数量
for line in fileKey:                               #遍历目标词词典
    if(line != "" and line != "\n"):       #排除该行是空格或是回车的情况
        if(line[-1]=="\n"):                    #词典中目标词以回车为结尾
            #将符合上述要求的所在行写入[新建目标词列表]
            keyList.append(line[0:-1])
        else:
            keyList.append(line)               #否则不写入
    keyNum.append(0)
print("从\"%s\"中获取到以下关键词：%s"%(keydict, keyList))
fileKey.close()
#获取程度词
fileCdc = open(cdcfile, "r", encoding="gbk")       #打开程度词文件
cdc = []                                           #新建程度词列表
for i in range(4):
    cdc.append([])
cdcIndex=4
for line in fileCdc:
#判断该行是否以"1 权重"为首
    if((line[0:1]=="1") and (line[1:3]=="权重")):
        cdcIndex=0                                  #若是，则索引值为 0
        continue                                   #跳出此次循环，进入下一循环
    elif((line[0:1]=="2") and (line[1:3]=="权重")):
        cdcIndex=1
        continue
    elif((line[0:1]=="3") and (line[1:3]=="权重")):
        cdcIndex=2
        continue
    elif((line[0:1]=="4") and (line[1:3]=="权重")):
        cdcIndex=3
        continue
#将该行的文字部分添加至 cdcIndex
    cdc[cdcIndex].append(line[0:-1])
#print(cdc[0])
print("从\"%s\"中获得到如下程度词：%s"%(cdcfile, cdc))
#获取否定词
fileFdc = open(fdcfile, "r", encoding="gbk")       #打开否定词文件
fdc = []                                           #新建否定词列表
for line in fileFdc:                               #遍历否定词文件
#判断该行字符串的长度是否为 1
```

```python
    if(len(line)==1):
#若长度为 1，则将否定词内容添加至新建否定词列表
        fdc.append(line)
        break                                    #终止循环
    fdc.append(line[0:-1])#将否定词添加至 fdc 列表
print("从\"%s\"中获取如下否定词: %s"%(fdcfile, fdc))    #输出
#检测有无运行第一步
#判断目录 tmpTK 是否存在，若返回结果为 False，则打印下面文字
if(False==os.path.exists(tmpTK)):
    print("请选运行"完整版模糊匹配（第一步生成时间 VS 关键词中间文件）1.0.py"")
#设置字典，命名相应列
#用 Python 内建的 csv 格式
#横排命名含义：总数、精确匹配总数、精确匹配男、精确匹配女、精确匹配未知性别、精确匹配各种
#时间、精确匹配各个省份，分别对应以下命名
# 横排程序命名: total、mh_total、mh_m、mh_f、mh_unknown_gender、mh_time、
#mh_province_number
mapCsv={"mh_before2009":6, "mh_200901":7, "mh_200902":8, "mh_200903":9,\
        "mh_200904":10, "mh_200905":11, "mh_200906":12, "mh_200907":13,\
        "mh_200908":14, "mh_200909":15, "mh_200910":16, "mh_200911":17,\
        "mh_200912":18, "mh_201001":19, "mh_201002":20, "mh_201003":21,\
        "mh_201004":22, "mh_201005":23, "mh_201006":24, "mh_201007":25,\
        "mh_201008":26, "mh_201009":27, "mh_201010":28, "mh_201011":29,\
        "mh_201012":30, "mh_201101":31, "mh_201102":32, "mh_201103":33,\
        "mh_201104":34, "mh_201105":35, "mh_201106":36, "mh_201107":37,\
        "mh_201108":38, "mh_201109":39, "mh_201110":40, "mh_201111":41,\
        "mh_201112":42, "mh_201201":43, "mh_201202":44, "mh_201203":45,\
        "mh_201204":46, "mh_201205":47, "mh_201206":48, "mh_201207":49,\
        "mh_201208":50, "mh_201209":51, "mh_201210":52, "mh_201211":53,\
        "mh_201212":54, "mh_201301":55, "mh_201302":56, "mh_201303":57,\
        "mh_201304":58, "mh_201305":59, "mh_201306":60, "mh_201307":61,\
        "mh_201308":62, "mh_201309":63, "mh_201310":64, "mh_201311":65,\
        "mh_201312":66,"mh_after2013":67\
        }
#准备计算频数
listCsv = []                            #建空列表
for key in mapCsv:                      #将 mapCsv 中的值写入列表 listCsv
    listCsv.append(key)
listCsv.sort()                          #对列表 listCsv 进行排序
#将 "关键词\\时间" 写入列表 listCsv 中索引值为 0 的位置
listCsv.insert(0, "关键词\\时间")
#将 listCsv 文件中的内容横向写入打开的文件
tkResultFile=open(tmpTK+"\\无权重无权值 mh_timeVSkey.csv", "w",\
                newline="", encoding="gbk")    #打开文件
```

```
writer = csv.writer(tkResultFile, delimiter=",")
writer.writerow(listCsv)        #将 listCsv 的内容按每行写入 tkResultFile
tkResultFile2=open(tmpTK+"\\有权重无权值 mh_timeVSkey.csv", "w", newline="",\
                encoding="gbk")        #打开文件
writer2 = csv.writer(tkResultFile2, delimiter=",")
writer2.writerow(listCsv)        #将 listCsv 的内容按每行写入 tkResultFile2
tkResultFile3=open(tmpTK+"\\有权重有权值 mh_timeVSkey.csv", "w", newline="",\
                encoding="gbk")        #打开文件
writer3 = csv.writer(tkResultFile3, delimiter=",")
writer3.writerow(listCsv)        #将 listCsv 的内容按每行写入 tkResultFile3
for key1 in keyList:             #计算频数
    tmpList = []
    tmpList2 = []
    tmpList3 = []
    for i in range(len(listCsv)):
        score1 = 0
        score2 = 0
        score3 = 0
        if(i==0):
            tmpList.append(key1)
            tmpList2.append(key1)
            tmpList3.append(key1)
            continue
        #判断与关键词相关的文件是否存在
        if(os.path.exists("%s\\%s_%s.txt"%(tmpTK, listCsv[i][3:], key1))):
            #若存在，则打开相关文件
            fileTmp = open("%s\\%s_%s.txt"%(tmpTK, listCsv[i][3:], key1),\
                        "r", encoding="utf-8")
            for line in fileTmp:
                if(len(line)<2):                    #判断字符串长度是否小于2
                    break                           #若小于2，则跳出本次判断
                score1 = score1+1
                score2tmp = 0
                for i2 in range(len(cdc)):          #计算程度词频数
                    for a in cdc[i2]:
                        if(line.find(a)>=0):
                            score2tmp=score2tmp+cdcQz[i2]
                if(score2tmp==0):
                    score2tmp = 1
                score3qz = 1                        #分数3的权重
                score3index = -1                    #否定词的权重为-1
                for i3 in fdc:                      #遍历否定词
                    if(line.find(i3)>=0):           #否定词的数量
```

```
                    score3qz=score3qz*(-1)          #若存在否定词，则乘以-1
                    score3index=line.find(i3)+1
                    while(line.find(i3, score3index)>=0):
                        score3qz=score3qz*(-1)
                        score3index=line.find(i3, score3index)+1
                        if(score3index==-1):
                            break
                score2 = score2+score2tmp
                score3 = score3+score2tmp*score3qz
        tmpList.append(score1)                      #将分数添加至 tmpList
        tmpList2.append(score2)                     #将分数添加至 tmpList2
        tmpList3.append(score3)                     #将分数添加至 tmpList3
    #按行将 tmpList 内容写入 writer，即无权重无权值 mh_timeVSkey.csv
    writer.writerow(tmpList)
    writer2.writerow(tmpList2)
    writer3.writerow(tmpList3)
print("模糊匹配无权重无权值的分数已写入:%s\\无权重无权值 mh_timeVSkey.csv!"%tmpTK)
print("模糊匹配有权重无权值的分数已写入:%s\\有权重无权值 mh_timeVSkey.csv!"%tmpTK)
print("模糊匹配有权重有权值的分数已写入:%s\\有权重有权值 mh_timeVSkey.csv!"%tmpTK)
tkResultFile.close()
tkResultFile2.close()
tkResultFile3.close()
```

（5）基于目标词频数预测消费者信心指数。选取 2010 年 1 月至 2011 年 8 月的微博数据作为训练集，分别统计在精确匹配与模糊匹配两种匹配方式下，只考虑程度词与考虑程度词、否定词两种情况下的目标词频数。六种实验条件汇总如表 4-4 所示，通过不同的匹配方式与不同权重设置下的目标词频数统计，得到六种匹配方式下每个目标词每月出现的频数。把每个目标词看作一个变量，不同月份的频数就是这个变量的取值，以目标词为自变量，下一个月的消费者信心指数、消费者满意指数、消费者预期指数为因变量，进行多元回归分析。

表 4-4　六种实验条件汇总

模型	内容
1	精确匹配目标词
2	精确匹配目标词+程度词
3	精确匹配目标词+程度词+否定词
4	模糊匹配目标词
5	模糊匹配目标词+程度词
6	模糊匹配目标词+程度词+否定词

（6）比较不同模型的拟合程度，确定最优预测模型。考察通过微博文本的目标词频数预测下一个月消费者信心指数、消费者满意指数、消费者预期指数的程度，比较精确匹配与模糊匹配这两种目标词匹配方式的优劣，检验加入程度词与否定词的必要性。最后，将 2011 年 9 月至 2012 年 8 月的微博数据作为验证集，比较计算得到的消费者信心指数与官方消费者信

心指数，检验该方法的有效性。

3）项目结果呈现

（1）数据预处理

将六种实验条件下得到的每个目标词每月的频数表分别导入 SPSS 中，形成六种实验条件下的数据库。把每个目标词看作一个变量，不同月份的频数就是这个变量的取值，删除每种情况下数据点小于 2 的目标词，计算目标词之间及目标词与官方指数的相关系数。结合相关情况，考虑新浪微博的发布时间和用户群体的数量，删除 2009 年的数据；为保证每月微博数据包括全部微博文本，删除 2012 年 9 月的数据，共保留 32 个月的微博数据（2010 年 1 月至 2012 年 8 月）。根据训练集与验证集的划分习惯，选取 2010 年 1 月至 2011 年 8 月的微博数据为训练集，2011 年 9 月至 2012 年 8 月的微博数据为验证集。

（2）相关分析

以 2010 年 1 月至 2011 年 8 月的微博数据为原始数据，按照数据预处理的程序，生成六种实验条件下的数据库，将该数据库及相应的官方指数导入 SPSS26 程序，进行相关分析，为保证可以计算相关系数，首先删除每种情况下数据点小于 2 的目标词，采用皮尔逊积差相关方法计算目标词之间及目标词与官方指数的相关情况。可以发现，在六种不同的匹配方式与权重设置情况下，大多数目标词之间显著相关，并且大多数目标词与官方消费者信心指数显著相关。由于变量数较多，不再呈现相关矩阵。

（3）主成分分析

使用 SPSS26 对数据记进行主成分分析。即使删除了每种情况下数据点小于 2 的目标词，仍有近 100 个目标词，即存在近 100 个变量，如果这些变量都参与数据建模，那么会增加分析过程中的工作量，并且许多变量之间存在较高的相关性。在多元回归中，如果众多解释变量之间存在较强的相关性，即存在高度的多重共线性，那么会带来回归方程参数不准确甚至回归方程不可用等诸多问题。为消除目标词之间的共线性，有必要进行进一步的降维分析。

本节的因子载荷矩阵的求解采用基于主成分模型的主成分分析法，将众多消费者信心指数用户词典中的目标词合成为若干个相互独立且能够充分反映总体消费者信心情况的指标，在充分反映整体趋势的前提下剔除了变量间的多元共线性影响。

采用特征根大于 1 的标准选取因子，每种实验条件下提取的主成分个数类似，为 9 个或 10 个主成分。成分累计方差解释率均达到 96%以上，可以认为这些成分是原始变量的有效聚合，可以解释绝大部分的方差，即这些成分可以充分反映消费者对经济形势的看法等消费者信心情况。

（4）回归分析

① 选择最优实验条件。消费者信心指数是一个有效的先行指标，可以在大量的宏观经济数据统计出来之前，提前显示经济变化的趋势。以新浪微博用户的微博文本为原始数据，统计不同匹配方式与权重设置情况下的目标词频数，若可以有效预测下一个月的官方消费者信心指数，则具有更大的价值和意义。从这一目的出发，分别以六种实验条件下的各个成分为预测变量，下一个月的消费者信心指数、消费者满意指数与消费者预期指数为因变量，在 SPSS26 程序中采用强制进入法进行多元回归分析。通过微博文本的目标词频数分析预测下一个月消费者信心指数、消费者满意指数与消费者预期指数的程度，比较精确匹配与模糊匹配

这两种目标词匹配方式的优劣，并检验加入程度词与否定词的必要性，从而在六种实验条件中选择具有最佳预测效果的最优实验条件。

表4-5汇总了六种实验条件下的目标词频数对下一个月官方消费者信心指数的预测能力，由 R^2 与调整后 R^2 的数值可以看到，六种实验条件下的目标词频数均可以在一定程度上预测下一个月的消费者信心指数、消费者满意指数与消费者预期指数。回归分析结果表明，对于消费者信心指数、消费者满意指数、消费者预期指数的预测，R^2 分别最大达到 0.805、0.911、0.860，调整后 R^2 最大达到 0.629、0.831、0.733。综合考虑，"模糊匹配目标词+程度词"的预测效果最佳。

表 4-5　六种实验条件下多元回归模型汇总

匹配方式与权重设置	下一个月指数	R^2	调整后 R^2
精确匹配目标词	消费者信心指数	0.768	0.510
	消费者满意指数	0.902	0.794
	消费者预期指数	0.828	0.638
精确匹配目标词+程度词	消费者信心指数	0.699	0.427
	消费者满意指数	0.884	0.780
	消费者预期指数	0.762	0.548
精确匹配目标词+程度词+否定词	消费者信心指数	0.755	0.482
	消费者满意指数	0.899	0.787
	消费者预期指数	0.815	0.609
模糊匹配目标词	消费者信心指数	0.787	0.596
	消费者满意指数	0.911	0.831
	消费者预期指数	0.841	0.698
模糊匹配目标词+程度词	消费者信心指数	0.805	0.629
	消费者满意指数	0.909	0.827
	消费者预期指数	0.859	0.733
模糊匹配目标词+程度词+否定词	消费者信心指数	0.799	0.575
	消费者满意指数	0.903	0.794
	消费者预期指数	0.860	0.704

② 得到回归方程。为进一步使用验证集数据验证方法的有效性，首先应该得到最优实验条件下的回归方程，然后通过"模糊匹配目标词+程度词"方式下统计的目标词频数，得到下一个月官方指数的多元回归结果，由非标准化常数项及回归系数可以得到如下回归方程。

下一个月消费者信心指数 $=105.190+F1\times(-0.534)+F2\times0.201+F3\times0.410+F4\times0.560+F5\times0.070+F6\times0.432+F7\times-0.067+F8\times(-1.727)+F9\times(-1.583)$。

下一个月消费者满意指数 $=103.085+F1\times(-2.082)+F2\times(-1.780)+F3\times0.246+F4\times(-0.150)+F5\times(-1.452)+F6\times0.078+F7\times0.327+F8\times(-1.372)+F9\times(-1.248)$。

下一个月消费者预期指数 $=106.580+F1\times0.511+F2\times1.006+F3\times0.514+F4\times1.045+F5\times1.048+F6\times0.642+F7\times(-0.350)+F8\times(-1.970)+F9\times(-1.788)$。

③ 有效性检验。基于训练集进行主成分分析，提取每种实验条件下的有效成分，以这些成分为预测变量对下一个月的官方指数进行预测，综合考虑 R^2 与调整后 R^2，选择"模糊匹

目标词+程度词"为最佳方式。这种方式下统计的目标词频数是否可以继续有效预测之后的官方指数仍然不得而知。通过训练集数据找到的目标词频数的最佳统计方式还需要经过验证集数据的验证。

根据验证集数据计算指数：先根据训练集中"模糊匹配目标词+程度词"方式下的成分得分系数矩阵（见表 4-6）计算验证集的成分，再根据"模糊匹配目标词+程度词"方式下的回归方程得到消费者信心指数、消费者满意指数与消费者预期指数（见表 4-7）。

表 4-6　成分得分系数矩阵

	成分								
	1	2	3	4	5	6	7	8	9
GDP 增速下调	-.018	-.052	.209	-.056	.023	-.009	.024	-.019	-.004
市场不稳定	.023	.004	-.018	-.001	-.024	-.006	.079	-.033	-.022
股市上涨	.010	-.004	-.021	.072	-.009	-.030	.043	-.009	-.015
个股盈利	.059	-.044	.051	.041	-.054	-.040	-.010	.002	-.024
股市大跌	.071	-.051	-.006	.001	-.014	-.005	.009	-.016	.029
出口增速反弹	-.018	.029	.028	-.042	-.053	-.004	-.029	.287	-.036
牛市	.008	-.012	.045	-.003	.004	-.016	.031	.005	.010

注：提取方法为主成分分析；旋转法为具有 Kaiser 标准化的正交旋转法。

表 4-7　根据验证集数据计算得到的指数

时间	消费者信心指数	消费者满意指数	消费者预期指数
2011 年 09 月	103.70	102.26	104.75
2011 年 10 月	105.51	103.85	106.67
2011 年 11 月	106.59	102.82	109.07
2011 年 12 月	103.80	101.98	104.86
2012 年 01 月	103.04	101.34	104.11
2012 年 02 月	105.00	101.96	107.08
2012 年 03 月	104.79	102.23	106.65
2012 年 04 月	106.84	104.75	108.28
2012 年 05 月	105.64	102.97	107.30
2012 年 06 月	104.19	101.40	106.03
2012 年 07 月	106.74	103.57	108.83
2012 年 08 月	106.45	107.82	105.36

差异检验：通过比较基于验证集数据计算得到的消费者信心指数、消费者满意指数、消费者预期指数与三个官方指数，检验方法的有效性。图 4-5 是估计指数与官方指数折线图，可以直观地看出三个指数的预测情况。

采用以下三种方法对计算得到的估计指数与官方指数进行差异检验。

（a）差值均数除以均数：估计指数与官方指数差值的均数除以官方指数的均数。

（b）平均绝对差（ABS）：官方指数与估计指数差值的绝对值的平均数的总和。

（c）平均偏移均方根（RMSD）：官方指数与估计指数差值的平方和均值的算术平方根。

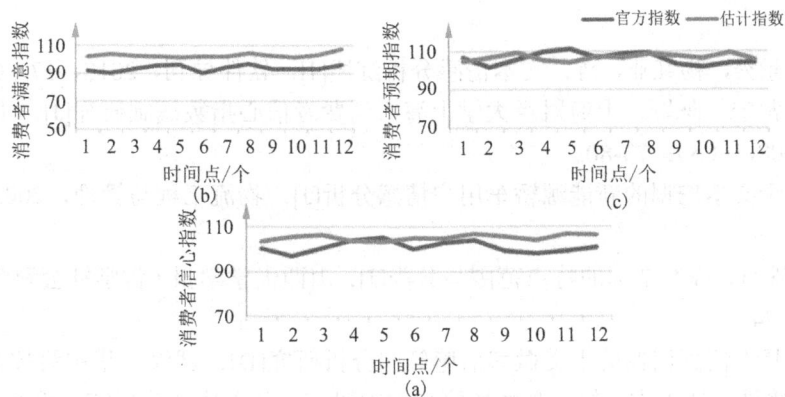

图 4-5 估计指数与官方指数折线图

表 4-8 所示为估计指数与官方指数的差异汇总。对于消费者预期指数，差值均数除以均数仅为 0.72%，ABS 为 3.30，RMSD 为 3.84；对于消费者信心指数，差值均数除以均数为 4.17%，ABS 为 4.55，RMSD 为 5.17；对于消费者满意指数，差值均数除以均数为 10.0%，ABS 为 9.37，RMSD 为 9.68。考虑到三个指数的数值在 100 左右，三种计算方式得到的差异均在 10%之内，我们认为通过"模糊匹配目标词+程度词"的方式统计新浪微博中的目标词频数可以在一定程度上预测下一个月的消费者信心指数，这种预测的有效性尤其体现在消费者预期指数与消费者信心指数上。

表 4-8 估计指数与官方指数的差异汇总

	差值均数除以均数	ABS	RMSD
消费者信心指数	4.17%	4.55	5.17
消费者满意指数	10.0%	9.37	9.68
消费者预期指数	0.72%	3.30	3.84

4）项目拓展应用

随着大数据时代的来临和各种社交媒体的迅猛发展，越来越多学者开始关注社交媒体信息的巨大价值，并将其运用到各个领域。在主流社交媒体中，由于微博具有简单易行的特点，越来越多的用户选择在微博上发表个人观点，这些观点反映了用户日常生活中的状态和对某些事件的看法、态度，可以在一定程度上反映当时的社会状态，因此以微博文本为原始数据进行信息挖掘对了解用户的心理状态和行为倾向具有极大意义。

本项目通过文本挖掘技术，探究了微博文本与消费者信心指数的关系。目前也有学者基于微博文本进行自杀风险预测研究，以及实现对人们心理健康和主观幸福感的预测等，所以文本挖掘技术可以用于探索文本蕴含的个人情绪、情感、态度、人格等变量之间的关系。

参考文献

[1] Mumtaz M N. Consumer Confidence Index and Economic Growth：An Empirical Analysis of EU Countries[J]. Euroeconomic, 2016, 35(2).

[2] 吴永聪. 浅谈 Python 爬虫技术的网页数据抓取与分析[J]. 计算机时代, 2019,（08）：94-

96.

[3] 刘爽，赵景秀，杨红亚，等. 文本情感分析综述[J]. 软件导刊，2018，17（06）：1-4+21.

[4] 李晓玉，常宁，陈颖. 上海财经大学上海市消费者信心指数编制研究[J]. 上海财经大学学报，2008，（05）：73-80.

[5] 余帆. 基于文本挖掘的新能源轿车用户情感分析[J]. 物流工程与管理，2022，44（01）：137-140.

[6] 蔺璜，郭姝慧. 程度副词的特点范围与分类[J]. 山西大学学报（哲学社会科学版），2003，（02）：71-74.

[7] 陈晓东. 基于情感词典的中文微博情感倾向分析研究[D]. 武汉：华中科技大学，2012.

[8] 赖凯声，陈浩，钱卫宁，等. 微博情绪与中国股市：基于协整分析[J]. 系统科学与数学，2014，34（05）：565-575.

[9] 刘玉娇，琚生根，伍少梅，等. 基于情感字典与连词结合的中文文本情感分类[J]. 四川大学学报（自然科学版），2015，52（01）：57-62.

[10] 陈晓东. 基于情感词典的中文微博情感倾向分析研究[D]. 武汉：华中科技大学，2012.

[11] 闻彬，何婷婷，罗乐，等. 基于语义理解的文本情感分类方法研究[J]. 计算机科学，2010，37（06）：261-264.

[12] 薛薇. SPSS 统计分析方法及应用[M]. 2 版. 北京：电子工业大学出版社，2010.

[13] 孙毅，吕本富，陈航，等. 基于网络搜索行为的消费者信心指数构建及应用研究[J]. 管理评论，2014，26（10）：117-125.

[14] 刘滨，张静远，刘强，等. 微博分析研究综述[J]. 河北科技大学学报，2015，36（01）：100-110.

[15] 田玮，朱廷劭. 基于深度学习的微博用户自杀风险预测[J]. 中国科学院大学学报，2018，35（01）：131-136.

[16] 李昂，郝碧波，白朔天，等. 基于网络数据分析的心理计算：针对心理健康状态与主观幸福感[J]. 科学通报，2015，（11）：994-1001.

第 5 章

当仁不让：主动性人格的文本挖掘

1. 从心起航

主动性人格：个体不受外部环境束缚、主动探寻解决方法的稳定行为倾向。主动性人格作为个体的一种重要资源，不但有助于个体主动寻找各种资源，还可以弥补被过度损耗的自我调节资源，因而能够缓解不合规任务引发的自我损耗。

主动性人格的定义演变：最初主动性人格是指个体倾向于主动地进行角色定位，如发起变革和积极改变他们所处的环境。具备主动性人格的个体对外界环境变化的适应性更强，会积极地寻找机会并且把握机会，同时愿意为了目标而付出努力，直到事业发生了有意义的变化。

随后，主动性人格的研究更多地和工作结合起来，主动性人格和非主动性人格的区别在于工作中是积极主动还是被动的。研究人员验证了工作中主动性人格的一系列可能结果。例如，Bateman 和 Crant 建立了主动性人格量表的效标、效度，使用了 131 个房地产经纪人的样本，结果表明，主动性人格量表可以客观地衡量经纪人的工作表现，包括经验、社会期望、一般的心理能力。Parker 通过对玻璃制造公司被试的研究发现，积极主动的人格与改进计划有着积极而显著的关联。Becherer 和 Maurer 研究了积极主动的性格对企业家行为的影响，215位小公司总裁的抽样调查结果表明，总裁的积极性与三种企业家行为显著相关，即开办与不开办企业、创业公司数量、所有权类型。Seibert 等测试了主动性人格对话语权、创新、政治知识、职业积极性等结果的影响，发现除了话语权外，主动性人格显著地影响了所有变量，进而影响了个人的职业成就。最近，Thompson 研究了主动性人格与工作绩效之间的关系模型，他发现积极主动的人格与工作绩效之间的关系是通过网络建设和员工的积极性来调节的。

主动性人格的相关研究：主动性人格与员工的创造力具有正相关关系。员工的创造力一般是指个人在复杂的社会系统中共同创造有价值的、有用的新产品，以及服务、思想和解决问题的方式。重视新思想的人都具备积极的行动方向，具有主动性人格的员工会积极地进行变革以实现目标。Griffin 等人提出的工作角色绩效模型将个体的主动行为确定为九种核心工作角色行为之一。在时机恰当的时候，具有主动性人格的个体特别擅长寻找更好的工作方式。例如，主动性人格的个体通过积极工作来改变环境，并寻找新的信息和做事方法以提高业绩。同样，Seibert 等人表明这些人会做出各种努力来提升自己的职业前景，也就是说，他们倾向于提出实现目标的新方法，并将这些新方法用于提升自己的工作效率。

随着经济的高速发展，组织的结构也在不断变化，传统层级式的结构正在朝着扁平化结构的方向发展，组织的发展中个体所能发挥的作用在不断增加，因此个人能力的提升对组织的发展有着十分重要的帮助。有研究从员工的个人特质方面进行相关分析，结果显示在组织的变革和发展中，主动性人格的员工适应能力更强，更愿意为了个人发展而主动地改变环境。同时这些员工的接受能力更好，学习的效率也更高。还有研究分析了具有主动性人格的员工和组织发展之间的关系，同时研究了具有主动性人格的员工的学习能力发展现状，可以为后续的研究提供更好的理论指导。

Kirkman 和 Rosen 对来自四种不同组织的 101 个正式工作团队进行了现场研究，研究数据表明团队的主动性水平与团队绩效呈正向关系，并且团队主动性对一些重要的团队成果有着积极影响，包括团队生产率与客户服务，高主动性的团队有较高水平的工作满意感、组织承诺和团队承诺。此研究首次探讨了团队主动性，并证明了主动性对工作团队的重要性，主动性与团队生产率、客户服务之间的关系表明高主动性团队比低主动性团队更有效率。

案例：老张是一家国有能源公司的分公司经理，但是平常公司内的工作氛围不是很活跃，大家总是按照固定的模式进行业务。此外，他发现某些新员工入职后就像进了养老院一样，上班偶尔迟到早退，工作经常摸鱼喝茶，遇到一些问题也不积极探索，总是期望同事或者领导能帮忙解决。最近，总公司要求老张考虑提升一位员工到总公司做人事部部门经理，老张看着办公室的同事，目光落在了刚入职不到一年的员工小赵身上，小赵是一个为人热情主动、做事干净利落的九五后小姑娘，工作时遇到问题总是及时上报和请教同事，也经常主动帮助其他同事，去年的分公司运动会也是她自告奋勇组织和安排的，于是老张向总公司推荐小赵担任人事部部门经理。

2. 数不胜数

> 文本挖掘（Text Mining，TM）：又称为文本数据挖掘（Text Data Mining，TDM）或文本知识发现（Knowledge Discovery in Texts，KDT），是指从大量非结构化的文本数据中发现事先未知的、潜在有用的知识，并且对这些知识进一步分析和处理以供用户获取有效信息。与存储在数据库中的结构化数据不同，自然语言文本是非结构化的，计算机难以理解。因此，文本挖掘通常需要将自然语言文本转换为结构化数据，检测词汇和语法使用模式，并对生成的数据进行评估和分析。随着计算机技术的不断发展，文本挖掘已被广泛应用于搜索查询、市场研究、社会舆情分析、生物医学应用、情绪分析和观点评测等多个领域。

在心理学的领域中，与文本挖掘有相似目的的话语分析技术、访谈编码等质性研究方法也常被用于深度分析个体自由表达的日记、作文及访谈内容等文本，以挖掘个体内在的心理特征。但是，当文本数量较多时，质性分析则要耗费大量的人力、物力。而采用大数据文本挖掘的方式可以解决这一难题，实现自动化文本分析。目前，大量的研究已经证明了这种方法的可行性和可靠性。朱廷劭等人认为，社交网络用户在网络上发表的文字可以反映出来个体的一些心理特征，同时还有学者利用文本挖掘方法对微博文本进行分析，以预测个体的社会态度、人格倾向、抑郁、焦虑、主观幸福感等心理特征。

文本挖掘技术包括文本结构分析、文本摘要、文本分类、文本聚类、文本关联分析、分布分析和趋势预测等。在过去的十几年中，基于内容的文档管理任务在信息系统领域中占有重要地位，这是由于数字形式文档的可用性不断提高及随之而来的灵活访问文档的需求。文本分类（Text Classification）是使用预定义的主题类别为自然语言文本添加标签的方法。这是一种广泛使用的机器学习方式，它利用经验构建研究模型，以提升机器学习和分析结果的准确性，常见的方式有反向传播神经网络（Back-propagation Neural Network）、贝叶斯理论等。

文本分类一般包括了文本的表达、分类器的选择、训练集训练与测试集测试、分类结果的评价与反馈等过程，文本的表达又可细分为文本预处理、统计、特征抽取等步骤。通过对文本的预处理可以筛选有用的信息，排除无效信息的干扰，对后续分析效率的提升有着非常重要的作用。在对文本进行分类的过程中，影响最显著的两个因素分别为文本的特征提取及机器学习，这两个因素能直接影响文本分类的准确性。

微博挖掘的短文本特征选择及权重计算：随着网络技术的发展，更多新的技术和设备走入人们的生活，对人们的生活方式产生了很大的影响，尤其是基于互联网技术发展的社交网络更颠覆了人们的沟通和交流方式，大量的短文本数据以几何速率增长。以微博为例，微博是一个新的多媒体迷你博客，它允许用户发布短消息给所有或有限的人群，类似于 SMS 等即时消息设备。近年来，微博用户以惊人的速度增长，产生了不同数据结构的短文本，其中包含许多有用的信息。与长文本中的特征选择技术相比，短文本特征选择技术面临的主要问题是特征空间稀疏且难以充分利用其特征之间的相关性，并且不同特征对分类结果的影响也大不相同。

1）χ^2 统计量（CHI）

χ^2 统计量衡量的是特征项与类别之间的关联程度。χ^2 值越高，特征和此类别的关联程度越高，包含的分类信息越多。特征项 t_i 对 C_j 的 χ^2 值：

$$\chi^2\left(t_i, C_j\right) = \frac{N \times (A \times D - C \times B)^2}{(A+C) \times (B+D) \times (A+B) \times (C+D)} \tag{5-1}$$

其中，t_i 表示特征项，C_j 为第 j 个类别，A 代表属于文档 C_j 且含 t_i 的频数，B 代表不属于文档 C_j 且含 t_i 的频数，C 代表属于文档 C_j 但不含 t_i 的频数，D 代表既不属于文档 C_j 也不含 t_i 的频数，N 表示文档集中所有文档的数目。

在特征提取中，本项目实现 χ^2 统计量的方式为计算特征项对于每个文档类别的 χ^2 值，见式（5-2）：

$$\chi^2_{\text{MAX}}(t_i) = \underset{j=1}{\overset{M}{\text{MAX}}}\left\{\chi^2\left(t_i, C_j\right)\right\} \tag{5-2}$$

其中，M 代表文档类别数。在去除低于设定阈值的特征之后，将剩余的特征作为文档特征。

2）基于文档频率的特征选择

TF-IDF（Term Frequency-Inverse Document Frequency，词频-逆向文件频率）是一种基于统计的数学方法，可以判断一个词语或者短语在文档或者文档集中的重要程度。TF-IDF 的主要思想是一个词在一篇文档中出现的频率越高且出现的范围在整个文档较为集中，则它在文档分类方面的作用越明显。采取此种方式可以捕捉文档的词语，建立文档中词语和类别之间的关系。TF-IDF 的计算公式：

$$W(t, d) = \frac{tf(t, d) \times \log(N / n_t + 0.01)}{\sqrt{\sum_{t \in d}\left[f(t, d) \times \log(N / n + 0.01)\right]^2}} \tag{5-3}$$

其中，$W(t,d)$ 为特征项 t 的权重，$tf(t,d)$ 为特征项 t 的词频，N 为全部训练文档的数量，n_t 为训练集中出现特征项 t 的文档数量，分母为归一化因子。

候选关键词 t 的 TF-IDF 特征值越高，此候选关键词成为该文档的一个关键词的可能性越大。反之，此候选关键词成为该文档的关键词的可能性越小。

文本分类的机器学习算法如下。

1）支持向量机（Support Vector Machine，SVM）

为了保证数据挖掘的效率和准确性可以采取 SVM 法，从分类上来看属于二分类算法，同时支持线性和非线性分类。从实际应用来看，SVM 在各种实际问题中都表现得非常优秀。它在手写识别数字和人脸识别中应用广泛，在文本和超文本的分类中举足轻重。同时，SVM 也被用来执行图像的分类，并用于图像分割系统。除此之外，SVM 备受生物学和许多其他科学的青睐，SVM 现在已经被广泛用于蛋白质分类，现在化合物分类的业界平均准确率可以达到 90%以上。在生物科学的尖端研究中，人们还使用 SVM 来识别用于模型预测的各种特征，以找出各种基因表现结果的影响因素。其主要思想是给系统一个固定的训练文本，思考如何才能提升文本识别分类的效率和质量，SVM 主要用于超平面的决策，可以增强正、负之间的空白，提升分类的准确性。假定给定的训练集为(x^1, y^1)，(x^2, y^2)，…，(x^n, y^n)，$x \in \mathbb{R}$，$y \in \{-1, +1\}$，在识别模式时，构建有效的目标函数非常重要，可以准确地区分不同的模式。

2）朴素贝叶斯模型

朴素贝叶斯模型（Naive Bayesian Model，NBM）是一种基于贝叶斯公式的图形化概率网络，利用概率统计进行学习分类。在贝叶斯网络的有向无环图中，每个节点对应一个属性，每条边对应一条属性依赖，在给定父节点的前提下，每个节点的属性依赖是通过条件概率来定性的。NBM 以其独特的不确定性知识表达形式、丰富的概率表达能力、综合先验知识的增量学习特性等成为众多分类方法中最为流行的方法之一。

NBM 基于贝叶斯原理中的强独立假设来计算分类概率，是一种简单并且有效的分类方法。其基本的原理是在各个关键词相互独立的假设下，估计在给定词向量 w 时被试被分到某一类别的条件概率：

$$P(C| w) = \frac{p(C)p(w_1| C)p(w_2| C)...p(w_k| C)}{p(w_1,...,w_k)} = \frac{p(C)\prod_{i=1}^{k}p(w_i| C)}{p(w)} \tag{5-4}$$

其中，$p(C)$为某个类别的先验概率，$p(w_i|C)$ 为在某个类别条件下出现词向量 w_i 的概率，一般通过极大似然方法进行估计。在二元分类中，将被试分配到两个类别 C_1 和 C_2 中的概率相除得到比率 R：

$$R = \frac{P(C_1| w)}{P(C_2| w)} = \frac{p(C_1)\prod_{i=1}^{k}p(w_i| C_1)}{p(C_2)\prod_{i=1}^{k}p(w_i| C_2)} \tag{5-5}$$

当 $R>1$ 时，个体被分为 C_1 类，相反，则被分为 C_2 类。

3）网格搜索与分层交叉验证

网格搜索法可以对指定的参数进行穷举搜索，在对估计函数进行结果分析时，可以采取网格搜索法优化学习的算法，首先对每个需要被分析的参数进行排列组合，形成网格的样式；然后算法会逐格搜索数据，以规避重复搜索和遗漏搜索的问题。组成网格样式之后进行训练，先采取分层交叉验证的方式进行评估，再选择一个最为合理的分类方式，达到最佳组合分类的目的。用简单的话来说就是你手动地去更改模型的参数，程序会自动地对更改以后的参数进行运算，为了确定搜索参数，即搜索最符合要求的参数，就需要对参数的分类进行评分。有了合适的评分方式，但是仅凭借一次的结果说明某组的参数组合比另外的参数组合好显然是不严谨的，所以就有了交叉验证这一概念，下面介绍 K 折交叉验证的步骤。

首先进行数据分割，将原始数据集分为训练集和测试集。训练集用于训练模型，测试集用于测试模型的准确率。数据集分割图如图 5-1，以 8 : 2 的方式分割。

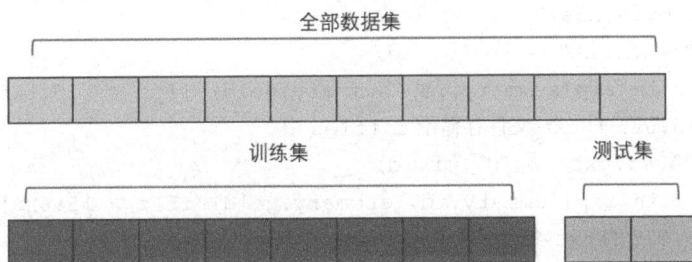

图 5-1　数据集分割图

然后进行数据验证，在 K 折交叉验证方法中以 K-1 份作为训练集，剩下的一份作为验证集，这个过程一共需要进行 K 次，对最后 K 次测试的结果取平均就完成了交叉验证过程。

3. 计研心算

1）项目解决逻辑

本项目的主要目的是通过对三种文本（微博文本、简答题文本、微博文本+简答题文本）进行挖掘，完成主动性人格的评测，同时验证分类的准确性和合理性。

文本分类是对未知类别的文字文档进行自动处理，判别它们所属预定义类别集中的一个或多个类别。首先需要对文本的类型进行定义，然后以内容为基础进行计算机的辅助分类。一般情况下，文本的分类主要有三个步骤，分别是文本模型的构建、文本特征的提取、机器分类训练。为了测试分类的有效性，将分类的群体分为训练集和验证集，同时文本分类也分为训练阶段和验证阶段。在训练阶段，提取最能区分各文本特征的关键词来确定被试主动性人格的高低类别，并且学习关键词和分类标签之间的关系，在初始的训练阶段要进行针对性的关键词分析和函数模型的验证，即将验证集中被试的反应数据代入模型，计算模型预测的准确性。

2）项目实现过程

以下代码在 Python 3.9.7（Anaconda 3 工具中的 Spyder 部分）中实现。

具体实现过程如下。

（1）文本预处理阶段

为了更好地完成数据的分类工作，对数据进行预处理很有必要。本项目的数据预处理为12 名心理学的本科生和研究生对问卷调查的文字部分进行转录，使用的软件为科大讯飞，并事先将原则告诉他们，包括按照被试书写原意转录、不能按照主观意愿对原文调整，标点符号也一并转录。对于微博文本，需要剔除其中的广告、转发其他微博等与被试真实表达无关的微博，只保留被试的原创微博。该部分的代码如下。

```
#本步骤的目标：读取数据，保存数据为.pkl格式
import os, pickle, pandas as pd
#导入所需库
```

```python
import numpy
from my_config import config

summary = pd.read_excel(config.xls_file)
#读取 data/summary.xlsx
l_files = ["%04d.txt" % id for id,
            z in zip(summary.id, summary.gold) if z <= 15.625]
#读取 gold<=15.625 的 txt 文件存储于 l_files 中
h_files = ["%04d.txt" % id for id,
            z in zip(summary.id, summary.gold) if z > 15.625]
#读取 gold>15.625 的 txt 文件存储于 h_files 中
assert (list(summary.id) == list(map(lambda x: int(x.split(".")[0]),
                                        config.files)))
#判断 list_id 是否包括所有文件，有则继续，没有则报错并停止运行，相当于 if 语句
def read_data(file_dir, files, label, is_weibo=False):
#读取 txt 文件中的数据
    """
    Read data from text file.
    :param file_dir: text file dictionary, str
    :param files: text files, list
    :param label: 0 or 1, int
    :param is_weibo: bool
    :return: X, y
    """
    X, y = [], []
    #创建两个空列表
    for file in files:
    #遍历文件
        file_path = os.path.join(file_dir, file)
#获取文件路径
        try:
#先尝试.gbk 格式,若报错则用 utf-8 格式
            f = open(file_path, "r", encoding="gbk")
#以.gbk 格式读取文件
            content = f.read()
#读取文件内容至 content
        except:
            f = open(file_path, "r", encoding="utf-8")
#以 utf-8 格式读取文件
            content = f.read()
#读取文件内容至 content
        if is_weibo:
#若为 weibo 内容，则读取微博内容
            weibo = ",".join(content.split("*****微博内容：")[1:])
```

```
                    weibo = weibo.replace("\n", "")
                    if weibo == "":
```
#若为空，则输出文件路径
```
                        print(file_path)
                    X.append(weibo)
```
#将 weibo 内容添加至 X 列表
```
                    y.append(label)
```
#将 label(0/1)添加至 y 列表中
```
                else:
```
#若回答内容是 1、2、3、4，则读取回答
```
                    answer = content.split("*****微博内容：")[0]
                    answer = answer.replace("1.", "").replace("2.", "").
                        replace("3.", "").replace("4.", "")
```
#删除 1、2、3、4
```
                    answer = answer.replace("1、", "").replace("2、", "").
                        replace("3、", "").replace("4、", "")
```
#删除 1、2、3、4
```
                    answer = answer.replace("\n", "")
```
#删除换行符
```
                    if answer == "":
```
#若为空，则输出文件路径
```
                        print(file_path)
                    X.append(answer)
```
#将 answer 添加至列表 X
```
                    y.append(label)
```
#将 lable 添加至列表 y
```
        f.close()
```
#关闭文件，释放内存
```
    return X, y
```
#返回 X，y 列表
#简答题数据
```
a_X, y = read_data(config.data_dir, h_files, 1)
```
#从 h_files 中读取 gold>15.625 的数据并将 label 值记为 1
```
a_X_0, y_0 = read_data(config.data_dir, l_files, 0)
```
#从 l_files 中读取 gold<=15.625 的数据并将 label 值记为 0
```
a_X.extend(a_X_0)
```
#合并 a_X，a_X-0 两个列表
```
y.extend(y_0)
```
#合并 y，y_0 两个列表
#微博数据
```
w_X, _ = read_data(config.data_dir, h_files, 1, is_weibo=True)
```
#从 h_files 中读取 gold>15.625 的 weibo txt 文件并将 label 值记为 1
```
w_X_0, _ = read_data(config.data_dir, l_files, 0, is_weibo=True)
```
#从 l_files 中读取 gold<=15.625 的 weibo txt 文件并将 label 值记为 0

```
w_X.extend(w_X_0)
#合并两个列表
numpy.random.seed(7675789)
#将 7678789 设为 numpy 随机种子
idx = numpy.random.permutation(len(y))
#得到一个长度与 y 列表相同的乱序列表
y = numpy.asarray(y)[idx]
#将列表 y 打乱顺序
w_X = numpy.asarray(w_X, dtype="str")[idx]
#将列表 w_X 打乱顺序
a_X = numpy.asarray(a_X, dtype="str")[idx]
#将列表 a_X 打乱顺序
a_w_X = numpy.asarray([a + w for w, a in zip(w_X, a_X)])
#将两个列表合并，并转为 assarray 数组
tmp_files = h_files
tmp_files.extend(l_files)
#合并 hfiles 和 lfiles 两个列表
s_id = [file.split(".")[0] for file in tmp_files]
#取出 id
s_id = numpy.asarray(s_id)[idx]
#打乱 s_id 的顺序
regression_y = numpy.asarray(summary.all_score)[idx]
#打乱 summary.all_score 的顺序
if not os.path.exists(config.data_dir):
#若不存在 config.data_dir，则创建这个文件夹
        os.mkdir(config.data_dir)
pickle.dump(w_X, open(config.w_X_pkl, "wb"))
#将 w_x 序列化后以字节流的形式写入 w_X.pkl 文件
pickle.dump(a_X, open(config.a_X_pkl, "wb"))
pickle.dump(a_w_X, open(config.a_w_X_pkl, "wb"))
pickle.dump(y, open(config.y_pkl, "wb"))
pickle.dump(s_id, open(config.s_id_pkl, "wb"))
pickle.dump(regression_y, open(config.regression_y_pkl, "wb"))
```

（2）文本特征提取

因为文本中存在中文，需要对其分词，采取的 Python 中的 jieba 程序包完成这项工作，并且将分词后的文本信息与"哈工大停用词表"对比，删除代词和无用的助词及标点符号，这样文本的特征信息会更加突出。

TF-IDF 是一种用于文本挖掘的文本特征提取的技术。TF-IDF 是一种统计方法，用于评估某个字或词对于一份文档的重要程度。字或词的重要性随着它在文件中出现的次数成正比增加，但同时会随着它在语料库中出现的频率成反比下降。这种特征提取的方式对于分类任务非常有帮助，原因在于这种方法不会因为某个词频高而认为这个词语很重要，也就是说，若某字或词在一篇文档中出现的频率高，并且在其他的文档出现很少，则认为此字或词具有很好的类别区分能力，适合用于分类。

　　对比测试者的文本和获取的文本，分析关键特征出现的频率，并且采取 TF-IDF 对特征进行权重分析，便于后续分类器的训练。因为会对所有的特征进行特征提取，所以保留了所有词语的 TF-IDF 的权重（有的研究可能会删除词频小于 5 的词语的权重）。该部分的代码如下。

```
#本步骤的目标：读取 pkl 数据，进行数据清洗，特征提取
import pickle, re, jieba
from sklearn.feature_extraction.text import TfidfVectorizer
from my_config import config


class FeatureExtration:
#定义一个类 FeatureExtration
    def __init__(self, method="tf_idf", task="classification"):
#创建类中的函数（方法）
        """
        :param method: str,
         Feature extraction method, such as "tf_idf", "chi2", "mutual_info"
         ect. 特征提取方法，如"tf_idf"、"chi2"、"mutual_info"等。
        """
        if task == "classification":
            self.y = pickle.load(open(config.y_pkl, "rb"))
#读取 y.pkl
        else:
            self.y = pickle.load(open(config.regression_y_pkl, "rb"))
#读取 regression_y.pkl
        self.s_id = pickle.load(open(config.s_id_pkl, "rb"))
#读取 s_id.pkl
        a_corpus = pickle.load(open(config.a_X_pkl, "rb"))
#读取 a_X.pkl
        w_corpus = pickle.load(open(config.w_X_pkl, "rb"))
#读取 w_X.pkl
        a_w_corpus = pickle.load(open(config.a_w_X_pkl, "rb"))
#读取 a_w_X.pkl
        self.method = method
#方法设置为'tf_idf'
        self.a_X, self.a_feature_name = self._feature_extraction(a_corpus,
                                                                 self.y)
#将 method 绑定到 a_x, a_feature_name
        self.w_X, self.w_feature_name = self._feature_extraction(w_corpus,
                                                                 self.y)
#将 method 绑定到 w_x, w_feature_name
        self.a_w_X, self.aw_feature_name = self._feature_extraction (
            a_w_corpus, self.y)
#将 method 绑定到 a_w_x, aw_feature_name
    def _feature_extraction(self, corpus_text, y):
        """
```

```
        text feature extraction
        :param X_text: array_like
            X_text {n_sample, n_features}
        :return: array_like,
            return X_new {n_sample, n_features}
        """
        method = getattr(self, self.method)
#获取 self.method 的值
        return method(corpus_text, y)
#返回两个绑定方法的列表
    def tf_idf(self, X, y):
        X_cleaned = list(self._contents_to_wordlist(X))
#得到处理过后的列表，只保留中文、英文和数字
        tv = TfidfVectorizer()
#文本处理函数把词转换为向量，TF 是词频，idf 是逆文本频率，TF 表示一个词在所有文本中出现的
#频率，它出现的越多说明越不重要，idf 表示一个词的重要程度，idf 越高，该词越重要
        return tv.fit_transform(X_cleaned), tv.get_feature_names()
#学习 X_cleaned 词汇表和 idf，返回文档词矩，返回特征名字
    def chi2(self, X, y):
        pass
    def df(self, X, y):
        pass
    def ig(self, X, y):
        pass
    def mi(self, X, y):
        pass
    def text_rank(self, X, y):
        result = re.sub(r"[^\u4e00-\u9fa5]", "", X)
        seg = jieba.cut(result)
        jieba.analyse.set_stop_words("stopword.txt")
        keyList = jieba.analyse.textrank("|".join(seg), topK=10,
                                         withWeight= False)
        return keyList
    def _get_stopwords(self, path):
        """
        Get stopwords as filter.
        :param path:str
            stopwords file path
        :return:set
            the set of stopwords
        """
        file = open(path, "rb").read().decode("utf8").split("\n")
#加载文件并删除换行符
        return set(file)
```

```
#返回文件
def _rm_char(self, text):
    """
    Filter chars which are greater than u3000.
    :param content:str
        user"s content train sample or test sample.
    :return:
    """
    return re.sub(r"[^\u4e00-\u9fa5, A-Za-z0-9]", "", text)
#只保留中文、英文和数字
def _clean_text(self, text):
    """
    Data clean.
    Filter stopwords and remove useless chars.
    :param text : str
        train sample.
    :return : list
        filtered train sample or test sample
    """
    text = self._rm_char(text)
#只保留中文、英文和数字
    text = text.replace("\ufeff", "")
#删除\uefeff
    text_list = list(jieba.cut(text.strip(), cut_all=False))
#分词
    stop_words = self._get_stopwords("stopwords.txt")
#加载 stopwords.txt
    result = []
#创建空列表 result
    for t in text_list:
#遍历
        if t not in stop_words and not t.isdigit():
#t 不在停用词中并且 t 不是数字
            if t != " ":
#t 不为空
                result.append(t)
#将分词结果添加至 result 列表
    return " ".join(result)
#将列表的各个分词连接为一个大的字符串并返回
def _contents_to_wordlist(self, contents):
    """
    :param contents:array-like
        train or test sample
    :return:array-like
```

```
        Words Matrix
    """
    contents = map(self._clean_text, contents)
#对内容进行处理，只保留中文、英文、数字
    return contents
#返回 contents
if __name__ == "__main__":
    a_X = pickle.load(open(config.a_X_pkl, "rb"))
#读取 a_x.pkl 文件
    s_id = pickle.load(open(config.s_id_pkl, "rb"))
#读取 s_id.pkl 文件
    a = FeatureExtration()
#创建一个 FeatureExtration 对象
    b = list(a._contents_to_wordlist(a_X))
#获取一个处理后的列表，保留中文、英文、数字
    for i, s in zip(b, s_id):
#同时遍历文件和 id
        if not i:
#若 i 不存在，则输出文件可能错误
            print("可能出错的文件: %s.txt" % s)
```

（3）特征选择

在传统的统计学当中经常用 t 检验或者 F 检验来检验两种变量或者多种变量之间的差异性。t 检验和 F 检验是包含关系，所以二分类任务和多分类任务都可以用 F 检验来进行特征提取。本节是二分类任务，采用传统的 F 检验进行特征选择，原理是若某个特征对应的正类数据与反类数据差别较大，则保留这个特征。衡量差别的指标是 F 值与 p 值，F 越大，p 值越小，代表特征正、反类之间的差别越大，越有利于分类任务。在本节中，采取了以下三种基于 F 检验的特征选择算法。

① 保留特征值小于或等于 0.05 的所有特征，p 值小于或等于 0.05 是统计学中常用的统计和推断的阈值，通常认为概率小于或等于 5%的事件为小概率事件，统计学上的含义是在犯错误概率不高于 5%的情况下，认为正、反两类或者类别之间的差异显著，可以进行分类任务。

② 保留特征值小于或等于 0.1 的所有特征，p 值小于或等于 0.1 是某些教育测量与统计中统计、推断的阈值，统计学上的含义是在犯错误概率不高于 10%的情况下，认为正、反两类或者类别之间的差异显著，可以进行分类任务。

③ 由于上述保留特征的阈值具有特殊性且是人为假定的，所以对阈值进行了穷举搜索，搜索的阈值对应的是特征在 0.05~0.1 的 p 值。

（4）模型训练阶段

① 训练集和验证集：由于本节采用的是 5 折交叉验证，所以采用不重复抽样将原始数据分为 5 份，每次挑选 1 份作为验证集，剩下的文本作为训练集，二者在所有的数据中分别占有 20%和 80%的比例，最终得到的数据为 5 个验证集结果的平均值。

② "分类标签"的确定：搜集并整理相关的主动性人格方面的文献资料，同时邀请了相关领域的 16 名专家辅助本项目，计分为 0~9，首先根据因素的权重计算对应的得分，对每个项目上的得分进行求和，得到的总分就是评测主动性人格的标准；然后按照降序排列数据

得分，将得分前 50%的被试视为主动性人格高类，得分后 50%划分为低类，采取这种方式后每个被试都有一个固定的标签，可以将其看作分类标签。

③ 分类器的训练：前期的训练阶段使用 SVM 算法，建立特征和标签之间的对应管理，并以此构建分析的模型。该部分的代码如下。

```python
#本步骤的目标：特征选择，分类模型构建与评估
import os
from sklearn.model_selection import cross_val_score, StratifiedKFold
from sklearn.preprocessing import StandardScaler
from tqdm import tqdm
from sklearn import svm
from sklearn.neighbors import KNeighborsClassifier
from sklearn.feature_selection import f_classif
import numpy as np
from sklearn.model_selection import GridSearchCV
from xgboost import XGBClassifier
from sklearn.linear_model import LogisticRegression
from sklearn.ensemble import BaggingClassifier
from sklearn.naive_bayes import GaussianNB
from sklearn.tree import DecisionTreeClassifier
from utlis import Data
from data_process import FeatureExtration
import pandas as pd


def init_clf():
    """
    init classification
    :return: classifiers and their parameters
    """
    clfs = [svm.SVC(), XGBClassifier(), KNeighborsClassifier(),
            GaussianNB(), BaggingClassifier(), LogisticRegression()]
#处理方式列表
    params_dicts = [[{"C": list(range(1, 20, 2)),
                      "gamma": [0.00001, 0.0001, 0.001, 0.1, 1, 10, 100],
                      "kernel": ["rbf"]},
                     {"C": list(range(1, 20, 2)),
                      "kernel": ["linear"]},
                     #{"C": list(range(1, 20, 2)),
                     #"gamma": [0.00001, 0.0001, 0.001, 0.1, 1, 10, 100],
                     #"kernel": ["poly"]},
                     {"C": list(range(1, 20, 2)),
                      "gamma": [0.00001, 0.0001, 0.001, 0.1, 1, 10, 100],
                      "kernel": ["sigmoid"]}],
                    [{"n_estimators": [80, 90, 100],
                      "max_depth": [5, 6, 7],
```

```
                        "learning_rate": np.linspace(0.01, 2, 10)}],
                    [{"n_neighbors": [1, 2, 3]}],
                    [{
                        "var_smoothing": np.linspace(1e-9, 1e-7, 20)
                    }],
                    [{
                        "base_estimator": [KNeighborsClassifier(),
                                           DecisionTreeClassifier()],
                        "n_estimators": list(range(10, 50, 5)),
                    }],
                    [{
                        "penalty": ["l2"],
                        "C": list(range(1, 20, 1)),
                        "solver": ["newton-cg", "lbfgs", "liblinear"]
                    }]
                    ]
    return clfs, params_dicts
#返回处理方式和参数列表
def getX(X, y, p):
    """
    get X by p_value
    :param X: old X data
    :param p: p_value
    :return: feature index, new X data
    """
    F, p_value = f_classif(X, y)
#获取列表
    feature_idx = np.where(p_value <= p)
#获取 feature_idx,取较大值
    X = X[:, feature_idx[0]]
#更新 X 列表中的数据
    return feature_idx, X
#返回 feature_idx, X
def cls_task(X, y, clfs, params_dicts, kfold):
    """
    classify task
    :param X: X, ndarray
    :param y: y, list
    :param clfs: classifers list
    :param params_dicts: parameters list
    :param kfold: k fold cv,
           n instance of sklearn.model_selection.Kfold or int
    :return: best acc and best estimator
    """
    best_acc = 0
```

```
    best_estimator = None
      for n, clf in enumerate(clfs):
#遍历 clfs
          grid_search = GridSearchCV(clf, params_dicts[n],
                                      cv=kfold, scoring= "accuracy")
#自动调整参数，给出最优的参数
          grid_search.fit(X, y)
#选取最佳参数
        #compare with best acc
          if grid_search.best_score_ >= best_acc:
#如果 grid_search.best_score_更好，那么更换参数
              best_acc = grid_search.best_score_
#赋值
              best_estimator = grid_search.best_estimator_
#赋值
      return best_acc, best_estimator #返回 best_acc, best_estimator


def score(data, p_value, best_estimator=None, savename=None):
    """
    Score method
    :param data: data varible
    :param p_value: int,
    :param best_estimator: None is used for 1st,
     and the other for 2rd trail and 3rd trail.
    :return: report, best_acc, best_estimator
    """
    scores = pd.DataFrame()
#创建一个 Dataframe 对象
    kfold = StratifiedKFold(n_splits=5)
    feature_idx, X = getX(data.X, data.y, p_value)
#获取数据 x,y,p_value
    clfs, params_dicts = init_clf()
#初始化，即将参数一一赋值给处理方式
    if not best_estimator:
#如果参数不是最优，那么优化并获取参数
        best_acc, best_estimator = cls_task(X, data.y, clfs, params_dicts,
                                            kfold=kfold)
    scores_acc = cross_val_score(best_estimator, X, data.y, cv=kfold,
                                 scoring="accuracy")
#创建一个对象
    scores["acc"] = scores_acc
    scores_recall = cross_val_score(best_estimator, X, data.y, cv=kfold,
                                    scoring="recall")
#创建一个对象
```

```
        scores["recall"] = scores_recall
        scores_f1_macro = cross_val_score(best_estimator, X, data.y, cv=kfold,
                                    scoring="f1_macro")
```
#创建一个对象
```
        scores["f1_macro"] = scores_f1_macro
        scores_roc_auc = cross_val_score(best_estimator, X, data.y, cv=kfold,
                                    scoring="roc_auc")
```
#创建一个对象
```
        scores["roc_auc"] = scores_roc_auc
```
#得到的特征名称
```
        feature_name = np.array(data.feature_name)[feature_idx]
        """
            report 是这样的字符串形式
                precision    recall   f1-score    support
            0     0.82       0.90      0.86        10
            1     0.89       0.80      0.84        10
            accuracy                   0.85        20
            macro avg   0.85   0.85    0.85        20
            weighted avg  0.85  0.85   0.85        20
        """
```
#自行拟定保存结果函数
#save()
```
        save(savename, scores.mean(), p_value, scores, best_estimator,
            feature_name)
```
#保存结果
```
        return scores, best_estimator, feature_idx, feature_name
```
#返回 scores, best_estimator, feature_idx, feature_name
```
def save(savename, *args, **kwargs):
        """
        Save results
        :param savename:
        :param args:
        :param kwargs:
        :return:
        """
        dir = "./result"
        if not os.path.exists(dir):
```
#如果不存在文件夹，那么创建文件夹
```
            os.mkdir(dir)
        f = open(os.path.join(dir, savename + ".txt"), "w")
```
#打开文件 savename.txt 文件，若没有该文件，则创建该文件
```
        for a in args:
```
#遍历 args

```
            f.write(str(a) + "\n\n")
#写入 args
        f.close()
#关闭文件
def run(data):
#进行实验
    #init classifiers and parameters
    clfs, params_dicts = init_clf()
#初始化，即将参数一一赋值给模型
    kfold = StratifiedKFold(n_splits=5)
#分层交叉验证
    data.X = StandardScaler(with_mean=False).fit_transform(data.X) #标准化
############# 第一次训练 #############
    print("subtrail1 begin")
    r1 = score(data, 0.1, savename="r1" + data.data_name)
#获取 score 对象、参数、特征值、特证名
    print("subtrail2 begin")
    r2 = score(data, 0.05, savename="r2" + data.data_name)
#获取 score 对象、参数、特征值、特证名
#############第二次训练#############
    best_pv = 0
    best_acc = 0
    best_estimator = svm.SVC()
#创建一个向量机
    y = data.y
    F, p_value = f_classif(data.X, y)
#取值
    for i in tqdm(p_value):
#遍历
        if i < 0.05 and i > 0.1:
            continue
        feature_idx, X = getX(data.X, y, i)
#获取 x,y,i 的值
        tmp_acc, tmp_estimator = cls_task(X, y, clfs, params_dicts, kfold)
#参数优化，获取最优参数
        if tmp_acc > best_acc:
            best_acc = tmp_acc
#赋值
            best_estimator = tmp_estimator
#赋值
            best_pv = i
#赋值
            print("======update=======")
```

```
                print("best_i: ", best_pv)
#输出 best_i
                print("best_acc: ", best_acc)
#输出 best_acc
        print(best_estimator)
#输出向量机
        r3 = score(data, best_pv, best_estimator=best_estimator,
                savename="r3" + data.data_name)""
#获取 score 对象、参数、特征值、特征名
        return r1, r2, r3
#返回 r1,r2,r3
#通过 feature_idx 和 data.feature_name,可以得到特征值的名字
if __name__ == "__main__":
        feature_extration = FeatureExtration()
#创建一个特征分析对象
        y = feature_extration.y
#读取文件，在第二个代码中调用第二个代码的功能实现
        a_data = Data()
#创建一个 Data 对象，从 utlis.py 中调用
        a_data.data_name = "answer_data"
#命名
        a_data.y = feature_extration.y
#赋值
        a_data.feature_name = feature_extration.a_feature_name
#赋值特征名
        a_data.X = feature_extration.a_X.toarray()
#转换为数组
        a_results = run(a_data)
        w_data = Data()
        w_data.data_name = "weibo_data"
        w_data.y = feature_extration.y
        w_data.feature_name = feature_extration.w_feature_name
        w_data.X = feature_extration.w_X.toarray()
        w_results = run(w_data)
        aw_data = Data()
        aw_data.data_name = "weibo_and_answer_data"
        aw_data.y = feature_extration.y
        aw_data.feature_name = feature_extration.aw_feature_name
        aw_data.X = feature_extration.a_w_X.toarray()
        aw_results = run(aw_data)
```

（5）分类有效性的评价阶段

先将被试的词导入向量矩阵，再将向量矩阵的数据输入分类器进行分类处理，并且输出对应的数字标签，对比输出的标签和正确的标签，以此来判定分类的准确性。该部分的代码如下。

```
#本步骤的目标：获取分类模型评估之后的指标 Acc、AUC、混淆矩阵等
import csv
import os
from sklearn import svm
from sklearn.feature_selection import f_classif
from sklearn.linear_model import LogisticRegression
from sklearn.metrics import confusion_matrix, \
    accuracy_score, f1_score, roc_auc_score
from sklearn.model_selection import StratifiedKFold, GridSearchCV
from sklearn.naive_bayes import GaussianNB
from sklearn.neighbors import KNeighborsClassifier
from sklearn.preprocessing import StandardScaler
from tqdm import tqdm
from xgboost import XGBClassifier
from classification import Data, cls_task, getX
from data_process import FeatureExtration
from matplotlib import pyplot as plt
import numpy as np
import pandas as pd


def to_csv(df, path):
    df.to_csv(path, index=False) #以 csv 文件保存
    print("The results has been writen in %s" % path)
#输出
def init_clf():
    """
    init classification
    :return: classifiers and their parameters
    """
    clfs = [svm.SVC(), XGBClassifier(), KNeighborsClassifier(),
            GaussianNB(), LogisticRegression()]
#处理方式（分类器）列表
    params_dicts = [[{"C": list(range(1, 20, 2)),
                      "gamma": [0.00001, 0.0001, 0.001, 0.1, 1, 10, 100],
                      "kernel": ["rbf"]},
                     {"C": list(range(1, 20, 2)),
                      "kernel": ["linear"]},
                     {"C": list(range(1, 20, 2)),
                      "gamma": [0.00001, 0.0001, 0.001, 0.1, 1, 10, 100],
                      "kernel": ["sigmoid"]}],
                    [{"n_estimators": [80, 90, 100],
                      "max_depth": [5, 6, 7],
                      "learning_rate": np.linspace(0.01, 2, 10)}],
                    [{"n_neighbors": [1, 2, 3]}],
                    [{
                      "var_smoothing": np.linspace(1e-9, 1e-7, 20)
```

```
                                }],
                                [{
                                   "penalty": ["l2"],
                                   "C": list(range(1, 20, 1)),
                                   "solver": ["newton-cg", "lbfgs", "liblinear"]
                                }]
                                ]
          return clfs, params_dicts
#返回处理方式（分类器）及其参数
def p_distribution(data):
          data.X = StandardScaler(with_mean=False).fit_transform(data.X)  #找出
#data.X 的平均值和标准差并赋值，fit_transform 方法是 fit 和 transform 的结合，
#fit_transform(X_train) 表示找出 X_train 的均值和标准差，并应用于 X_train
          F, p_value = f_classif(data.X, data.y)
#赋值
          df = pd.DataFrame({"p_value": p_value, "F": F})
#创建一个 DataFrame 对象并给参数赋值
          to_csv(df, os.path.join("./result/", data.data_name + "_F_p_val.csv"))
#结果保存为 csv 文件
          n_feature = []
#空列表
          for p in p_value:
#遍历 p 的值
                 feature_idx = np.where(p_value <= p)
#feature 取最大值
                 n_feature.append(len(feature_idx[0]))
#将 feature_idx 添加至列表中
          df2 = pd.DataFrame({"p_value": p_value,
                                    "n_feature": np.array(n_feature)})
#创建一个 DataFrame 对象并给参数赋值
          to_csv(df2, os.path.join("./result/",
                 data.data_name + "_p_val_n_feature.csv"))
#结果保存为 csv 文件
          plt.hist(p_value)
#绘制 P_value 值的直方图
          plt.savefig(os.path.join("./result/", data.data_name + ".png")) #保存图片
def run(data, p_val):
          path = os.path.join("./result1/", data.data_name + "_" + str(p_val) +
                              "_confusion_matrix.csv")
#设置路径
          f = open(path, "w", newline="")
#创建并打开文件
          writer = csv.writer(f, dialect="excel")
#写入文件
          writer.writerow(["data_name", "p_val", "best_estimators", "best_acc",
                          "tn", "fp", "fn", "tp", "acc", "f1", "auc"])
```

```
#写入第一行的列名
    clfs, params_dicts = init_clf()
#初始化分类器
    feature_idx, X = getX(data.X, data.y, p_val)
#获取数据
    kfold = StratifiedKFold(n_splits=5)
#分层交叉验证
    for clf, para in tqdm(zip(clfs, params_dicts)):
#遍历
        grid_search = GridSearchCV(clf, para, cv=kfold,
                                   scoring="accuracy")
#自动调整参数，给出最优的参数
        grid_search.fit(X, y)
#选取最佳参数
        best_acc, best_estimator = grid_search.best_score_,
                                   grid_search. best_estimator_
#赋值
        for train, test in kfold.split(X, data.y):
#将 kfold 分割为两个列表并遍历
            y_true = data.y[test]
#赋值
            best_estimator.fit(X[train], data.y[train])
#调整参数，使其适合 X[train], data.y[train]
            y_pre = best_estimator.predict(X[test])
#预测 X[test]的值，并赋值给 y_true
            tn, fp, fn, tp = confusion_matrix(y_true, y_pre).ravel()
#混淆矩阵转为一维数组
            acc = accuracy_score(y_true, y_pre)
#求分类正确率
            f1 = f1_score(y_true, y_pre)
#求精确率和召回率的调和平均数
            auc = roc_auc_score(y_true, y_pre)
#直接根据真实值（必须是二值）和预测值（可以是 0 或 1，也可以是 proba 值）计算 auc
#roc_auc_score 为受试者工作特性曲线，即在不同的阈值下 True Positive Rate 和 False
#Positive Rate 的变化情况
#auc 是曲线下面积，这个数值越高，分类器越优秀
            writer.writerow([data.data_name, str(p_val),
                             str(best_estimator). replace("\n",""),
#在 csv 文件中写入数据
                             best_acc, tn, fp, fn, tp, acc, f1, auc])
    f.close()
#关闭文件
    print("finished!")
    print("The results has been writen in %s" % path)
if __name__ == "__main__":
    feature_extration = FeatureExtration()
```

```
#创建一个特征分析对象
    y = feature_extration.y
#赋值
    a_data = Data()
#创建一个 Data 对象，从 utlis.py 中调用
    a_data.data_name = "answer_data"
#命名
    a_data.y = feature_extration.y
#调用数据赋值
    a_data.feature_name = feature_extration.a_feature_name
#调用特征名赋值
    a_data.X = feature_extration.a_X.toarray()
#转换为数组
    p_distribution(a_data)
#调用 p_distribution，生成 csv 文件并绘制直方图
    run(a_data, 0.05)
#选取三个不同的特征值进行分析
    run(a_data, 0.1)
    run(a_data, 0.0762)
#最佳值
    w_data = Data()
    w_data.data_name = "weibo_data"
    w_data.y = feature_extration.y
    w_data.feature_name = feature_extration.w_feature_name
    w_data.X = feature_extration.w_X.toarray()
    p_distribution(w_data)
    run(w_data, 0.05)
    run(w_data, 0.1)
    run(w_data, 0.0866)
#最佳值
    aw_data = Data()
    aw_data.data_name = "weibo_and_answer_data"
    aw_data.y = feature_extration.y
    aw_data.feature_name = feature_extration.aw_feature_name
    aw_data.X = feature_extration.a_w_X.toarray()
    p_distribution(aw_data)
    run(aw_data, 0.05)
    run(aw_data, 0.1)
    run(aw_data, 0.0868)
```

3）项目结果呈现

（1）三种文本的特征数量与 p 值之间的关系如图 5-2～图 5-4 所示，随着 p 值变大，提取到的特征数量也不断增加，特别是在 p=0.27、0.35 附近，特征数量急剧增加。此外，三种数据集中，简答题文本中的最大特征数量最少，其次是微博文本，最大特征数量最多的是微博+简答题文本。

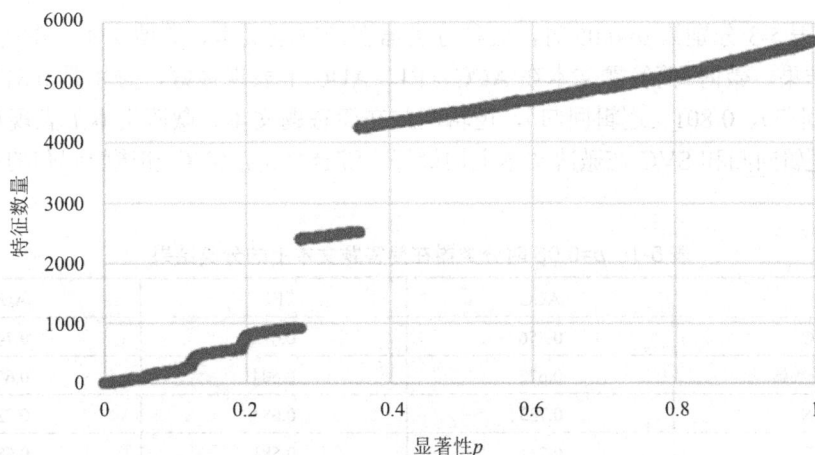

图 5-2　简答题文本中的特征数量与 p 值之间的关系

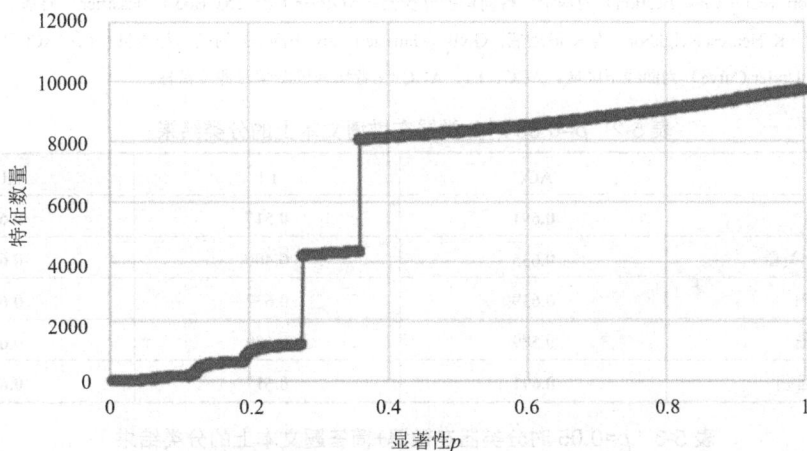

图 5-3　微博文本中的特征数量与 p 值之间的关系

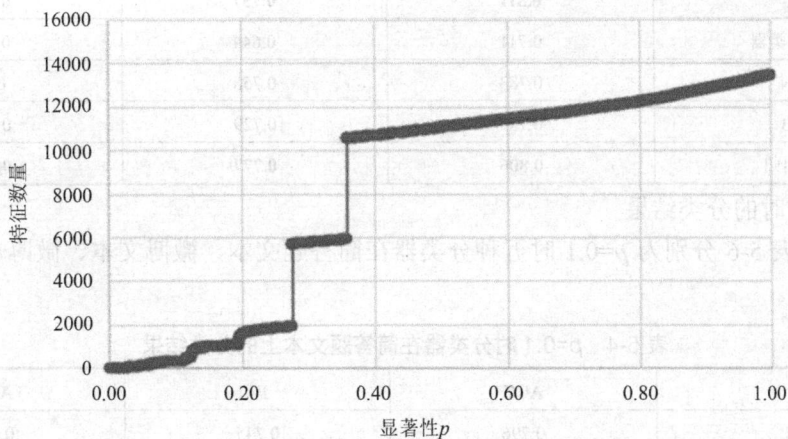

图 5-4　微博+简答题文本中的特征数量与 p 值之间的关系

（2）不同 p 值下五种分类器在三种文本上的分类结果

① p=0.05 时的分类结果

表 5-1～表 5-3 分别为 p=0.05 时，五种分类器在简答题文本、微博文本、微博+简答题文本上的分类结果。微博+简答题文本在 ACC、F1、AUC 上表现最好，分别是 0.811（SVC）、0.777（逻辑回归）、0.801（逻辑回归），逻辑回归在简答题文本、微博文本上表现最好，值得注意的是，逻辑回归和 SVC 在微博文本上均最好。综合来讲，SVC 和逻辑回归的表现优于其他模型。

表 5-1　p=0.05 时分类器在简答题文本上的分类结果

	ACC	F1	AUC
SVC	0.756	0.672	0.740
XGB 分类器	0.672	0.604	0.658
KNN	0.733	0.684	0.725
GNB	0.711	0.581	0.689
逻辑回归	**0.761**	**0.707**	**0.751**

注：SVC（Support Vector Classification）为基于支持向量的分类器；XGB 分类器（XGBoost Classifier）为基于分布式梯度增强库的分类器；KNN（K-Nearest Neighbor）为 K 最近邻；GNB（Gaussian Naive Bayes）为高斯朴素贝叶斯；ACC（Accuracy）为准确率、AUC（Area Under Curve）为曲线下区域，ACC、F1、AUC 三者均为机器学习评价指标。

表 5-2　p=0.05 时分类器在微博文本上的分类结果

	ACC	F1	AUC
SVC	**0.691**	**0.517**	**0.665**
XGB 分类器	0.635	0.400	0.607
KNN	0.639	0.632	0.608
GNB	0.589	0.689	0.622
逻辑回归	**0.691**	**0.517**	**0.665**

表 5-3　p=0.05 时分类器在微博+简答题文本上的分类结果

	ACC	F1	AUC
SVC	**0.811**	0.757	**0.798**
XGB 分类器	0.711	0.644	0.700
KNN	0.783	0.758	0.78
GNB	0.789	0.729	0.775
逻辑回归	0.806	**0.777**	**0.801**

② p=0.1 时的分类结果

表 5-4～表 5-6 分别为 p=0.1 时五种分类器在简答题文本、微博文本、微博+简答题文本上的分类结果。

表 5-4　p=0.1 时分类器在简答题文本上的分类结果

	ACC	F1	AUC
SVC	0.796	0.745	0.784
XGB 分类器	0.689	0.654	0.685
KNN	0.728	0.657	0.715
GNB	0.750	0.651	0.731
逻辑回归	0.789	**0.747**	0.779

表 5-5　*p*=0.1 时分类器在微博文本上的分类结果

	ACC	F1	AUC
SVC	0.756	0.681	0.742
XGB 分类器	0.674	0.535	0.654
KNN	0.711	0.682	0.69
GNB	0.768	0.691	0.753
逻辑回归	**0.768**	**0.708**	**0.756**

表 5-6　*p*=0.1 时分类器在微博+简答题文本上的分类结果

	ACC	F1	AUC
SVC	**0.872**	**0.855**	**0.869**
XGB 分类器	0.683	0.642	0.678
KNN	0.783	0.723	0.770
GNB	0.822	0.771	0.809
逻辑回归	0.822	0.800	0.819

微博+简答题文本在 ACC、F1、AUC 上表现最好，分别是 0.872（SVC）、0.855（SVC）、0.869（SVC），SVC 在微博+简答题文本上最好。综合来讲，SVC 和逻辑回归的表现优于其他模型。

③ *p* 为最优阈值时的分类结果

表 5-7～表 5-9 分别为 *p* 为最优阈值时五种分类器在简答题文本、微博文本、微博+简答题文本上的分类结果。微博+简答题文本在 ACC、F1、AUC 上表现最好，分别是 0.878（SVC）、0.857（SVC）、0.872（SVC），逻辑回归在简答题文本、微博文本上表现最好，SVC 在微博+简答题文本上最好。综合来讲，SVC 和逻辑回归的表现优于其他模型。

表 5-7　*p* = 0.0762 时分类器在简答题文本上的分类结果

	ACC	F1	AUC
SVC	0.796	0.741	0.784
XGB 分类器	0.711	0.662	0.704
KNN	0.733	0.68	0.724
GNB	0.756	0.645	0.734
逻辑回归	0.800	0.763	0.793

表 5-8　*p* = 0.0866 时分类器在微博文本上的分类结果

	ACC	F1	AUC
SVC	0.746	0.671	0.732
XGB 分类器	0.674	0.535	0.654
KNN	0.706	0.682	0.684
GNB	0.762	0.686	0.747
逻辑回归	**0.773**	**0.713**	**0.761**

表 5-9　*p* = 0.0868 时分类器在微博+简答题文本上的分类结果

	ACC	F1	AUC
SVC	**0.878**	**0.857**	**0.872**

续表

	ACC	F1	AUC
XGB 分类器	0.694	0.626	0.684
KNN	0.806	0.771	0.799
GNB	0.828	0.777	0.814
逻辑回归	0.817	0.798	0.815

在 p 为最优阈值时，通过对三种文本进行垂直比较，可以发现，在五种分类器上的 ACC 分别为 0.795、0.732、0.805，这表明三种文本的分类结果都是可接受的。

最后，微博+简答题文本与其他两种文本相比表现出明显的分类优势，这表明二者的结合有助于更精准的预测。

4）项目拓展应用

本项目通过对三种文本（微博文本、简答题文本、微博文本+简答题文本）进行文本挖掘完成主动性人格的评测，同时验证分类具有准确性和合理性，具有广泛的应用场景。

在教育领域，学校信息技术部门可以在入学心理健康筛查时收集学生的简短作答和学生的活跃社交媒体账号（在获得学生知情同意的情况下），以持续动态监测学生心理健康状况，定期筛查心理亚健康状态的学生，及时进行干预。

在公司的人力资源部门进行招聘时，可以根据应聘者的面试回答文本和应聘者所提供的真实且活跃的社交媒体账号的内容（在获得应聘者知情同意的情况下）进行相应的分析，以此来预测该应聘者能否胜任该工作岗位。此外，在员工入职后，也可结合员工的社交媒体账号的内容（在获得员工知情同意的情况下）定期对员工的工作表现、工作满意度、员工关系进行检测和评估及适当的干预。

参考文献

[1] Bateman T S, Crant J M. The Proactive Component of Organizational Behavior: A Measure and Correlates[J]. Journal of Organizational Behavior, 1993, 14(2): 103-118.

[2] Crant J M. Proactive Behavior in Organizations[J]. Journal of Management, 2000, 26(3): 435-462.

[3] Hobfoll S E. Conservation of Resources. A New Attempt at Conceptualizing Stress[J]. The American Psychologist, 1989, 44(3): 513-24.

[4] 余光钰，曾杰杰，康勇军. 不合规任务与工作拖延行为的关系：自我损耗和主动性人格的作用[J]. 心理科学，2022，45(01)：164-170.

[5] Crant J M. The Proactive Personality Scale and Objective Job Performance Among Real Estate Agents[J]. Journal of Applied Psychology, 1995, 80(4): 532-537.

[6] Parker S K. Enhancing Role Breadth Self-efficacy: The Roles of Job Enrichment and other Organizational Interventions[J]. Journal of Applied Psychology, 1998, 83(6): 835-852.

[7] Becherer R C, Maurer J G. The Proactive Personality Disposition and Entrepreneurial Behavior among Small Company Presidents[J]. Journal of Small Business Management, 1999, 37(1): 28-36.

[8] Seibert S E, Kraimer M L, Crant J M. What Do Proactive People Do？A Longitudinal Model Linking Proactive Personality And Career Success[J]. Personnel Psychology, 2010, 54(4): 845-

874.

[9] Thompson J A. Proactive Personality and Job Performance: A Social Capital Perspective[J]. Journal of Applied Psychology, 2005, 90(5): 1011-7.

[10] Woodman R W, Sawyer J E, Griffin R W. Toward a Theory of Organizational Creativity[J]. Academy of Management Review, 1993, 18(2): 293-321.

[11] Griffin M A, Neal A, Parker S K. A New Model of Work Role Performance: Positive Behavior in Uncertain and Interdependent Contexts[J]. Academy of Management Journal, 2007, 50(2): 327-347.

[12] 范恒，张怡凡. 主动的员工更具创造力吗？知识探索的中介作用与信任领导的调节作用[J]. 中国人力资源开发，2017，(10)：12.

[13] Seibert S E, Crant J M, Kraimer M L. Proactive Personality and Career Success[J]. Journal of Applied Psychology, 1999, 84(3): 416-427.

[14] 陈国权，赵晨. 领导影响团队成员学习能力二维多层次模型的实证研究[J]. 管理工程学报，2010，24(04)：1-13.

[15] 杨晓超. 大学生主动性人格与学习责任心[J]. 山西青年，2017，(17)：149.

[16] 陈国权，陈子栋. 个体主动性人格对学习能力影响的实证研究[J]. 技术经济，2017，36(04)：38-45.

[17] Kirkman B L, Rosen B. Beyond Self-management: Antecedents and Consequences of Team Empowerment[J]. Academy of Management Journal, 1999, 42(1): 58-74.

[18] De La Torre C J, Sanchez D, Blanco I, et al. Text Mining: Techniques, Applications, and Challenges[J]. International Journal of Uncertainty Fuzziness and Knowledge-based Systems，2018, 26(4): 553-582.

[19] Witten I H, Don K J, Dewsnip M, et al. Text Mining in a Digital Library[J]. International Journal on Digital Libraries, 2004.

[20] 谭章禄，彭胜男，王兆刚. 基于聚类分析的国内文本挖掘热点与趋势研究[J]. 情报学报，2019，38(06)：578-585.

[21] 张爱科. 基于云计算 Hadoop 平台的文本挖掘预处理方法[J]. 上海工程技术大学学报，2017，31(02)：115-119.

[22] Zaeem R N, Manoharan M, Yang Y P, et al. Modeling and Analysis of Identity Threat Behaviors through Text Mining of Identity Theft Stories[J]. Computers & Security, 2017, 65: 50-63.

[23] Aase K G. Text Mining of News Articles for Stock Price Predictions[D]. Trondheim:Norwegian University of Science and Technology, 2011.

[24] Gupta A, Dengre V, Kheruwala H A, et al. Comprehensive Review of Text-mining Applications in Finance[J]. Financial Innovation, 2020, 6(1).

[25] Liao S H, Chu P H, Hsiao P Y. Data Mining Techniques and Applications —— A decade review from 2000 to 2011[J]. Expert Systems with Applications, 2012, 39(12): 11303-11311.

[26] Ozcan S, Homayounfard A, Simms C, et al. Technology Roadmapping Using Text Mining: A Foresight Study for the Retail Industry[J]. IEEE Transactions on Engineering Management, 2022, 69(1): 228-244.

[27] Renganathan V. Text Mining in Biomedical Domain with Emphasis on Document Clustering[J].

Healthcare Informatics Research, 2017, 23(3): 141-146.

[28] 邵峰晶. 数据挖掘原理与算法[M]. 数据挖掘原理与算法，2003.

[29] 方园园. 基于文本挖掘与情感分析的网络舆情分析[D]. 安徽：安徽财经大学，2021.

[30] 汪静莹，甘硕秋，赵楠，等. 基于微博用户的情绪变化分析[J]. 中国科学院大学学报，2016，33(6)：10.

[31] 白朔天，郝碧波，李昂，等. 微博用户的抑郁和焦虑预测（英文）[J]. 中国科学院大学学报，2014，31(06)：814-820.

[32] 马欣然，任孝鹏，董夏薇，等. 名字喜爱度对主观幸福感的影响：自尊的中介作用[J]. 中国临床心理学杂志，2017，25(02)：374-377.

[33] 王呈珊，宋新明，朱廷劭，等. 一位自杀博主遗言评论留言的主题分析[J]. 中国心理卫生杂志，2021，35(02)：121-126.

[34] 谢天，邱林，卢嘉辉，等. 微博词语预测个体主观幸福感的实证研究[J]. 黑龙江社会科学，2015，(03)：98-104.

[35] 方玉峰. 一种基于信息论的文本数据挖掘算法[J]. 电子技术与软件工程，2017(12)：171.

[36] Albitar S, Fournier S, Espinasse B. An Effective TF/IDF-based Text-to-text Semantic Similarity Measure for Text Classification[C]. International Conference on Web Information Systems Engineering, 2014, 105-114.

[37] He Q. Text Mining and IRT for Psychiatric and Psychological Assessment[D]. Enschede: University of Twente, 2013.

[38] Jansen B J, Zhang M, Sobel K, et al. Micro-blogging as Online Word of Mouth Branding[C]. International Conference Extended Abstracts on Human Factors in Computing Systems, 2009.

[39] Shen Y, Tian C, Li S, et al. The Grand Information Flows in Micro-blog[J]. Journal of Information and Computational Science, 2009, 6(2): 683-690.

[40] Liu Z, Yu W, Wei C, et al. Short Text Feature Selection for Micro-blog Mining[C]. International Conference on Computational Intelligence & Software Engineering, 2010.

[41] 刘海峰，苏展，刘守生. 一种基于词频信息的改进 CHI 文本特征选择[J]. 计算机工程与应用，2013，49(22)：110-114.

[42] 叶雪梅. 文本分类 TF-IDF 算法的改进研究[D]. 合肥：合肥工业大学，2019.

[43] Ning J, Yang J, Jiang S, et al. Object Tracking via Dual Linear Structured SVM and Explicit Feature Map[C]. 2016 IEEE Conference on Computer Vision and Pattern Recognition (CVPR), 2016.

[44] 韩家新，何华灿. SVMDT 分类器及其在文本分类中的应用研究[J]. 计算机应用研究，2004，21(1)：3.

[45] 王沙沙. 基于贝叶斯网络的文本分类算法研究[D]. 武汉：中国地质大学，2016.

[46] 王健峰，张磊，陈国兴，等. 基于改进的网格搜索法的 SVM 参数优化[J]. 应用科技，2012，39(3)：4.

[47] Joulin A, Grave E, Bojanowski P, et al. Bag of Tricks for Efficient Text Classification[C]. Proceedings of the 15th Conference of the European Chapter of the Association for Computational Linguistics, 2017, (2): 427-431.

[48] 官琴，邓三鸿，王昊. 中文文本聚类常用停用词表对比研究[J]. 数据分析与知识发现，2017，1(3)：9.

第6章

妙笔生花：线性混合模型和神经网络模型分析初中生问题性互联网使用追踪数据的准确性

6.1 穿针引线：线性混合模型分析初中生问题性互联网使用追踪数据的准确性

1. 从心起航

问题性互联网使用（Pathological Internet Use，PIU）是网络的重复使用而引起的着迷和依赖状态，也是使用者退出网络后希望再次使用网络的状态。随着互联网时代的到来和数字技术的成长，使用信息技术进行交流和互动是如今青少年群体中非常普遍的一种现象。根据《2020年全国未成年人互联网使用情况研究报告》，使用互联网的未成年人数达到1.83亿，其中，初中生的互联网普及率更是达到了98.1%。

初中生群体最突出的一个特点就是身体和心理发育都不成熟，而这一特点也是导致问题性互联网使用的重要原因，同时这一群体具有强烈的好奇心理，自律性较差，其独立意识和叛逆心理也在这一时期到达顶峰，网络提供的信息让人眼花缭乱，初中生极易被这些新奇的事物吸引，从而沉迷于此。

人民网曾报道过一则新闻，家住吉林省长春市二道区的才女士饱受孩子沉迷网络游戏的困扰，她表示，"我儿子目前上高中，长时间熬夜打游戏，孩子的身体出现了很多问题，比如偏头疼、有时还会莫名的心悸胸闷。我还发现孩子处理问题偏激、情绪波动大，有性格孤僻的倾向，到医院检查后查出轻度抑郁症。"此类现象层出不穷，为我们拉响了警钟。

2. 数不胜数

线性混合模型（Linear Mixed Effects Model）被广泛应用于各种数据分析。含有两个方差分量的线性混合模型通常用于分析纵向数据，可以在线性混合模型中引入随机效应，构建实验个体不均匀的模型，同时刻画同一个体内部观测值之间的相关性。

线性混合模型多用于追踪数据的统计分析，其一般形式为：

$$y_i = X_i\beta_i + Z_ib_i + \varepsilon_i, \quad i=1,2,\cdots,N \tag{6-1}$$

其中，y_i为$n_i\times r$，X_i为$n_i\times p$，β_i为$p\times r$，Z_i为$n_i\times q$，b_i为$q\times r$，ε_i为$n_i\times r$，$\left(b_1^\tau,b_2^\tau,\cdots,b_n^\tau\right)^\tau \sim N(0,\psi)$。

对于所有的 i，$\Sigma_i : N(0,\Sigma)$且独立于b_i。一般假设 X_i 及 Z_i 的第一列为常数，Z_i 包含的是 X_i 的子集，要估计的是 β_i、Σ、Ψ。公式中的 $X_i\beta_i$ 为固定效应部分，Z_ib_i 为随机效应部分。

3. 计研心算

1）项目解决逻辑

本节的目的是探究线性混合模型对于初中生问题性互联网使用的预测准确性，为了探讨影响初中生问题性互联网使用的因素，我们分别采用了抑郁、羞怯、生活满意度、自尊、孤独和 Patricia Gomez 的广义问题性互联网使用等量表，以整群抽样的方式选择山东省某市某中学的全部六年级学生，研究持续了三年，参与者接受了四次测试，共有 303 人完成全部测试。研究的基本思路为首先对获取的数据进行预处理，包括插补缺失值、题目反向计分等操作；然后对自变量进行处理，选择两次数据，并计算各量表总分，将两次得到的总分创建为新的数列；其次对模型进行训练，选择训练集和测试集，并设置模型参数，定义神经网络结构，导入数据并进行训练，最后输出标准化均分误差结果。

2）项目实现过程

以下代码在 Python 3.11（Anaconda 3 工具中的 Spyder 部分）中实现。

具体实现过程如下。

（1）读取已完成预处理的数据。预处理过程包括删除未能全部参与四次实验的个体、删除实验数据中超出数据范围的个体、反向计分量表题目、用均值插补缺失值。相关代码如下。

```
#导入模块
import pandas as pd
import numpy as np
from sklearn import preprocessing
from sklearn.model_selection import train_test_split, GridSearchCV
from sklearn.linear_model import LinearRegression
from sklearn.model_selection import cross_val_score
from sklearn.feature_selection import RFECV
from sklearn import ensemble

#读取数据
df = pd.read_excel("认知行为模型2.0.xlsx")
#选择自变量的时间点
x_num = [3]
#选择因变量的时间点
y_num = 4
#访问数据
x_list = []
for num in x_num:
#选择本次实验数据
```

```
        cols = [i for i in df.columns if "_"+str(num) in i]
        data = df[cols]
#data = data.fillna(data.mean())用均值插补缺失值
#data = data.fillna(0)缺失值用 0
#成组提取
        start = list(set([i[0] for i in cols]))
        for i in start:
            col = [j for j in cols if i in j]
#求和，创建新的列
            data[i] = data[col].apply(lambda x:x.sum(), axis=1)
        data = data[start]
#去掉 F 列
        x_list.append(data.drop(["f"], axis=1))
```

（2）模型训练。选择本次实验数据时，先选择第一次测试的抑郁、羞怯、生活满意度、自尊、孤独等量表进行首次训练，计算各量表总分；再选择第二次测试的问题性互联网使用量表，并计算总分。将各总分创建为新的数列，导入线性回归模型，进行交叉验证。相关代码如下。

```
#选择本次实验数据
cols = [i for i in df.columns if "_"+str(y_num) in i]
data = df[cols]
#data = data.fillna(0)缺失值
#成组提取
start = list(set([i[0] for i in cols]))
for i in start:
    col = [j for j in cols if i in j]
#求和，创建新的列
    data[i] = data[col].apply(lambda x:x.sum(), axis=1)
data = data[start]
#定义因变量
data_y = data["f"]
#拼接自变量
data_X = pd.concat(x_list, axis=1)
#将数据标准化
data_x = preprocessing.scale(data_X)
#构建线性回归模型
model = LinearRegression()
rfe = RFECV(estimator=model, step=1, cv=5)
#交叉验证
rfe.fit(data_x, data_y)
#训练模型
model.fit(data_x, data_y)
#评价模型，并进行 10 倍交叉验证
scores = cross_val_score(model, data_x, data_y, cv=10, scoring='r2')
```

（3）输出结果。主要通过标准化均方误差指标衡量数据结果，由于在线性混合模型中标准化均方误差与决定系数的和为 1，因此通过输出决定系数来进一步输出标准化均方误差。相关代码如下。

```
#1-标准化均方误差
print("决定系数", scores.mean())
#输出结果
print("标准化均方误差", 1-scores.mean())
```

3）项目结果呈现

线性混合模型采用 10 折交叉验证的方式对数据进行回归分析，线型混合模型的输出结果如表 6-1 所示。

表 6-1　线性混合模型的输出结果

预测时间点	标准化均方误差
第 1 个时间点预测第 2 个时间点（1-2）	0.87518
第 1 个时间点预测第 3 个时间点（1-3）	0.98947
第 1 个时间点预测第 4 个时间点（1-4）	1.12686
第 2 个时间点预测第 3 个时间点（2-3）	0.91833
第 2 个时间点预测第 4 个时间点（2-4）	1.04667
第 3 个时间点预测第 4 个时间点（3-4）	0.94506
第 1、2 个时间点预测第 3 个时间点（1、2-3）	0.95216
第 1、2 个时间点预测第 4 个时间点（1、2-4）	1.09144
第 1、3 个时间点预测第 4 个时间点（1、3-4）	1.00616
第 2、3 个时间点预测第 4 个时间点（2、3-4）	0.95803
第 1、2、3 个时间点预测第 4 个时间点（1、2、3-4）	0.99280

注：代码中以第 3 个时间点为自变量，以第 4 个时间点为因变量，如需预测其他时间点，需要更改代码部分。

线性混合模型的输出结果如图 6-1 所示。

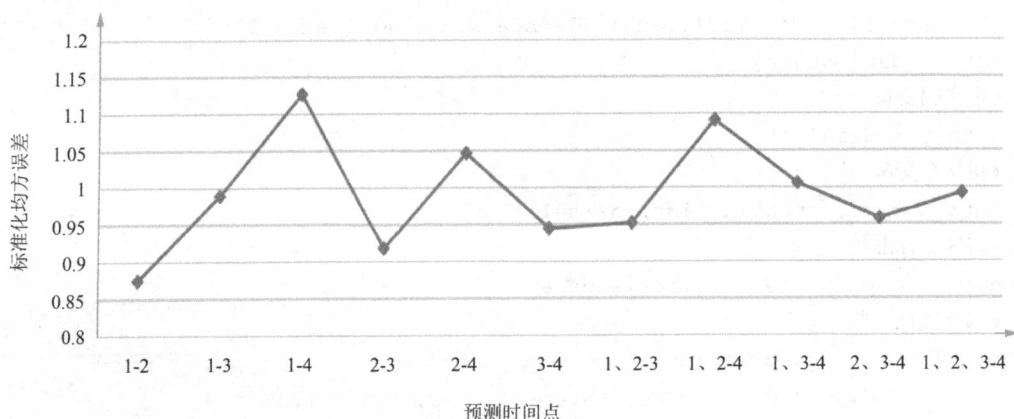

图 6-1　线性混合模型的输出结果

具体解释如下：如果使用第 1、2、3 个时间点预测第 4 个时间点，那么这组数据的含义就是以第 1 次、第 2 次、第 3 次测试的抑郁、社交网站使用强度、网络购物、网络游戏、羞怯、生活满意度、自尊、孤独等量表各自的总分为自变量，第 4 次测试的问题性互联网使用量表的总分为因变量，对其线性回归程度进行分析，使用标准化均方误差来衡量结果，标准化均方误差为 0.99280。

从表 6-1 中也可以观察到有部分标准化均方误差超过了 1，表示该组数据不具有有效性，如第 1 个时间点预测第 4 个时间点，第 2 个时间点预测第 4 个时间点，第 1、2 个时间点预测第 4 个时间点，第 1、3 个时间点预测第 4 个时间点。其他未超过 1 的数据则表示越接近 1，有效性越低。

4）项目拓展应用

除了应用于问题性互联网使用，线型混合模型还被用于心理学领域的其他研究，有学者曾使用该方法来研究低情绪调节能力、可能的创伤后应激障碍诊断、对创伤相关刺激的恐惧与愤怒反应和恢复之间的关系；Hafkemeijer 等人使用线性混合模型研究眼动脱敏再加工疗法对人格障碍治疗的有效性；Peltonen 等人利用线性混合模型研究叙事暴露疗法对于儿童创伤后应激障碍治疗的有效性等。

6.2　全神贯注：神经网络模型分析初中生问题性互联网使用追踪数据的准确性

1. 从心起航

问题性互联网使用的介绍见第 6.1 节。

2. 数不胜数

神经网络是通过探讨和学习人脑工作原理建立的一种具有学习、联想、记忆和模式识别等信息处理功能的人工智能系统。神经网络出现于二十世纪八九十年代，之后逐渐兴起，由于其具有高度的非线性、自组织、自学习和自适应的能力，而被广泛应用于各种领域。人工神经元网络同生物的神经网络一样，具有树突（输入端）、轴突（输出端）、中间神经元（信息处理部分），神经网络基础模型如图 6-2 所示。人工神经网络的工作模式为输入已有的信息后，输入端识别信息，并将其传递给信息处理部分，中间的信息处理部分将输入信息按照设定的公式或要求进行加工，并将信息传递到输出端，输出端处理信息后输出，所以人工神经网络模型是许多逻辑单元按照不同层级组织起来的网络。

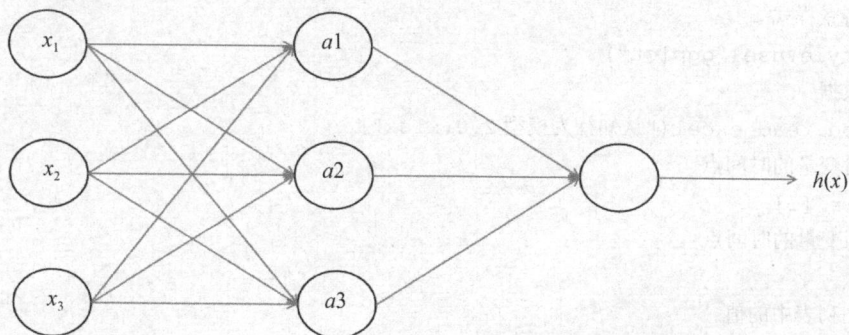

图 6-2　神经网络基础模型

3. 计研心算

1）项目解决逻辑

本节的目的是探究神经网络模型对于初中生问题性互联网使用的预测准确性，为了探讨影响初中生问题性互联网使用的因素，本节分别采用抑郁、羞怯、生活满意度、自尊、孤独和 Patricia Gomez 的广义问题性互联网使用等量表，以整群抽样的方式选择山东省某市某中学的全部六年级学生，研究持续了三年，参与者接受了四次测试，共有 303 人完成全部测试。研究的基本思路为首先对获取的数据进行预处理，包括插补缺失值、题目反向计分等操作；然后对自变量进行处理，选择两次数据，并计算各量表总分，将两次得到的总分创建为新的数列；其次对模型进行训练，选择训练集和测试集，并设置模型参数，定义神经网络结构，将数据导入进行训练，最后输出标准化均分误差结果。

2）项目实现过程

以下代码在 Python 3.11（Anaconda 3 工具中的 Spyder 部分）中实现。

具体实现过程如下。

（1）读取已完成预处理的数据。预处理内容包括删除未能全部参与四次实验的个体、删除实验数据中超出数据范围的个体、反向计分量表题目、用均值插补缺失值。

```python
#导入模块
import numpy as np
import pandas as pd
import matplotlib.pyplot as plt
import torch
from torch import nn, optim
from torch.autograd import Variable
import torch.utils.data as Data
from sklearn.preprocessing import StandardScaler
from sklearn.model_selection import train_test_split
import torch.nn.functional as F
from sklearn import metrics
#部分版本会出现不兼容现象，如出现警告，可以运行这两行代码
import warnings
warnings.filterwarnings("ignore")


#设置背景样式
plt.style.use("ggplot")
#读取数据
df = pd.read_excel("认知行为模型 2.0.xlsx")
#选择自变量的时间点
x_num = [1]
#选择因变量的时间点
y_num = 4
#访问 x 列表中的值
x_list = []
for num in x_num:
```

```
#选择本次实验数据
    cols = [i for i in df.columns if "_"+str(num) in i]
    data = df[cols]
#data = data.fillna(data.mean())#用均值插补缺失值
#成组提取
    start = list(set([i[0] for i in cols]))
    for i in start:
#定义标签
        col = [j for j in cols if i in j]
#求和，创建新的列
        data[i] = data[col].apply(lambda x:x.sum(), axis=1)
    data = data[start]
#删除列号为 f 的列
    x_list.append(data.drop(["f"], axis=1))
```

（2）处理自变量。选择本次实验数据时，先选择第一次测试的抑郁、羞怯、生活满意度、自尊、孤独等量表进行首次训练，计算各量表总分；再选择第二次测试的问题性互联网使用量表，计算总分，将各总和创建为新的数列。相关代码如下。

```
#选择本次实验数据
cols = [i for i in df.columns if "_"+str(y_num) in i]
data = df[cols]
#成组提取
start = list(set([i[0] for i in cols]))
for i in start:
#定义标签
    col = [j for j in cols if i in j]
#求和，创建新的列
    data[i] = data[col].apply(lambda x:x.sum(), axis=1)
data = data[start]
#定义因变量
y = data["f"]
#拼接自变量
X = pd.concat(x_list, axis=1)
#从数据集中按一定比例选取测试集和训练集
X_train, X_test, y_train, y_test = train_test_split(X, y, test_size=0.10,
                                                    shuffle = True)
#进行标准归一化，(i-min/max-min)
scaler = StandardScaler()
#计算归一化的数据集
scaler.fit(X_train)
#计算 x 训练集的标准化结果
X_train = pd.DataFrame(scaler.transform(X_train), index = X_train.index,
                       columns = X_train.columns)
#计算 x 测试集的标准化结果
X_test = pd.DataFrame(scaler.transform(X_test), index = X_test.index,
```

```
                        columns = X_test.columns)
#数据集归一化
y_scaler = StandardScaler()
#将归一化后的数据集变为一维列向量
y_scaler.fit(y_train.values.reshape(-1, 1))
#将 y 训练集标注化的结果变为一维列向量
y_train = y_scaler.transform(y_train.values.reshape(-1, 1))
#生成数据
def data_generator(X_train, y_train, X_test, y_test, batch_size):
```

（3）训练模型。选择 90%的数据为训练集、10%的数据为测试集，为提高预测准确性将数据顺序打乱，并将数据转换为适宜模型处理的形式。设置模型参数，如隐藏层数等，定义网络结构，构建神经网络，将数据导入进行训练。相关代码如下。

```
#打包训练集数据
    train_dataset = Data.TensorDataset(X_train, y_train)
#打包测试集数据
    test_dataset = Data.TensorDataset(X_test, y_test)
#torch.utils.data.DataLoader 建立一个数据迭代器，传入数据集合 batch_size,
#通过 shuffle=True 来表示每次迭代是否打乱数据
    train_loader = torch.utils.data.DataLoader(dataset = train_dataset,
                                    batch_size = batch_size,
                                    shuffle = False)
    test_loader = torch.utils.data.DataLoader(dataset = test_dataset,
                                    batch_size = batch_size,
                                    shuffle = False)
#数据转为 torch 格式
    return train_loader, test_loader
#生成二元数组
input_size = X_train.shape[1]
#隐藏层数
hidden_size = 64
#模型层数
num_layers = 1
#输出结果数
num_classes = 1
#损失值下降程度
learning_rate = 0.001
#处理批次，8 行为一组
batch_size = 8
#定义循环次数
epochs = 200
#指定变量
X_train = Variable(torch.Tensor(np.array(X_train)))
y_train = Variable(torch.LongTensor(np.array(y_train)))
X_test = Variable(torch.Tensor(np.array(X_test)))
```

```python
y_test = Variable(torch.LongTensor(np.array(y_test)))
#生成数据
train_loader, test_loader = data_generator(X_train, y_train, X_test,
                                            y_test, batch_size)

#定义网络结构中每层的状态
class Net(nn.Module):
    def __init__(self, num_classes, input_size, hidden_size):
        super(Net, self).__init__()
        self.l1 = nn.Linear(input_size, hidden_size)
        self.l2 = nn.Linear(hidden_size, hidden_size)
        self.l3 = nn.Linear(hidden_size, hidden_size)
        self.l4 = nn.Linear(hidden_size, hidden_size)
        self.l5 = nn.Linear(hidden_size, num_classes)
#构建神经网络
    def forward(self, x):
        x = x.view(-1, input_size)
        x = F.relu(self.l1(x))
        x = F.relu(self.l2(x))
        x = F.relu(self.l3(x))
        x = F.relu(self.l4(x))
#输出
        return self.l5(x)
#实例化
mymodel = Net(num_classes, input_size, hidden_size)
#可以调节的、效果较好的优化器
Optimizer = torch.optim.Adam(mymodel.parameters(), lr=learning_rate)
#回归
loss_fn = nn.MSELoss(reduce=True, size_average=True)
iter = 0
#训练模型
for epoch in range(epochs):
#从 train_loader 中遍历数据
    for i, (batch_x, batch_y) in enumerate(train_loader):
#重新建立维度
        outputs = mymodel(batch_x.reshape(batch_x.shape[0], 1,
                          batch_x.shape[1]))
#梯度为 0
        optimizer.zero_grad()
#损失值
        loss = loss_fn(outputs.to(torch.float32),
                       batch_y.to(torch.float32))
#对损失值向输入侧进行反向传播
        loss.backward()
#优化网络
        optimizer.step()
        iter += 1
```

```
            if iter % 100 == 0:
                print("iter: %d, train loss: %1.5f" % (iter, loss.item()))
```

（4）输出结果。以标准化均方误差为衡量标准。相关代码如下。

```
#重新建立维度
output = mymodel(X_test.reshape(X_test.shape[0], 1, X_test.shape[1]))
#转化为 numpy 格式
output = output.detach().numpy()
#将标准化后的数据转换为原始数据
output = y_scaler.inverse_transform(output)
#转化为 numpy 格式
y_test = y_test.detach().numpy()
output = output.reshape(output.shape[0],)
y_test = y_test.reshape(y_test.shape[0], )
#输出标准化均方误差作为准确率
print(round(np.sqrt(metrics.mean_squared_error(y_test,
                    output))/(np.var(y_test)), 4))
```

3）项目结果呈现

由于神经网络模型数据预测的不稳定性，因此选择了十次分析数据，取其平均值。神经网络模型的输出结果如表 6-2 所示。

表 6-2　神经网络模型的输出结果

预测期数	标准化均方误差
第 1 个时间点预测第 2 个时间点（1-2）	0.08767
第 1 个时间点预测第 3 个时间点（1-3）	0.08990
第 1 个时间点预测第 4 个时间点（1-4）	0.08226
第 2 个时间点预测第 3 个时间点（2-3）	0.09841
第 2 个时间点预测第 4 个时间点（2-4）	0.07531
第 3 个时间点预测第 4 个时间点（3-4）	0.08979
第 1、2 个时间点预测第 3 个时间点（1、2-3）	0.08442
第 1、2 个时间点预测第 4 个时间点（1、2-4）	0.08118
第 1、3 个时间点预测第 4 个时间点（1、3-4）	0.07607
第 2、3 个时间点预测第 4 个时间点（2、3-4）	0.07513
第 1、2、3 个时间点预测第 4 个时间点（1、2、3-4）	0.07157

注：代码部分以第 1 个时间点为自变量，以第 4 个时间点为因变量，预测其他时间点时，需要更改代码。

神经网络模型的输出结果如图 6-3 所示。

具体结果的解释如下。以第 1 次、第 2 次、第 3 次测试的抑郁、社交网站使用强度、网络购物、网络游戏、羞怯、生活满意度、自尊、孤独等量表各自的总分为自变量，第 4 次测试的问题性互联网使用量表的总分为因变量，使用神经网络模型对数据进行预测分析，使用标准化均方误差来衡量结果的准确性，10 次分析的平均结果为 0.07157。可以看到在神经网络模型中标准化均方误差均在 0.1 以下。

4）项目拓展应用

神经网络模型除了应用于心理学，还可以用于医学领域，陈泽恩将 BP 神经网络在结直肠癌患者术后五年生存率预测中的效果与比例风险 Cox 模型、逻辑回归模型比较，证明 BP

神经网络在非线性医学数据上的处理效果更佳且能有效预测结直肠癌患者的术后生存期。毛杰等人使用基于 BP 算法的前馈神经网络结构，通过数据库积累专家的诊断知识对超声诊断图像进行特征提取，分类图像数据进而训练神经网络以获取网络权重，从而获得可用于辅助医生诊断的超声诊断系统。

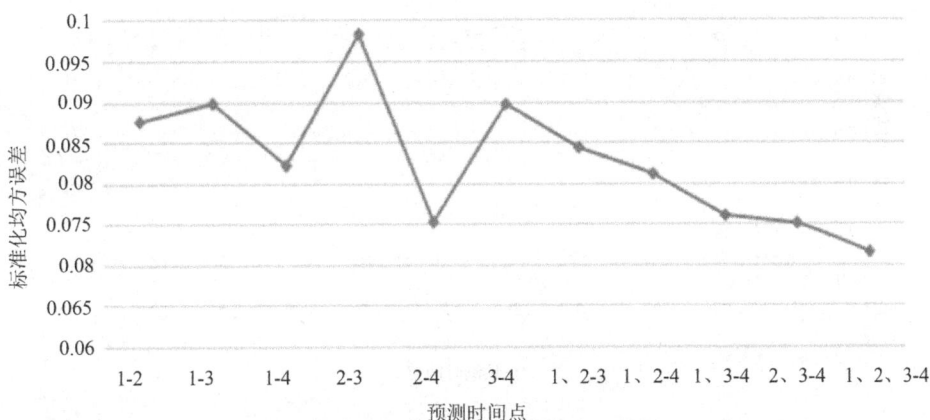

图 6-3　神经网络模型的输出结果

6.3　神机妙算：神经网络模型与线性混合模型的分析结果对比

1．从心起航

关于问题性互联网使用的介绍见第 6.1 节。

2．数不胜数

关于神经网络模型和线性混合模型的具体介绍见 6.1 节、6.2 节。

3．计研心算

1）项目解决逻辑

本节的目的是对比神经网络模型与线性混合模型在分析、预测心理学追踪数据时的准确性。线性混合模型被应用于心理学的各个研究领域，但是由于心理学追踪数据的独特性，如变量多、数据量大、数据不一定服从正态分布等，线性混合模型不能有效分析和预测数据，而神经网络模型由于具有高度的非线性、自组织、自学习和自适应的特点，被广泛用于各种领域。为了进一步比较二者，本节通过建立基于 Python 的线性混合模型及 BP 神经网络模型，对比分析两个模型在处理初中生问题性互联网使用的影响因素这一问题上的准确性。

2）项目实现过程

以下代码在 Python 3.11（Anaconda 3 工具中的 Spyder 部分）中实现。

结合前两节的具体操作程序，分别运行线性混合模型和神经网络模型的代码，并对结果进行比较。完整代码在前两节已经展示，这里不再赘述。

3）项目结果呈现

使用两种模型对比初中生问题性互联网使用的分析结果，线性混合模型与神经网络模型的输出结果对比如图 6-4 所示。

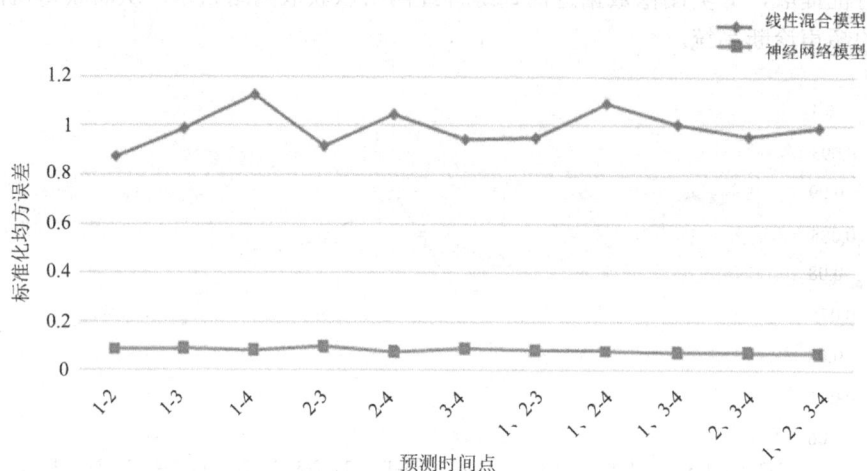

图 6-4　线性混合模型与神经网络模型的输出结果对比

从图中可以看出，在线性混合模型中，标准化均方误差在 1 上下浮动，部分数据，如 1-4，2-4，1、2-4，1、3-4 则超过了 1，代表该组数据不具有有效性。其他数据虽未超过 1，但也为 0.8～0.9，具有较大的标准化均方误差，代表数据准确性较差。在神经网络模型中，标准化均方误差的均值在 0.1 以下。对比之下，神经网络模型标准化均方误差更小，准确性更高，神经网络模型的结果整体比较稳定，而线性混合模型的预测结果变化较大，可见神经网络模型不仅具有更小的标准化均方误差，而且其结果具有更高的稳定性。

4）项目拓展应用

在医学领域已有学者对神经网络与线性混合模型的准确性进行比较，李红梅等人对神经网络模型与线性混合模型在纵向数据上的预测准确性进行对比，结果显示，无论是长期预测还是短期预测神经网络模型的标准化均方误差均小于线性混合模型的标准化均方误差。还有研究比较神经网络模型和决策树方法与线性回归模型的预测效果，结果显示，神经网络模型与决策树模型均具有较高的准确性。

参考文献

[1]　周荣，周倩. 网络上瘾现象、网络使用行为与传播快感经验之相关性初探[C]. 台北中华传播学会. 1997.

[2]　余俊飞，赵慧秀. 一类线性混合模型的广义估计方程方法应用[J]. 兰州文理学院学报（自然科学版），2021，35(04)：1-4.

[3]　李红梅，吴喜之，王涛. 基于纵向数据与多重共线性数据的神经网络与传统方法比较[J]. 统计与决策，2020，36(9)：22-25.

[4]　Spiller T R, Liddell B J, Schick M, et al. Emotional Reactivity, Emotion Regulation Capacity,

and Posttraumatic Stress Disorder in Traumatized Refugees: An Experimental Investigation[J]. Journal of Traumatic Stress, 2019, 32-41.

[5] Hafkemeijer L, Jongh A D, Palen J V D, et al. Eye Movement Desensitization and Reprocessing (EMDR) in Patients with a Personality Disorder[J]. European Journal of Psychotraumatology, 2020, (1): 1-11.

[6] Peltonen K, Kangaslampi S. Treating Children and Adolescents with Multiple Traumas: a Randomized Clinical Trial of Narrative Exposure Therapy[J]. European Journal of Psychotraumatology, 2019, 10(1): 1-11.

[7] 宋健. Logistic 回归模型、神经网络模型和决策树模型在肺癌术后心肺并发症预测中的比较[D]. 合肥：安徽医科大学，2014.

[8] 冯再勇. 小波神经网络与 BP 网络的比较研究及应用[D]. 四川：成都理工大学，2007.

[9] 陈泽恩. 数据挖掘人工神经网络在结直肠癌预后预测中的研究与应用[D]. 福州：福建医科大学，2017.

[10] 毛杰，冷晓妍，李丹丹，等. 基于 BP 算法的前馈神经网络超声诊断方法的研究[J]. 中国医学装备，2020，17(05)：64-66.

[11] 王冬燕，余嘉元. 神经网络与决策树在心理测量分类中的应用[C]. 心理学与创新能力提升——第十六届全国心理学学术会议论文集，2013，322-323.

第7章

字字珠玑：作文中的大世界

7.1 中外合璧：作文文本的主题模型分析

1．从心启航

当今时代，如果想要更快地把握一大段文字的意义和主题，那么主题模型分析是一个重要的方法。学生的作文在一定程度上是一种表达方式，表达了其对自身和社会的看法、观点等。可以使用主题模型分析方法对学生的作文进行处理，挖掘学生对待某事件的情绪、观点和态度。

2．数不胜数

关于主题模型的具体内容见第 1 章。

3．计研心算

1）项目解决逻辑

本节探讨学生作文的主题模型分析，通过文献检索可知，以往的研究使用 LDA 主题模型分析了商品评价中的积极评价和消极评价，以期为消费者提供更加清晰的评价环境，节约消费者的时间，减少疲劳。有研究者使用主题模型对微博评论的细粒度情感进行分析；还有一些研究者对国内外公共政策文本、传统家训文本和新闻报道进行主题模型分析。学生作文文本的主题模型分析较为少见，学生的双语作文分析更加少见。本节选取了山东省某市某中学的高二年级学生的语文期中作文内容和英语期中作文内容。研究的基本思路为第一步对作文内容进行分词，第二步是计算词频、提取关键词和下载词云图片，第三步是分析困惑度，第四步是主题模型的主题数提取、可视化分析及结果输出。

2）项目实现过程

以下代码在 Python 3.8（Anaconda 3 工具中的 Spyder 部分）中实现。

具体实现过程如下。

（1）数据的预处理。首先将高二学生的期中语文、英语作文内容录入 Excel 的单元格，注意一位学生的作文内容在一个单元格内；然后将 Excel 文件另存为 csv（逗号分隔）格式，原因是代码实现过程中只能读取 csv 格式的文件。下面以语文作文内容为例，英语作文的代码类似于语文作文。

（2）分词。读取已完成预处理的数据，即上述 csv 格式的文件，读取停用词表和自定义词典，输出相应的分词文件。该部分代码如下。

```
Df = pd.read_csv(r"data_gaoeryuwenqizhong.csv", encoding="ANSI",).astype(str)


def stopwordslist():
    stopwords = [line.strip() for line in open(r"HA-stopwords.txt", "r",
                                          encoding="gbk").readlines()]
    return stopwords
    jieba. load_userdict(r"dict_gaoeryuwenqizhong.txt")
    for line in inputs:
        line_seg.append(seg_sentence(line))
    name = ["文本"]
    test = pd.DataFrame(columns=name,data = line_seg)
    print(test)
    test.to_csv(r"gaoeryuwenqizhong.csv",encoding="ANSI")
```

（3）计算词频、提取关键词和下载词云图片。该部分代码如下。

```
from wordcloud import WordCloud,ImageColorGenerator
import matplotlib.font_manager as fm

bg = np.array(Image.open("background.jpg"))
d = path.dirname(__file__)
text = pd.read_csv(r"gaoeryuwenqizhong.csv", encoding="ANSI",).astype(str)
def stopwordslist():
    stopwords=[line.strip()for line in open lineopen(r"HA-stopwords.txt","r",
                                          encoding="gbk").

        readlines()]
    return stopwords
    jieba.load_userdict(r"dict_gaoeryuwenqizhong.txt")
    print("基于 TF-IDF 提取关键词结果：")
    keywords = []
    for x, w in anls.extract_tags(text_split_no_str, topK = 200,
                                  withWeight= True):
        keywords.append(x)
        keywords = " ".join(keywords)
    print(keywords)
    print("基于词频统计结果")
    txt = open("fenci.csv", "r", encoding="gbk").read()
    words = jieba.cut(txt)
    counts = {}
    for word in words:
        if len(word) == 1:
            continue
```

```
        else:
            rword = word
        counts[rword] = counts.get(rword, 0) + 1
    items = list(counts.items())
    items.sort(key=lambda x:x[1], reverse=True)
    for i in range(33):
        word, count=items[i]
        print (word),count
    wc = WordCloud(
        background_color = "white",
        max_words = 200,
        mask = bg,
        max_font_size = 60,
        scale = 16,
        random_state = 42,
        mode = "RGBA",
        width = 800,
        height =6 00,
        font_path="simhei.ttf"
        ).generate(keywords)
    my_font = fm.FontProperties(fname = "simhei.ttf.ttf")
    image_colors = ImageColorGenerator(bg)
    plt.imshow(wc)
    plt.axis("off")
    plt.figure()
    plt.show()
    plt.axis("off")
    plt.imshow(bg,cmap = plt.cm.gray)
    plt.show()
    wc.to_file("ciyun_sdxl.png")
    print("词云图片已保存")
```

（4）分析困惑度。通过读取分词的结果，输出困惑度图形。该部分代码如下。

```
def ldamodel(num_topics, pwd):
    cop = open(r"gaoeryuwenqizhong.csv")
    for i in range(1,2,1):
        print("抽样为"+str(i)+"时的 perplexity")
        a = range(1,10,1)
        p = []
        for num_topics in a:
            lda, dictionary = ldamodel(num_topics, pwd)
            corpus = corpora.MmCorpus('corpus.mm')
            testset = []
            for c in range(int(corpus.num_docs/i)):
                testset.append(corpus[c*i])
```

```
        prep = perplexity(lda, testset, dictionary,  len(dictionary.keys()),
                          num_topics)
        p.append(prep)
    graph_draw(a, p)
```

（5）提取主题模型的主题数，并进行可视化分析。通过困惑度分析可以确定最佳的主题数，并将结果可视化。该部分代码如下。

```
f = open(r"gaoeryuwenqizhong.csv", encoding="gbk")
texts = [[word for word in line.split()] for line in f]
f.close()
M = len(texts)
print("文本数目: %d 个" % M)
num_topic = 3    #定义主题数
lda = models.Ldamodel\
      (corpus_tfidf, num_topics = num_topics, id2word = dictionary,
       Alpha = 0.01, eta = 0.01, minimum_probability = 0.001,
       update_every = 1,chunksize = 100,passes = 1,random_state = 20)
pyLDAvis.save_html(plot, 'gaoeryuwenqizhong-pyLDAvis.html')
```

3）项目结果呈现

（1）语文作文部分结果呈现

困惑度图形和主题结果分别如图 7-1、表 7-1 所示。

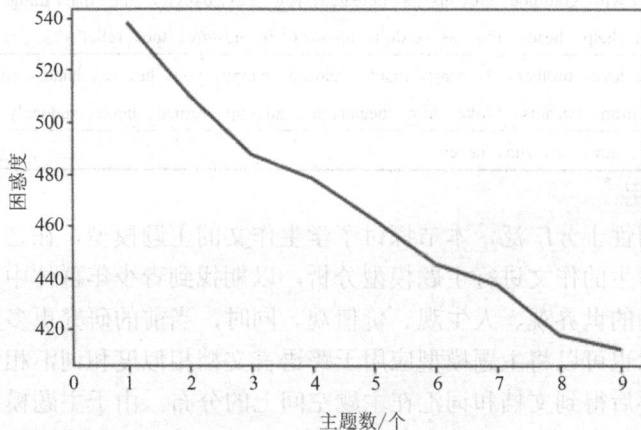

图 7-1　困惑度图形

表 7-1　主题结果

主题数	内容
1	列车、领袖、团结、奋进、萤火、个人、群体、自我、团结、社会、中国、发展、武汉、合作、大国、力量、继续、发挥、我国、实现、矛盾、情怀、身影、头羊、领头羊、开创、四星、广大、美国、历史
2	精神、团队、领导者、团体、主心骨、合作、正确、榜样、领导、团结、模范、成功、作用、群众、需要、众人、矛盾、平凡、伟大、农民、无头、认为、中国、背后
3	集体、榜样、不同、小组、星火、一粒、领航员、不能、炬火、领导者、领导、没有、事业、之火、个人、成就、一位、一个个、微尘、中华、努力、水手、世界、记得、奋斗、青年、优势、人口、一群

注：由于篇幅受限，只呈现部分结果。

（2）英语作文部分结果呈现

困惑度图形和主题结果如图 7-2、表 7-2 所示。

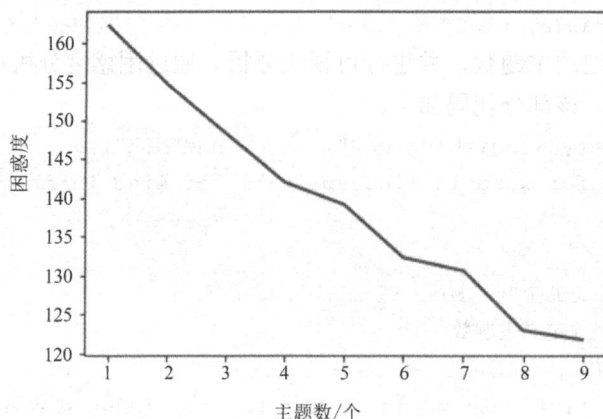

图 7-2　困惑度图形

表 7-2　主题结果

主题数	内容
1	it、made、his、was、skirt、he、rope、knot、by、towards、your、about、such、of、out、tied、into、at、as、walked、adopted、tears embarrassment、drawstring、real、swiftly、then、brother、started
2	had、family、will、gratitude、are、his、is、defeated、you、was、like、he、me、that、things、drawstring、ultimately、I、best、those、help、head、into、as、didn't、anxious、it、gesture、too、relief
3	with、what、love、brother、if、heart、thanks、closed、happy、you、he、us、hands、same、home、both、rope、down、how、from、barriers、broke、him、began、as、all、up、turned、book、suddenly
4	were、want、him、be、sun、never

4）项目拓展应用

主题模型的应用性十分广泛，本节探讨了学生作文的主题模型，在之后的研究中，也可以对于中考、高考考生的作文进行主题模型分析，以期找到青少年群体中主流的价值倾向，帮助青少年树立正确的世界观、人生观、价值观。同时，当前的研究更多集中在单一语言的主题模型分析，之后也可以将主题模型应用于跨语言文档相似度和词汇相似度测量，使用主题模型训练双语语料后得到文档和词汇在主题空间上的分布。由于主题模型存在短文档准确率较低这一缺点，未来的研究也可以更新主题模型，从而改善这一模型。

7.2　各司其职：作文文本预测职业倾向

1. 从心起航

职业倾向是指职业观中的行为和认知成分，是人们在职业认知的基础上形成的一种比较稳定的行为能力倾向。国外已有不少学者对职业倾向进行了理论和实证研究，其中对职业倾向的定义具有代表性的是美国教授 Schein，他认为职业倾向实际上是一种持续探索的过程，在这一过程中，每个人都根据自己的能力、天资、需要、动机、态度和价值观，逐步形成比较清晰的、与职业相关的自我概念。

职业锚：一种生涯"自我觉知"或"自我概念"，用来指导、限制、稳定和整合个体的职业生涯。

职业倾向案例：

小明在高二的时候，有一次机会进入叔叔的律师事务所学习，深深地被律师的工作环境和工作内容吸引，同时他在日常生活中也很喜欢看律政电影，也查询了一些报考律师的条件限制，这激励着他好好备战高考，在大学选择专业的时候选择法律专业，成为一名专业的律师。

2. 数不胜数

文本挖掘是近几年来数据挖掘领域的一个新兴分支，文本挖掘称为文本数据库中的知识发现，是指从大量文本的集合或语料库中抽取事先未知的、可理解的、有潜在实用价值的模式和知识。文本挖掘主要是指发现某些文字出现的规律及文字、语义、语法间的联系，用于自然语言处理，如机器翻译、信息检索、信息过滤等，通常采用信息提取、文本分类、文本聚类、自动文摘和文本可视化等技术，从非结构化文本数据中发现知识。

3. 计研心算

1）项目解决逻辑

当今社会竞争激烈，个体在做好生涯规划后，随着对自己的了解越来越多，会逐步形成一个占主导地位的职业锚。学生群体的职业倾向是其职业规划过程中表现出来的一种职业价值取向。对于学生来说，一方面，明确职业倾向有利于提升自我认知能力，激发学习动机，维持目标定向行为，提升学习成绩；另一方面，明确职业倾向可以为升学、选科、选专业等提供具有价值的参考。对于教育管理者来说，明确职业倾向有利于教师因材施教，制订更加符合学生个性的教学管理方案，从而提高人才培养的质量。

2）项目实现过程

以下代码在 Python 3.8（Anaconda 3 工具中的 Spyder 部分）中实现。

本节在霍兰德职业倾向理论的基础上，将职业倾向分为 9 个维度，分别是自然型、操作型、权力型、研究型、艺术型、商业型、常规型、信息型、社会型。代码实现以"自然型"为例，其他类型的职业倾向仅须改动代码中的部分标签。

（1）整理原始数据

将收集到的数据录入 Excel 文件，包括问卷得分和语文作文内容，通过维度划分得出在"自然型"题目上的得分。整理原始数据就是从纷繁复杂的数据中精炼出我们需要的部分。该部分代码如下。

```
#读取表格并创建训练集
def readdata(filepath):
    sdata = pd.read_excel(filepath)
    sodata = sdata[["性别", "语文作文内容", "ziran"]]
    sodata = sodata.dropna(subset = "语文作文内容")
    nazi = sodata["语文作文内容"] == "0"
    sodata.drop(sodata.index[nazi], inplace = true)
    sodata = sodata.reset_index(drop = True)
```

```
        codata = fstr(sodata)
        codata = codata.fillna(1)
        return codata
def fstr(file):
    ndata = file
    for i in range(len(ndata)):
        datatext = ndata["语文作文内容"][i]
        if "题目" in datatext:
#删除题目
            t = datatext.find("\n")
            datatext = datatext[t+1:]
        datatext = datatext.replace("\n", "")    #删除换行符
        ndata.loc[i, "语文作文内容"] = datatext
    return ndata
def runstep1(path):
    re = readdata(path)
    re.to_excel("data/Sourcedata_ped.xlsx", index = None)
    print("创建完成 Sourcedata_ped.xlsx")
    return
#if __name__ == "__main__":
#path = "../data/data.xlsx"
#readdata(path)
```

（2）生成训练集

将数据分为训练集和验证集。训练集是指通过机器学习算法，对原始数据库进行切分、词频统计、特征提取。该部分代码如下。

```
import pandas as pd
import jieba
import numpy as np

from tqdm import tqdm
affect_col_list = ["Love", "Psychology", "tFuture", "tNow",
                   "tPast", "Achieve",
                   "Affect", "Anger",
                   "Assent", "Bio",
                   "Body", "Cause", "Certain", "CogMech", "Death", "Discrep",
                   "Exclusive", "Friend", "Ingest",
                   "Leisure", "Social", "Family", "Feel", "Filler", "Health",
                   "Hear", "Humans", "Inclusive",
                   "Insight",
                   "Money", "Motion", "NegEmo", "Percept", "PosEmo",
                   "Relative", "Religion", "See", "Sexual",
                   "Space",
                   "Tentat", "Time", "Work", "Adverb", "Anx", "AuxVerb",
                   "Conj", "Funct", "Home", "Inhibition",
                   "Interjunction", "iPron", "MultiFun", "Negate", "Nonfl",
```

```
                        "Number", "PPron", "Preps", "ProgM",
                        "Pronoun", "Quant", "QuanUnit", "Sad", "Swear", "TenseM",
                        "Verb"
                        ]
#载入词典文件
def load_affect_dict(filepath):
    m_affectdict = []
    for m_col in affect_col_list:
        m_col = []
        m_affectdict.append(m_col)
    for m_line in open(filepath, "r", encoding="utf-8").readlines():
        m_line = m_line.strip()
        if len(m_line.split()) == 2:
            pass
        else:
            continue
        kwd = m_line.split()[0].strip()
        col = m_line.split()[1].strip()
        m_affectdict[affect_col_list.index(col)].append(kwd)
    return m_affectdict
#创建停用词表
def load_stopwords(filepath):
    m_stopwords = [line.strip() for line in open(filepath, "r", encoding=
    "utf-8").readlines()]
    return m_stopwords
#统计词频
#读入一个数据文件，返回得分、性别和自我描述
def jiebacut(x_buf, affect_dict, stopwords):
    item = []
#精确切分
    m_tags = jieba.cut(x_buf, cut_all = False)
    key_wrds = []
#删除停用词
    for s in m_tags:
        s = s.strip()
        if (len(s) > 0) and (s not in stopwords):
            key_wrds.append(s)
#切词后词的总数
    cnt_tags = len(key_wrds)
#print(cnt_tags)
#提取每个情感词类的词频比率
    idx = 0
    for g_col in affect_col_list:
#切词后包含情感词的总数
```

```
            affect_cnt = 0
#统计每个词类下关键词出现的总频次 affect_cnt
        for i in range(cnt_tags):
            s = key_wrds[i]
            if (s in affect_dict[idx]):
                affect_cnt += 1
#计算比率
        r_affect = 0.0
        if (cnt_tags > 0):
            r_affect = affect_cnt / cnt_tags
        item.append(r_affect)
        idx += 1
    return item
#生成训练数据
def create_data(data):
#载入情感词典
    affect_dict_file = "data/dict-affect.txt"
    affect_dict = load_affect_dict(affect_dict_file)
#载入情感词典中的词作为自定义词典
    jieba.load_userdict("data/jiebaload_affect_dict.txt")
#载入停词表
    stop_word_file = "data/stop_words_cn.txt"
    stopwords = load_stopwords(stop_word_file)
#提取特征，性别+文心词典，共 66 个词性
    x_table = ["gender"] + affect_col_list
#随机打乱顺序
    bufdata = data.reindex(np.random.permutation(data.index))
    bufdata = bufdata.reset_index(drop = True)
    x = pd.DataFrame(columns = x_table)
    y = pd.DataFrame(columns = ["table"])
    for i in tqdm(range(len(bufdata))):
    item = list(jiebacut(bufdata.loc[i, "语文作文内容"], affect_dict,
                    stopwords))
        item = [bufdata.loc[i, "性别"]] + item
        x.loc[i] = item
        if bufdata.loc[i, "ziran"] < 22.5:
#可以在这里改动分组、分数界限
            y.loc[i] = 0
        else:
            y.loc[i] = 1
    return x, y
def runstep2(filepath):
    data = pd.read_excel(filepath)
    x, y = create_data(data)
```

```
    x.to_excel("data/trdata/trainx.xlsx", index = None)
    y.to_excel("data/trdata/trainy.xlsx", index = None)
    print("特征数据生成完毕，数据集为trainx.xlsx,标签集为trainy.xlsx")
    return "trdata/trainx.xlsx", "trdata/trainy.xlsx"
```

（3）将训练集的数据进行机器学习训练，建立模型。该部分代码如下。

```
x[i] == 0) / n > 0.7:
    #x = x.drop(columns=i)
    #x = preprocessing.scale(x)
    y = y['table']
    x = x.to_numpy()
    y = y.to_numpy()
    cut = int(n - n/5)
    training_x = x[1:cut]
    training_y = y[1:cut]
    testing_x = x[cut:-1]
    testing_y = y[cut:-1]
    #training_x = []
    #training_y = []
    #testing_x = []
    #testing_y = []
    #for i in range(len(x)):
    #lrand = random.randint(0, 100)
    ##print(i, lrand)
    #if (lrand >= 80):
    #   testing_x.append(x[i])
    #   testing_y.append(y[i])
    #else:
    #   training_x.append(x[i])
    #   training_y.append(y[i])
    return training_x, training_y, testing_x, testing_y
    #return x, y
def strain(x, y, cl=1):
    sfolder = StratifiedKFold(n_splits=10, shuffle = True)
    ts = 0
    sc = []
    for train, test in sfolder.split(x, y):
        train_x = x[train][:]
        train_y = y[train]
        test_x = x[test]
        test_y = y[test]
        ts += 1
        print('进行第%s次交叉验证' % ts)
        if cl == 0:
            clf = GaussianNB()
```

```
                mod = clf.fit(train_x, train_y)
                result = mod.score(test_x, test_y)
                print('准确率: %s' % result)
            elif cl == 1:
                clf = KernelRidge()
                param_grid = {'alpha': [0.01, 0.1, 1, 5, 10],
                              'kernel': ['linear', 'sigmoid', 'rbf', 'poly'],
                             }
            grid_model = GridSearchCV(clf, param_grid, cv = 5, scoring = 'r2',
                                      n_jobs = -1)
                mod = grid_model.fit(train_x, train_y)
                result = mod.score(test_x, test_y)
                print("SVM 最优参数如下: ")
                print(grid_model.best_params_)
            elif cl == 2:
                clf = DecisionTreeRegressor()
                mod = clf.fit(train_x, train_y)
                result = mod.score(test_x, test_y)
                print('准确率: %s' % result)
            elif cl == 3:
                clf = SGDClassifier()
                mod = clf.fit(train_x, train_y)
                result = mod.score(test_x, test_y)
                print('准确率: %s' % result)
            elif cl == 4:
                clf = SVR()
                param_grid = {'C': [0.01, 0.1, 1, 10, 20],
                              'gamma': [0.1, 1, 10],
                              'kernel': ['linear', 'rbf'],
                             }
                grid_model = GridSearchCV(clf, param_grid, cv = 5, scoring = 'r2',
                                          n_jobs = -1)
                mod = grid_model.fit(train_x, train_y)
                print("SVM 最优参数如下: ")
                print(grid_model.best_params_)
    return mod
def runstep3(xf, yf):
    filepath = xf
    xdata = pd.read_excel(filepath)
    filepath = yf
    ydata = pd.read_excel(filepath)
    train_x, train_y, test_x, test_y = datacl(xdata, ydata)
    #x, y = datacl(xdata, ydata)
    teap = []
```

```
    sf = ['GaussianNB', 'KernelRidge',
          'DecisionTreeRegressor', 'SGDClassifier', 'SVR']
    for a in range(0,5):
        time.sleep(1)
        print('进行%s算法训练' % sf[a])
        mod = strain(train_x, train_y, cl = a)
        rt = mod.predict(test_x)
        if rt[0] != 0 and rt[0] != 1:
            tt = []
            o = np.mean(rt)
            for i in rt:
                if i > o:
                    tt.append(1)
                else:
                    tt.append(0)
            rt = tt
        ab = np.array([test_y, rt])
        ot = 0
        for i in range(len(ab[0])):
            if ab[0][i] == ab[1][i]:
                ot += 1
        path = 'data/trdata/mod_%s.joblib' % a
        dump(mod, path)
        tt = (ot*1.2 / i)
        print('预测准确度：%s,模型储存为 %s' % (tt, path))
        teap.append(tt)
    scor = pd.DataFrame(columns=sf)
    scor.loc[1] = teap
    scor.to_excel('data/trdata/scor.xlsx', index = False)
    print(scor, '\n')
    print('储存为表 trdata/scor.xlsx')
```

（4）预测

使用不同的机器学习算法进行预测，找出一个准确率较高的算法，输出结果。该部分代码如下。

```
import os
import pandas as pd
from joblib import dump, load
import jieba
import numpy as np


from tqdm import tqdm
def fstr(file):
    ndata = file
```

```python
        for i, row in ndata.iterrows():
            datatext = ndata["语文作文内容"][i]
            if "题目" in datatext:                      #删除题目
                t = datatext.find("\n")
                datatext = datatext[t+1:]
            datatext = datatext.replace("\n", "")      #删除换行符
            ndata.loc[i, "语文作文内容"] = datatext
        return ndata
def readdata(filepath):
    sdata = pd.read_excel(filepath)
    sodata = sdata[["姓名", "性别", "语文作文内容"]]
    sodata = sodata.dropna(subset = "语文作文内容")
    nazi = sodata["语文作文内容"] == "0"
    sodata.drop(sodata.index[nazi], inplace=True)
    sodata = sodata.reset_index(drop = True)
    codata = fstr(sodata)
    codata = codata.fillna(1)
    return codata
affect_col_list = ["Love", "Psychology", "tFuture", "tNow", "tPast", "Achieve",
                   "Affect", "Anger",
                   "Assent", "Bio",
                   "Body", "Cause", "Certain", "CogMech", "Death",
                   "Discrep", "Exclusive", "Friend", "Ingest",
                   "Leisure", "Social", "Family", "Feel", "Filler", "Health",
                   "Hear", "Humans", "Inclusive",
                   "Insight",
                   "Money", "Motion", "NegEmo", "Percept", "PosEmo",
                   "Relative", "Religion", "See", "Sexual",
                   "Space",
                   "Tentat", "Time", "Work", "Adverb", "Anx", "AuxVerb",
                   "Conj", "Funct", "Home", "Inhibition",
                   "Interjunction", "iPron", "MultiFun", "Negate", "Nonfl",
                   "Number", "PPron", "Preps", "ProgM",
                   "Pronoun", "Quant", "QuanUnit", "Sad", "Swear", "TenseM",
                   "Verb"
                   ]
#载入词典文件
def load_affect_dict(filepath):
    m_affectdict = []
    for m_col in affect_col_list:
        m_col = []
        m_affectdict.append(m_col)
    for m_line in open(filepath, "r", encoding = "utf-8").readlines():
        m_line = m_line.strip()
```

```
            if len(m_line.split()) == 2:
                pass
            else:
                continue
            kwd = m_line.split()[0].strip()
            col = m_line.split()[1].strip()
            m_affectdict[affect_col_list.index(col)].append(kwd)
    return m_affectdict
#创建停用词表
def load_stopwords(filepath):
    m_stopwords = [
        line.strip() for line in open(filepath, "r",
        encoding= "utf-8").readlines()]
    return m_stopwords
#统计词频
#读入一个数据文件，返回得分、性别和自我描述
def jiebacut(x_buf, stopwords, affect_dict):
    item = []
#精确切分
    m_tags = jieba.cut(x_buf, cut_all = False)
    key_wrds = []
#删除停用词
    for s in m_tags:
        s = s.strip()
        if (len(s) > 0) and (s not in stopwords):
            key_wrds.append(s)
#切词后词的总数
    cnt_tags = len(key_wrds)
    #print(cnt_tags)
#提取每个情感词类的词频比率
    idx = 0
    for g_col in affect_col_list:
#切词后包含情感词的总数
        affect_cnt = 0
#统计每个词类下关键词出现的总频次 affect_cnt
        for i in range(cnt_tags):
            s = key_wrds[i]
            if (s in affect_dict[idx]):
                affect_cnt += 1
 #计算比率
        r_affect = 0.0
        if (cnt_tags > 0):
            r_affect = affect_cnt / cnt_tags
        item.append(r_affect)
```

```
        idx += 1
    return item
#生成预测数据
def create_data(data):
#载入情感词典
    affect_dict_file = "data/dict-affect.txt"
    affect_dict = load_affect_dict(affect_dict_file)
#载入情感词典中的词作为自定义词典
    jieba.load_userdict("data/jiebaload_affect_dict.txt")
#载入停用词表
    stop_word_file = "data/stop_words_cn.txt"
    stopwords = load_stopwords(stop_word_file)
#提取特征，性别+文心词典，共 66 个词性
    x_table = ["gender"] + affect_col_list
#随机打乱顺序
    bufdata = data
    x = pd.DataFrame(columns=x_table)
    for i in tqdm(range(len(bufdata))):
        item = list(jiebacut(bufdata.loc[i, "语文作文内容"], stopwords,
                    affect_dict))
        item = [bufdata.loc[i, "性别"]] + item
        x.loc[i] = item
    return x
def sinput():
    s = True
    scor = pd.read_excel("data/trdata/scor.xlsx")
    print("\n", "已有的模型准确度如下：")
    print(scor)
    while s:
        base = input("请选择预测的模型(1~5 模型,选择 0 返回)：")
        if base in ["0", "1", "2", "3", "4", "5"]:
            s = False
        else:
            print("只能选择整数 0~5 ")
    return int(base)
def creadpr(clf):
    #filepath = input("输入需要预测的文件名（必须包含姓名,性别,语文作文内容）：")
    filepath = "data.xlsx"
    if os.path.exists(filepath):
        re = readdata(filepath)
        x = create_data(re)
        print("开始预测……")
        rt = clf.predict(x)
        if rt[0] != 0 and rt[0] != 1:
```

```
            tt = []
            o = np.mean(rt)
            for i in rt:
                if i > o:
                    tt.append(1)
                else:
                    tt.append(0)
            rt = tt
        re["预测值"] = rt
        return re
    else:
        return False
def runstep4():
    while True:
        ba = sinput()
        if ba == 0:
            break
        else:
            if os.path.exists("data/trdata/mod_%s.joblib" % ba):
                print("导入模型中……")
                clf = load("data/trdata/mod_%s.joblib" % ba)
                pdata = creadpr(clf)
                df = pdata.drop(columns = ["性别","语文作文内容"])
                df.to_excel("data_swel_%s.xlsx" % ba)
                print("已经生成预测文件 data_swel_%s.xlsx" % ba)
            else:
                print("选择的模型%s不存在，请运行 setp3 重新生成或选择其他模型")
                Continue
```

3）项目结果呈现

训练集示例和不同算法的预测准确率分别如图 7-3 和表 7-3 所示。

gender	Love	psycholog	tFuture	tNow	tPast	Achieve	Affect
2	0	0.068085	0	0	0	0.008511	0.012766
1	0	0.054348	0	0	0	0.005435	0.005435
2	0	0.018868	0	0	0.004717	0	0
1	0	0.050633	0.018987	0	0	0.018987	0.006329
1	0	0.037559	0	0.00939	0.004695	0.004695	0.004695
2	0	0.073864	0.017045	0	0	0.005682	0.005682
2	0	0.035088	0.035088	0	0.02924	0.017544	0
1	0	0.022321	0	0	0	0.017857	0.008929
1	0	0.045685	0.005076	0	0.010152	0.005076	0.005076
2	0	0.074324	0.006757	0	0	0.013514	0.006757
1	0	0.045714	0.017143	0	0	0.005714	0.005714
1	0	0.032258	0	0	0	0.016129	0
1	0	0.037234	0	0	0.005319	0	0.005319
2	0	0.047619	0	0	0	0.017857	0.005952
1	0	0.046053	0	0	0	0.006579	0
1	0	0.083832	0	0	0	0.02994	0.023952
2	0	0.050761	0	0	0	0	0.010152
1	0	0.039409	0	0	0	0.014778	0
1	0	0.034483	0	0	0	0	0.005747
2	0	0.006135	0	0	0.006135	0	0

图 7-3　训练集示例

表 7-3　不同算法的预测准确率

算法	准确率
朴素贝叶斯	0.626415094339623
核岭回归	0.664150943396226
决策树回归	0.664150943396226
梯度下降分类法	0.618867924528302
支持向量机	0.641509433962264

因为样本数量受限，只能简单挖掘出两类样本，即高分组和低分组。因为原始数据库采用的是 1、2 计分，"自然型"的分数范围为 15～30 分，故采用中间点作为界点，即 22.5 分。输出结果中 0 表示低分，1 表示高分，低分表示这个人的"自然型"倾向较低，高分表示这个人的"自然型"倾向较高。

4）项目拓展应用

本节通过作文文本预测学生的职业倾向，这对于学生群体探索自我同一性具有重要作用，也有助于学生找到人生努力的方向。基于本节的相关代码，还可以通过作文文本预测学生群体生涯发展的其他方面，如中学生的生涯准备、生涯适应力和生涯成熟度等。总之，探究学生群体的生涯发展对于学生发展、学校教育和人才选拔等方面具有十分重要的现实意义。

参考文献

[1] 肖自乾，陈经优，符天. 基于 Gensim 的 LDA 主题模型分析在商品评价中的应用[J]. 电脑知识与技术，2021，17(30)：17-19.

[2] 孙雷. 基于主题模型的微博评论细粒度情感分析研究[D]. 邯郸：河北工程大学，2021.

[3] 龙艺璇，伊惠芳. 国内外公共政策文本分析中主题模型应用研究进展[J]. 知识管理论坛，2020，5(05)：305-316.

[4] 刘思宇. 中国传统家训文本内容的 LDA 主题模型分析及现代转化初探[D]. 北京：华北电力大学，2020.

[5] 金苗. 国际新闻报道主题模型分析及解释性理论探思[J]. 江苏社会科学，2019，(03)：213-221+260.

[6] 张瀚文. 基于元信息的双语主题模型研究[D]. 哈尔滨：哈尔滨工程大学，2020.

[7] Schein E H . The Individual, the Organization, and the Career: A Conceptual Scheme[J]. The Journal of Applied Behavioral Science, 1971, 7(4).

[8] 张璐. 基于职业锚理论的 PL 医院医生职业生涯管理规划设计[D]. 昆明：云南师范大学，2017.

[9] Feldman R, Dagan I. Knowledge Discovery in Textual Databases (KDT)[C]. Proceedings of 1st International Conference on Knowledge Discovery and Data Mining, 1995, 112-117.

[10] 杨霞，黄陈英. 文本挖掘综述[J]. 科技信息，2009，(33)：82-82.

[11] Hansen Jo-Ida C. Remembering John L. Holland, PhD[J]. The Counseling Psychologist, 2011, 1212-1217.

[12] 吴育锋，吴胜涛，朱廷劭，等. 小说人物性格的文学智能分析：以《平凡的世界》为例[J]. 中文信息学报，2018，32(7)：9.

第8章

心花怒放：文本情感分析与文本对生活满意度的预测

8.1 喜出望外：文本情感分析

1. 从心起航

情感是人类特有的一种现象，其特点包括社会性、易变性和理智性。有研究表明，当人们处于放松状态时，思维就会变得非常敏捷、活跃；相反，当人们处于压抑状态时，其思维就会变得迟钝。情感是一种心理工具，能够帮助人们适应生存，同时它也是一种手段，可以帮助人们更好地进行人际交流。在生活中，我们都有着丰富多样的情感，如何捕捉并识别这些情感，对个体、组织、社会都会带来很大的好处。

例如，在企业中，管理者为了进一步提高员工的积极性、满足感，就要始终贯彻以人为本的理念，时刻关注员工，积极与员工沟通，对员工的情感变化了如指掌，提高员工对企业的归属感。再如，企业为了吸引客户，就需要了解用户对产品、对公司的情感，进而改进或巩固自身的服务。在教学中，教师更需要进行情感管理，不管是在教学活动，还是在教学材料上，都要用心准备，将情感融入教学，以此调动学生的积极性。

2. 数不胜数

随着互联网的快速发展，尤其是微博、微信等新社交媒体的兴起，网络用户每天都会发布并传播大量信息，人们的一些意见倾向就会通过言论表现出来，因此可以通过分析这些言论，了解用户的普遍观点和态度。

情感分析：又称观点挖掘，主要是指通过自然语言处理、文本分析等对情感状态和主观信息进行分析、归纳、推理。文本情感分析主要是指对一段包含感情色彩的文本进行研究，通过归纳、分析、分类的方式对这段文本的感情倾向进行预测。预测结果可以分为积极、消极和中性倾向。主要实现方法有三类：基于词典、基于机器学习和基于深度学习的方法。情感分析被广泛应用于用户分析，如通过其评论和调查结果增进对用户的了解。

3. 计研心算

1）项目解决逻辑

不同的情感分析工具有不同的适用场景，有的适合分析评论信息，有的适合分析微博数据，但如果都混为一谈，不顾前提条件，任意使用，那么会导致结果的不准确性。因此，本节主要解决的问题是如何使用 Python 和机器学习训练模型，实现对中文评论数据的情感分类。本节的基本思路为首先抓取某网站数万条餐厅评论数据，随机筛选评星为 1、2、4、5 的各 500 条数据，共 2000 条；然后读取数据，将结果分为正向和负向；其次将特征和标签拆开，进行特征向量化处理，并利用 jieba 分词工具将句子拆分为词语；最后把数据分为测试集和训练集，并对其进行训练，使用朴素贝叶斯分类模型对数据进行处理，并输出结果。

2）项目实现过程

以下代码在 Python 3.11（Anaconda 3 工具中的 Spyder 部分）中实现。

具体实现过程如下。

（1）读取数据。编制匿名函数，将情感分析结果分为正向和负向，将特征和标签拆开。相关代码如下。

```python
import pandas as pd
#部分版本会出现不兼容现象，如出现警告，可以运行这两行代码
import warnings

warnings.filter warnings("ignore")
#读取数据，指定编码格式为GB18030
df = pd.read_csv("data.csv", encoding="gb18030")
#输出前五行的内容
print(df.head())
#查看数据框的整体形状
print(df.shape)
def make_label(df):
#用匿名函数将评星大于 3 的视作正向情感，取值为 1，反之视作负向情感，取值为 0
    df["sentiment"] = df["star"].apply(lambda x: 0 if x<3 else 1)
#让标签显示在数据框上边
make_label(df)
#输出结果
print(df.head())
#拆开特征和标签
X = df[["comment"]]
y = df.sentiment
#输出结果
print(X.shape)
print(y.shape)
#查看 x 的前几行数据
print(X.head())
```

（2）分词处理。利用 jieba 分词工具将句子拆分为词语，建立一个辅助函数，用空格连接 jieba 分词的结果。

```
import jieba

def chinese_word_cut(mytext):
#建立辅助函数，用空格连接jieba分词的结果
    return " ".join(jieba.cut(mytext))
#对每行评论数据进行分词
X["cutted_comment"] = X.comment.apply(chinese_word_cut)
```

（3）训练模型。将数据集拆分为训练集和测试集，对特征进行向量化处理，包括删除停用词、使用三层特征词汇过滤和减少特征、利用生成的特征矩阵来训练模型、采用朴素贝叶斯分类模型对数据进行处理。相关代码如下。

```
#将数据集拆分为训练集与测试集
from sklearn.model_selection import train_test_split
X_train, X_test, y_train, y_test = train_test_split(X, y, random_state = 1)
#输出数据集的形状
print(X_train.shape)
print(y_train.shape)
print(X_test.shape)
print(y_test.shape)
#处理中文停用词
def get_custom_stopwords(stop_words_file):
    with open(stop_words_file) as f:
        stopwords = f.read()
    stopwords_list = stopwords.split("\n")
    custom_stopwords_list = [i for i in stopwords_list]
#把停用词作为列表格式保存并返回
    return custom_stopwords_list
#指定停用词表
stop_words_file = "stopwordsHIT.txt"
stopwords = get_custom_stopwords(stop_words_file)
#查看停用词表的后十项
print(stopwords[-10:])
#读入向量化工具
from sklearn.feature_extraction.text import CountVectorizer
#为了说明停用词的作用，使用默认参数建立向量
vect = CountVectorizer()
#用向量化工具转换已经分词的训练集语句，并将其转换为数据框
term_matrix = pd.DataFrame(vect.fit_transform(X_train.cutted_comment).toarray(),
                        columns=vect.get_feature_names())
#输出前五行内容
print(term_matrix.head())
#输出形状
print(term_matrix.shape)
#加上去除停用词功能，比较特征向量的转化结果
vect = CountVectorizer(stop_words=frozenset(stopwords))
```

```
term_matrix = pd.DataFrame(vect.fit_transform(X_train.cutted_comment).toarray(),
                           columns=vect.get_feature_names())
#输出前五行内容
term_matrix.head()
#去除超过这一比例的文档中出现的关键词（过于平凡）
max_df = 0.8
#去除低于这一比例的文档中出现的关键词（过于独特）
min_df = 3
#增加三层特征词汇过滤
vect = CountVectorizer(max_df = max_df,
                       min_df = min_df,
                       token_pattern=u" (?u)\\b[^\\d\\W]\\w+\\b",
                       stop_words=frozenset(stopwords))
term_matrix = pd.DataFrame(vect.fit_transform(X_train.cutted_comment).toarray(),
                           columns=vect.get_feature_names())
#输出前五行内容
print(term_matrix.head())
#使用朴素贝叶斯模型对数据进行训练
from sklearn.naive_bayes import MultinomialNB
nb = MultinomialNB()
from sklearn.pipeline import make_pipeline
#串联 vect 和 nb，定义为 pipe
pipe = make_pipeline(vect, nb)
#查看步骤
print(pipe.steps)
#输入未经特征向量化的训练集内容
from sklearn.model_selection import cross_val_score
#使用交叉验证计算模型在训练集中的准确率
print(cross_val_score(pipe, X_train.cutted_comment, y_train, cv = 5,
                      scoring = "accuracy").mean())
```

（4）输出结果。输出准确率和混淆矩阵结果，并与 SnowNLP（常用的 Python 文本分析库）对测试集的预测准确率比较。

```
#用训练集进行模型拟合
pipe.fit(X_train.cutted_comment, y_train)
#在测试集上，对情感分类标记进行预测
print(pipe.predict(X_test.cutted_comment))
#保存预测结果
y_pred = pipe.predict(X_test.cutted_comment)
#读入测量工具集
from sklearn import metrics
#查看测试准确率
print(metrics.accuracy_score(y_test, y_pred))
#查看混淆矩阵
print(metrics.confusion_matrix(y_test, y_pred))
```

```
#使用 snownlp 对测试集的前五条数据进行评论，查看测试准确率，比较二者的结果
from snownlp import SnowNLP
def get_sentiment(text):
    return SnowNLP(text).sentiments
y_pred_snownlp = X_test.comment.apply(get_sentiment)
y_pred_snownlp_normalized = y_pred_snownlp.apply(lambda x: 1 if x>0.5 else 0)
y_pred_snownlp_normalized[:5]
print(metrics.accuracy_score(y_test, y_pred_snownlp_normalized))
```

3）项目结果呈现

对某平台的评论数据进行文本情感分析，最终得到结合机器学习后的情感分析模型在测试集上的准确率为 0.87，而使用 SnowNLP 进行的情感分析准确率只有 0.77，说明本节训练的模型有着较高的情感分类准确率。在分析中使用了分类模型，所以这里使用混淆矩阵来进一步呈现结果，列代表实际情况，包括积极和消极，行代表预测情况，包括积极和消极，情感模型的混淆矩阵结果如表 8-1 所示。

表 8-1　情感模型的混淆矩阵结果

预测情况	实际情况	
	积极	消极
积极	200	37
消极	30	233

从上述结果中可以更直观地看到，模型将评论数据正确归为积极和消极的数据数量均高于其他两种情况，说明该模型的情感分类准确率较高。

4）项目拓展应用

情感分析法目前已被广泛应用，除了应用于网络平台，还可以扩展到其他社交工具或者对某种现象的探讨。例如，张梦瑶从情感分析的角度出发，根据微博热点话题对用户群体进行划分；邓卫华等学者对上海发生的外滩拥挤踩踏事件进行分析，使用情感分析揭示了在事件发生过程中政府回应有效性的特征；彭秋平通过情感分析分析用户评论，很大程度上帮助图书馆提高了用户满意度。

8.2　心满意足：文本对生活满意度的预测

1. 从心起航

生活满意度是指个人对生活的综合认知判断，主要是个体生活的总体概括和评价。关于生活满意度的研究主要包括三个方面，一是关于心理健康的研究，二是关于生活质量的研究，三是关于老年学的研究。

有一项研究对某市城镇居民的生活满意度进行调查，从个体和社会特征方面与生活满意度的关系着手，结果显示，年龄与生活满意度呈现"U"型关系，20 岁以下生活满意度最高，之后随着年龄增长，满意度逐渐下降，但在退休之后又呈现上升趋势。年收入与生活满意度呈现"N"型关系，随着收入的增加，生活满意度会提升，达到一定水平之后，满意度开始下

降，但当个人年收入超过 80 万，家庭年收入超过 100 万时，满意度又再度升高。除此之外，婚姻关系、学历水平、房产关系等也对满意度有着不同的影响。

2. 数不胜数

关于文本情感分析的介绍见第 8.1 节。

3. 计研心算

1）项目解决逻辑

本节主要以九九文章网的文章作为文本数据。首先对数据进行预处理，提取词频特征，包括对原始文本进行清洗、jieba 分词及去除停用词；然后建立生活满意度模型，根据收集到的生活满意度的调查结果，在分词和词频统计基础上，对模型进行训练和测试，选择其中表现最好的模型，导出模型文件，方便后续调用；其次是模型的应用，对九九文章网的文本进行特征提取和生活满意度预测，最后输出得分。

2）项目实现过程

以下代码在 Python 3.11（Anaconda 3 工具中的 Spyder 部分）中实现。

具体实现过程如下。

（1）爬取网页文章。

```python
#获取并保存九九文章网中的网页内容
import requests

from bs4 import BeautifulSoup
#伪装浏览器
send_headers = {
    "User-Agent": "Mozilla/5.0 (Windows NT 10.0; Win64; x64) AppleWebKit/"
    "537.36 (KHTML, like Gecko) Chrome/"
    "61.0.3163.100 Safari/537.36",
    "Connection": "keep-alive",
    "Accept": "text/html,application/xhtml+xml,application/xml;q=0.9,
    image/webp,image/apng,*/*;q = 0.8",
    "Accept-Language": "zh-CN,zh;q = 0.8"}
#发送请求，并把响应结果赋值在变量 r 上
r = requests.get("http://www.99wenzhangwang.com/article/18491.html")
#解决中文乱码
r.encoding = r.apparent_encoding
#把网页解析为 BeautifulSoup 对象
soup = BeautifulSoup(r.text, "html.parser")
#用 find() 提取符合要求的首个数据，并赋值给变量 title
title = soup.find("h1")
#用 find_all() 提取符合要求的所有数据，并赋值给变量 contents
Contents = soup.find(class_ = "art-main").find_all("p")
#定义一个空列表
content=""
#遍历 contents 列表，提取列表中的文字并赋值给 content
```

```
for para in contents:
if len(para)>0:
        content += para.text
#打开文件
file = open("99wenzhang.txt", "w", encoding = "utf8")
#写入文件
file.write(title.text)
file.write("\n")
file.write(content)
#关闭文件
file.close()
```

（2）jieba 分词及词频处理。对从网页获取的文本数据进行预处理，包括分词和词频统计。

```
#利用jieba分词，统计自述中出现的词频，计算并导出词频比率
import os
import jieba
import jieba.analyse


#大连理工情感词典中共有21个情感分类：快乐(PA)，安心(PE)，尊敬(PD)，赞扬(PH)，相信(PG)，
#喜爱(PB)，祝愿(PK)，愤怒(NA)，悲伤(NB)，失望(NJ)，疚(NH)，思(PF)，慌(NI)，恐惧(NC)，羞
#(NG)，烦闷(NE)，憎恶(ND)，贬责(NN)，妒忌(NK)，怀疑(NL)，惊奇(PC)
#微博客基本情绪词库中共有5个分类：快乐(MH)，悲伤(MS)，愤怒(MA)，恐惧(MD)，厌恶(ME)
#对不同词类标识进行定义
affect_col_list = ["PA", "PE","PD","PH","PG","PB","PK",
                   "NA","NB","NJ","NH","PF","NI","NC",
                   "NG","NE","ND","NN","NK","NL","PC",
                   "MH", "MS", "MA", "MD", "ME",
                   "P","N","Ne"]
#载入词典文件
def load_affect_dict(filepath):
    m_affectdict = []
    for m_col in affect_col_list:
        m_col = []
        m_affectdict.append(m_col)
    for m_line in open(filepath, "r", encoding = "utf-8").readlines():
        m_line = m_line.strip()
        kwd = m_line.split("\t")[0].strip()
        col = m_line.split("\t")[1].strip()
        m_affectdict[affect_col_list.index(col)].append(kwd)
    return m_affectdict
#载入情感词典
affect_dict_file = "../data/dict-affect.txt"
affect_dict = load_affect_dict(affect_dict_file)
#载入情感词典中的词作为自定义词典
```

```
jieba.load_userdict("../data/jiebaload_affect_dict.txt")
#创建停用词表
def load_stopwords(filepath):
    m_stopwords = [
        line.strip() for line in open(filepath, "r",
        encoding =  "utf-8").readlines()]
    return m_stopwords
#载入停词表
stop_word_file = "../data/stop_words_cn.txt"
stopwords = load_stopwords(stop_word_file)
#jieba 分词后，统计分词后的字词中出现在词典中的频数
def cntkws_jieba_seg_wrds(c_desc,kws):
#精确切分
    c_tags = jieba.cut(c_desc, cut_all = False)
#切词后词的总数
    cnt_wrds = 0
#切词后包含情感词的总数
    affect_cnt = 0
    for s in c_tags:
        s = s.strip()
#删除停用词
        if (s in stopwords) or (len(s) == 0):
            continue
        cnt_wrds += 1
        if(s in kws):
            affect_cnt += 1
#输出结果
    return affect_cnt/cnt_wrds
#读入一个数据文件，返回得分、性别和自我描述
def read_swls_file(fname):
#print(fname)
    fr_swls = open(fname, "r", encoding="UTF-8-sig")
    x_swls_strs = fr_swls.readlines()
    fr_score = int(x_swls_strs[0].strip("\n"))
    fr_gender = x_swls_strs[1].strip("\n")
    fr_desc = " "
#删除得分和性别行
    x_swls_strs.pop(0)
    x_swls_strs.pop(0)
    for swls_str in x_swls_strs:
        fr_desc += swls_str.strip().strip("\n") + " "
    fr_swls.close()
    return fr_score, fr_gender, fr_desc
#载入停用词表
stop_word_file = "../data/stop_words_cn.txt"
```

```
stopwords = load_stopwords(stop_word_file)
#载入情感词典
affect_dict_file = "../data/dict-affect.txt"
affect_dict = load_affect_dict(affect_dict_file)
#载入情感词典中的词作为自定义词典
jieba.load_userdict("../data/jiebaload_affect_dict.txt")
#生活满意度数据文件
swls_dir = "../data/swls/"
swls_files = os.listdir(swls_dir)
#导出文件
swls_affect_file = "../data/swls-export.csv"
dstfp = open(swls_affect_file, "w", encoding="utf8")
#打印列
str_col = "swls,gender"
for g_col in affect_col_list:
    str_col += ","+g_col
dstfp.write(str_col)
dstfp.write("\n")
dstfp.flush()
#对每个用户的自述文件进行处理，统计各个情感分类的比率
for fdata in swls_files:
    print(fdata)
    str_export = " "
    x_score, x_gender, x_desc = read_swls_file(swls_dir+fdata)
    str_export += str(x_score)+ ","
#男性为 0，女性为 1
    if(x_gender == "M") or (x_gender == "m") or (x_gender == "男"):
        str_export += "0"
    else:
        str_export += "1"
    idx = 0
    for g_col in affect_col_list:
        r_affect = cntkws_jieba_seg_wrds(x_desc, affect_dict[idx])
        str_export += "," + str(r_affect)
        idx += 1
    dstfp.write(str_export)
    dstfp.write("\n")
    dstfp.flush()
dstfp.close()
```

（3）训练模型。根据之前对生活满意度的调查结果，先对其进行文本预处理，再拆分为训练集和测试集，使用随机森林、岭回归等方法来测试模型得分，选择并保存得分最高的模型。相关代码如下。

```
#训练并测试生活满意度的预测模型
import os
```

```python
import random
import jieba
import jieba.analyse
from sklearn import svm
from sklearn.ensemble import RandomForestRegressor
from sklearn.tree import DecisionTreeRegressor
from sklearn.linear_model import Lasso,LassoCV,LassoLarsCV
from sklearn.ensemble import GradientBoostingRegressor
import numpy as np


#大连理工情感词典中共有 21 个情感分类：快乐(PA)，安心(PE)，尊敬(PD)，赞扬(PH)，相信(PG)，
#喜爱(PB)，祝愿(PK)、愤怒(NA)，悲伤(NB)，失望(NJ)，疚(NH)，思(PF)，慌(NI)，恐惧(NC)、羞
#(NG)，烦闷(NE)，憎恶(ND)，贬责(NN)，妒忌(NK)，怀疑(NL)，惊奇(PC)
#微博客基本情绪词库中共有 5 个分类：快乐(MH)，悲伤(MS)，愤怒(MA)，恐惧(MD)，厌恶(ME)
#对不同词类的标识进行定义
affect_col_list = ["PA", "PE","PD","PH","PG","PB","PK",
                   "NA","NB","NJ","NH","PF","NI","NC",
                   "NG","NE","ND","NN","NK","NL","PC",
                   "MH", "MS", "MA", "MD", "ME",
                   "P","N","Ne"]
#读入一个数据文件，返回得分、性别和自我描述
def read_swls_file(fname):
    fr_swls = open(fname, "r", encoding = "UTF-8-sig")
    x_swls_strs = fr_swls.readlines()
    fr_score = int(x_swls_strs[0].strip("\n"))
    fr_gender = x_swls_strs[1].strip("n")
    fr_desc = ""
#删除得分和性别行
    x_swls_strs.pop(0)
    x_swls_strs.pop(0)
    for swls_str in x_swls_strs:
        fr_desc += swls_str.strip().strip("\n") + " "
    fr_swls.close()
    return fr_score, fr_gender, fr_desc
#载入情感词典
def load_affect_dict(filepath):
    m_affectdict = []
    for m_col in affect_col_list:
        m_col = []
        m_affectdict.append(m_col)
    for m_line in open(filepath, "r", encoding="utf-8").readlines():
        m_line = m_line.strip()
```

```
            kwd = m_line.split("\t")[0].strip()
            col = m_line.split("\t")[1].strip()
            m_affectdict[affect_col_list.index(col)].append(kwd)
    return m_affectdict
#创建停用词表
def load_stopwords(filepath):
    m_stopwords = [line.strip() for line in open(filepath, "r",
                    encoding="utf-8").readlines()]
    return m_stopwords
#特征提取
def feature_extraction(x_buf):
    item = []
#精确切分
    m_tags = jieba.cut(x_buf, cut_all = False)
    key_wrds = []
#删除停用词
    for s in m_tags:
        s = s.strip()
        if (len(s) > 0) and (s not in stopwords):
            key_wrds.append(s)
#切词后词的总数
    cnt_tags = len(key_wrds)
#print(cnt_tags)
#提取每个情感词类的词频比率
    idx = 0
#切词后包含情感词的总数
        affect_cnt = 0
#统计每个词类下关键词出现的总频次 affect_cnt
        for i in range(cnt_tags):
            s = key_wrds[i]
            if(s in affect_dict[idx]):
                affect_cnt += 1
#计算比率
        r_affect = 0.0
        if (cnt_tags > 0):
            r_affect = affect_cnt/cnt_tags
        item.append(r_affect)
        idx += 1
    return item
#载入停用词表
stop_word_file = "../data/stop_words_cn.txt"
```

```
    stopwords = load_stopwords(stop_word_file)
    #载入情感词典
    affect_dict_file = "../data/dict-affect.tx"
    affect_dict = load_affect_dict(affect_dict_file)
    #载入情感词典中的词作为自定义词典
    jieba.load_userdict("../data/jiebaload_affect_dict.txt")
    #特征提取并训练模型，将个体的词频特征作为输入变量赋值给 x_kws，个体的生活满意度作为预测变
#量赋值给 y_score
    x_kws = []
    y_score = []
    dirs = "../data/swls/"
    subdir = os.listdir(dirs)
    #遍历文件夹下的文件
    for f in subdir:
        print(".", end=" ")
        x_score, x_gender, x_desc = read_swls_file(dirs+f)
    #特征提取
        item = feature_extraction(x_desc)
        x_kws.append(item)
    #归一化标注数据
        y_score.append((x_score-5)/30)
    #拆分为训练数据和测试数据
    training_x = []
    training_y = []
    testing_x = []
    testing_y = []
    testing_no = []
    #遍历数据
    for i in range(0, len(x_kws)):
        lrand = random.randint(0, 100)
    #print(i, lrand)
        if(lrand >= 80):
            testing_no.append(len(testing_no))
            testing_x.append(x_kws[i])
            testing_y.append(y_score[i])
        else:
            training_x.append(x_kws[i])
            training_y.append(y_score[i])
    #训练模型，指定使用的模型为 SVM
    clf_svr = svm.SVR(gamma = "scale")
    #用训练集数据拟合模型
    clf_svr.fit(training_x, training_y)
```

```
#模型准确率
result = clf_svr.predict(testing_x)
ab = np.array([testing_y, result])
#输出预测值与真实值之间的相关系数
print("SVR: ", np.corrcoef(ab))
#指定使用的模型为随机森林
clf_forest = RandomForestRegressor(n_estimators = 10, criterion = "mse",
                                    random_s tate = 1, n_jobs = -1)
#用训练集数据拟合模型
clf_forest.fit(training_x, training_y)
#模型准确率
result = clf_forest.predict(testing_x)
ab = np.array([testing_y, result])
#输出预测值与真实值之间的相关系数
print("Random Forest: ", np.corrcoef(ab))
#指定使用的模型为决策树
clf_tree = DecisionTreeRegressor(max_depth = 6)
#用训练集数据拟合模型
clf_tree.fit(training_x, training_y)
#模型准确率
result = clf_tree.predict(testing_x)
ab = np.array([testing_y, result])
#输出预测值与真实值之间的相关系数
print("Decision Tree: ", np.corrcoef(ab))
#指定使用的模型为岭回归
clf_lasso = LassoCV()
#用训练集数据拟合模型
clf_lasso.fit(training_x, training_y)
#模型准确率
result = clf_lasso.predict(testing_x)
ab = np.array([testing_y, result])
#输出预测值与真实值之间的相关系数
print("Lasso: ", np.corrcoef(ab))
#指定使用的模型为GBR
clf_gbr = GradientBoostingRegressor()
#用训练集数据拟合模型
clf_gbr.fit(training_x, training_y)
#模型准确率
result = clf_gbr.predict(testing_x)
ab = np.array([testing_y, result])
#输出预测值与真实值之间的相关系数
print("Gradient Boosting: ", np.corrcoef(ab))
```

（4）建立生活满意度模型。

```
#训练模型并导出模型文件
import os
from sklearn import svm
from sklearn.ensemble import RandomForestRegressor
from sklearn.linear_model import Lasso,LassoCV,LassoLarsCV
import joblib
import jieba
import jieba.analyse
```

#大连理工情感词典中共有 21 个情感分类：快乐 (PA)，安心 (PE)，尊敬 (PD)，赞扬 (PH)，相信 (PG)，
#喜爱 (PB)，祝愿 (PK)，愤怒 (NA)，悲伤 (NB)，失望 (NJ)，疚 (NH)，思 (PF)，慌 (NI)，恐惧 (NC)，羞
#(NG)，烦闷 (NE)，憎恶 (ND)，贬责 (NN)，妒忌 (NK)，怀疑 (NL)，惊奇 (PC)
#微博客基本情绪词库中共有 5 个分类：快乐 (MH)，悲伤 (MS)，愤怒 (MA)，恐惧 (MD)，厌恶 (ME)
#对不同词类的标识进行定义

```
affect_col_list = ["PA", "PE","PD","PH","PG","PB","PK",
                   "NA","NB","NJ","NH","PF","NI","NC",
                   "NG","NE","ND","NN","NK","NL","PC",
                   "MH", "MS", "MA", "MD", "ME",
                   "P","N","Ne"]
```

#读入一个数据文件，返回得分、性别和自我描述
```
def read_swls_file(fname):
    fr_swls = open(fname, "r", encoding="UTF-8-sig")
    x_swls_strs = fr_swls.readlines()
    fr_score = int(x_swls_strs[0].strip("\n"))
    fr_gender = x_swls_strs[1].strip("\n")
    fr_desc = ""
```
#删除得分和性别行
```
    x_swls_strs.pop(0)
    x_swls_strs.pop(0)
    for swls_str in x_swls_strs:
        fr_desc += swls_str.strip().strip("\n") + " "
    fr_swls.close()
    return fr_score, fr_gender, fr_desc
```
#载入情感词典
```
def load_affect_dict(filepath):
    m_affectdict = []
    for m_col in affect_col_list:
        m_col = []
        m_affectdict.append(m_col)
    for m_line in open(filepath, "r", encoding="utf-8").readlines(): #打开并
```
#读取文件

```
#删除数据中的换行符
        m_line = m_line.strip()
        kwd = m_line.split("\t")[0].strip()
        col = m_line.split("\t")[1].strip()
        m_affectdict[affect_col_list.index(col)].append(kwd)
#返回文件
    return m_affectdict
#创建停用词表
def load_stopwords(filepath):
    m_stopwords = [
        line.strip() for line in open(filepath, "r",
        encoding="utf-8").readlines()]
    return m_stopwords
#特征提取
def feature_extraction(x_buf):
    item = []
#精确切分
    m_tags = jieba.cut(x_buf, cut_all = False)
    key_wrds = []
#删除停用词
    for s in m_tags:
        s = s.strip()
        if (len(s) > 0) and (s not in stopwords):
            key_wrds.append(s)
#切词后词的总数
    cnt_tags = len(key_wrds)
#print(cnt_tags)
#提取每个情感词类的词频比率
    idx = 0
    for g_col in affect_col_list:
#切词后包含情感词的总数
        affect_cnt = 0
#统计每个词类下关键词出现的总频次 affect_cnt
        for i in range(cnt_tags):
            s = key_wrds[i]
            if(s in affect_dict[idx]):
                affect_cnt += 1
#计算比率
        r_affect = 0.0
        if (cnt_tags > 0):
            r_affect = affect_cnt/cnt_tags
        item.append(r_affect)
        idx += 1
```

```
    return item
#载入停用词表
stop_word_file = "../data/stop_words_cn.txt"
stopwords = load_stopwords(stop_word_file)
#载入情感词典
affect_dict_file = "../data/dict-affect.txt"
affect_dict = load_affect_dict(affect_dict_file)
#载入情感词典中的词作为自定义词典
jieba.load_userdict("../data/jiebaload_affect_dict.txt")
#特征提取并训练模型
x_kws = []
y_score = []
dirs = "../data/swls/"
#定义返回指定文件下的列表
subdir = os.listdir(dirs)
#遍历文件夹下的文件
for f in subdir:
#末尾不换行，加.
    print(".", end="")
    x_score, x_gender, x_desc = read_swls_file(dirs+f)
#特征提取
    item = feature_extraction(x_desc)
    x_kws.append(item )
    y_score.append((x_score-5)/30)
#训练模型
clf_lasso = LassoCV()
clf_lasso.fit(x_kws, y_score)
#保存训练得到的模型
mod_file = "../data/swls.mod"
joblib.dump(clf_lasso, mod_file)
#输出结果
print("SWLS model saved! ")
```

（5）模型的应用。将保存下来的模型应用到九九文章网的文本数据上，进行生活满意度预测。相关代码如下。

```
#载入以前训练得到的模型，对新的文本进行生活满意度预测，并将预测结果保存
import os
import joblib
import jieba
import jieba.analyse


#大连理工情感词典中共有21个情感分类：快乐(PA)，安心(PE)，尊敬(PD)，赞扬(PH)，相信(PG)，
#喜爱(PB)，祝愿(PK)，愤怒(NA)，悲伤(NB)，失望(NJ)，疚(NH)，思(PF)，慌(NI)，恐惧(NC)，羞
#(NG)，烦闷(NE)，憎恶(ND)，贬责(NN)，妒忌(NK)，怀疑(NL)，惊奇(PC)
```

```
#微博客基本情绪词库中共有 5 个分类：快乐(MH)，悲伤(MS)，愤怒(MA)，恐惧(MD)，厌恶(ME)
#对不同词类的标识进行定义
affect_col_list = ["PA", "PE","PD","PH","PG","PB","PK",
                   "NA","NB","NJ","NH","PF","NI","NC",
                   "NG","NE","ND","NN","NK","NL","PC",
                   "MH", "MS", "MA", "MD", "ME",
                   "P","N","Ne"]
#载入情感词典
def load_affect_dict(filepath):
    m_affectdict = []
    for m_col in affect_col_list:
        m_col = []
        m_affectdict.append(m_col)
    for m_line in open(filepath, "r", encoding="utf-8").readlines(): #打开并
#读取文件
    #删除数据中的换行符
        m_line = m_line.strip()
        kwd = m_line.split("\t")[0].strip()
        col = m_line.split("\t")[1].strip()
        m_affectdict[affect_col_list.index(col)].append(kwd)
    #返回文件
    return m_affectdict
#创建停用词 list
def load_stopwords(filepath):
    m_stopwords = [
        line.strip() for line in open(filepath, "r",
        encoding="utf-8").readlines()]
    return m_stopwords
#特征提取
def feature_extraction(x_buf):
    item = []
#精确切分
    m_tags = jieba.cut(x_buf, cut_all=False)
    key_wrds = []
#删除停用词
    for s in m_tags:
        s = s.strip()
        if (len(s) > 0) and (s not in stopwords):
            key_wrds.append(s)
#切词后词的总数
    cnt_tags = len(key_wrds)
#print(cnt_tags)
#提取每个情感词类的词频比率
```

```
        idx = 0
        for g_col in affect_col_list:
    #切词后包含情感词的总数
            affect_cnt = 0
    #统计每个词类下关键词出现的总频次 affect_cnt
            for i in range(cnt_tags):
                s = key_wrds[i]
                if(s in affect_dict[idx]):
                    affect_cnt += 1
    #计算比率
            r_affect = 0.0
            if (cnt_tags > 0):
                r_affect = affect_cnt/cnt_tags
            item.append(r_affect)
            idx += 1
        return item
#载入停用词表
stop_word_file = "../data/stop_words_cn.txt"
stopwords = load_stopwords(stop_word_file)
#载入情感词典
affect_dict_file = "../data/dict-affect.txt"
affect_dict = load_affect_dict(affect_dict_file)
#载入情感词典中的词作为自定义词典
jieba.load_userdict("../data/jiebaload_affect_dict.txt")
apply_kws = []
wz_list = []
#特征提取、赋值
testdirs = "../data/99wz/"
testsubdir = os.listdir(testdirs)
#遍历文件夹下的文件
for f in testsubdir:
    print(testdirs+f)
    buf = open(testdirs+f, "r", encoding="utf-8").read()
#打开并读取文件
    item = feature_extraction(buf)
#print(item)
    apply_kws.append(item )
    wz_list.append(f)
#训练模型
mod_file = "../data/swls.mod"
#保存并读取文件
clf = joblib.load(mod_file)
#结果预测
```

```
result = clf.predict(apply_kws)
#输出结果
print(result)
#导出文件
#定义文件名
wz_predict_file = "../data/99wz-export.csv"
#打开文件
dstfp = open(wz_predict_file, "w", encoding="utf-8")
#新建文件
dstfp.write("99wz,swls\n")
#强制输出数据，清空缓冲区
dstfp.flush()
#从 0 开始
idx = 0
for f in wz_list:
dstfp.write(f)
#写入逗号
    dstfp.write(",")
    dstfp.write(str(result[idx]))
#写入换行符
    dstfp.write("\n")
#强制输出数据，清空缓冲区
    dstfp.flush()
    idx += 1
#关闭文件
dstfp.close()
#输出结果
print("99WZ Predicted!")
```

3）项目结果呈现

对九九文章网爬取的 38 篇文章进行生活满意度预测，生活满意度预测得分如表 8-2 所示。

表 8-2　生活满意度预测得分

文本名称	预测分数	文本名称	预测分数	文本名称	预测分数
1	0.621	14	0.565	27	0.566
2	0.566	15	0.548	28	0.604
3	0.532	16	0.565	29	0.597
4	0.529	17	0.561	30	0.580
5	0.569	18	0.587	31	0.669
6	0.546	19	0.580	32	0.656
7	0.527	20	0.579	33	0.718
8	0.567	21	0.620	34	0.679
9	0.578	22	0.555	35	0.637
10	0.600	23	0.574	36	0.534

文本名称	预测分数	文本名称	预测分数	文本名称	预测分数
11	0.551	24	0.570	37	0.533
12	0.597	25	0.567	38	0.614
13	0.572	26	0.556		

将生活满意度的得分归一化后，从上述结果中可以看出，模型的预测结果基本稳定，数值保持在 0.5～0.7，且对生活满意度的预测得分均在 0.5 以上，表明选取文本的生活满意度较高。

4）项目拓展应用

除了上面提到的使用网站文章来对生活满意度进行预测，也可以通过社交工具，像微信、微博、QQ 等，对某一群体在社交平台上的言论进行收集，也可以预测这一群体的生活满意度。另外，除了可以实现生活满意度的预测，也可以对抑郁、焦虑等心理变量进行预测，在得到预测分数之后，使用结构方程模型或者其他工具进行计算，从而继续开展相关研究。

参考文献

[1] 付育蕾. 基于情感教学下心理学研究[J]. 明日风尚，2018，(12)：296-297.

[2] 唐利. 文本情感分析动态研究[J]. 黑河学院学报，2022，13(01)，128-130.

[3] 苗文凯，刘庆芳，刘海云，等. 文本情感分析技术在中邮网院的应用研究[J]. 邮政研究，2022，38(02)：28-32.

[4] 张梦瑶，朱广丽，张顺香，等. 基于情感分析的微博热点话题用户群体划分模型[J]. 数据分析与知识发现，2021，(2)：43-49.

[5] 邓卫华，吕佩. 反转或缓解？突发事件政府回应有效性研究：基于在线文本情感分析[J]. 中国行政管理，2021，(2)：123-130.

[6] 彭秋平，吴思洋. 公共图书馆用户在线口碑情感分析：以副省级市图书馆大众点评网评论为中心[J]. 图书馆论坛，2021，(6)：141-149.

[7] 高眩，姚炬洋. 居民生活满意度研究述评[J]. 理论探讨，2013，(10)：24-25.

[8] 陈世平，乐国安. 城市居民生活满意度及其影响因素研究[J]. 心理科学，2001：(24)：664-667.

[9] 陈云，周昊. 北京市城镇居民生活满意度调查研究[J]. 人口与发展，2021，27(02)：136-144.

第9章

与众不同：特定行为与生活满意度

9.1 锦衣夜行：熬夜与生活满意度的关系

1. 从心起航

生活满意度是指个体依照自己选择的标准对大部分时间或持续一定时期的生活状况的总体性认知和评估。领域生活满意度和整体生活满意度是生活满意度的两个主要方面。领域生活满意度主要是指那些对个体生活产生重要影响的领域，最常见的影响因素为家庭状况、学校环境、人际交往关系等；整体生活满意度是指个体对自己一段时间内总体生活的整体性评估。很多的变量会影响整体生活满意度，在过往对生活满意度的研究中，对特定因素与生活满意度之间关系的研究一般要排除其他影响生活满意度的因素。在以往的研究中，人口统计学因素如性别、年龄、年级等会影响生活满意度；客观环境因素如家庭生活环境、经济能力，以及生活事件因素等都会影响生活满意度。

国内外大量学者致力于生活满意度研究，使用实证的方法对生活满意度的研究可以追溯到二十世纪六十年代，起始于社会学家与生活质量工作者。早期他们对影响生活满意度的因素主要着眼于人口变量，如收入、家庭情况、婚姻的质量、日常生活的环境，早期学者对生活满意度研究的受众主要是老年人，现在将大学生作为研究受众来考察大学生群体生活满意度的论文非常多，主要是从主观因素和客观因素两方面进行研究。

熬夜行为通常是指深夜不睡或者一夜未睡，但是至今没有明确地定义何为熬夜，故在征求相关专家的意见后，借鉴《熬夜对季节性情绪变化差异的影响》中这一文献的相关界定，判定当日 23:00 至次日 4:00 间发送的微博为用户熬夜状态下发送的微博，当日 20:00 至当日 23:00 间发送的微博为用户非熬夜状态下发送的微博。同时，基于微博平台的大数据筛选，获取各典型行业员工每天（当日 12:00 至次日 12:00）发送微博的最后时间，由此界定该员工当日是否熬夜。

各典型行业员工当日在熬夜状态下发送微博的行为记为该用户的熬夜行为，当日在非熬夜状态下发送微博的行为记为该用户的非熬夜行为。通过系统统计各典型行业微博用户员工从 2010 年至 2019 年每年中有熬夜行为的天数及非熬夜行为的天数，并据此计算各典型行业微博用户员工历年熬夜比例来表示其睡眠状况。

综上所述，可发现性别、年龄、教育程度、经济状况等社会人口学变量都与人群生活满意度有关，其中有些变量已得到大量相关文献的验证，而有些变量则尚无定论。本节从另一角度出发，主要利用微博大数据的方法探究熬夜行为和城市发展水平与生活满意度的关系。

2．数不胜数

本节涉及的技术包括基于 Python 的微博爬虫技术（关键词和 ID）、基于 Python 的文本分析技术和数据分析三部分。

新浪微博自 2009 年正式投入使用以来，活跃用户就一直保持爆发式增长。根据新浪微博数据中心发布的财报显示，截至 2021 年第四季度末，微博月活跃用户达到 5.73 亿，同比增长 10%，日活跃用户达到 2.49 亿，同比增长 11%，如此庞大的用户数量意味着微博中蕴含着海量的数据待挖掘。随着互联网技术的不断发展，自媒体发展迅猛，人们的工作和生活无时无刻不受到媒体的影响，而微博舆情在新媒介时代被赋予全新的状态。集自媒体、社交网络、即时通信等功能为一体的微博深刻改变着全社会信息传播的格局，成为当前我国社会各类重大事件信息扩散的主要场域和重要信源。微博这种随时随地浏览和分享的产品形态特别迎合现代人的特性，得到现代人的青睐。同时，微博中的信息不同于普通新闻网页或官方发布的通告，具有原创性、时效性、随意性、碎片性、受众广等特点，而且微博宣传的影响力具有很大弹性，与内容的质量高度关联，也就是说，越是热点的信息在微博上的访问量、传播量就越多，其影响力也因此增加。

Python 是一种跨平台的计算机程序设计语言，是一种面向对象的动态类型语言。基于 Python 的网络爬虫十分完备，可以分布式、多线程地对网页进行抓取。它提供了多个能实现 Http 请求的功能模块，如 Urllib 库、Requests 库，可以解析网页页面的功能模块，如 Beautiful Soup 库、lxml 库等，可以很有效地实现对各种网页页面的抓取和数据采集任务。

网络爬虫的相关定义可见第 3.1 节。文本情感分析的相关定义见第 3.2 节。

SPSS（Statistical Package for the Social Science）是世界上著名的统计分析软件之一，2000 年 SPSS 公司由于产品升级及业务拓展的需要，将其产品正式更名为 Statistical Product and Service Solutions，即统计产品与服务解决方案。它和 SAS（Statistical Analysis System）和 BMDP（Biomedical Computer Program）并称为国际上最有影响的三大统计软件。SPSS 为社会学统计软件包，但它在社会科学，自然科学的各个领域都能发挥巨大作用，并已经应用于经济学、生物学、教育学、心理学、医学、金融等各个领域。SPSS 功能强大，易学易用。SPSS 提供了用户图形界面窗口环境，在屏幕上清晰显示各类分析选项，并具备完整的下拉式菜单及对话框，用户界面非常友好，其操作与其他 Windows 应用软件相似，最显著的特点是使用菜单和对话框的操作方式，绝大多数操作过程易于操作，因而成为非统计专业人员应用最多的统计软件。

3．计研心算

1）项目解决逻辑

本节包括数据获取与数据处理两部分，首先通过 Python 程序来爬取所需的微博数据，然后用获取用户的微博数据展开文本分析。本节中数据获取过程主要涉及用户筛选、微博文本爬取和用户清理三个阶段，数据处理过程主要包括用户分组和数据分析两个阶段。研究流程如图 9-1 所示。

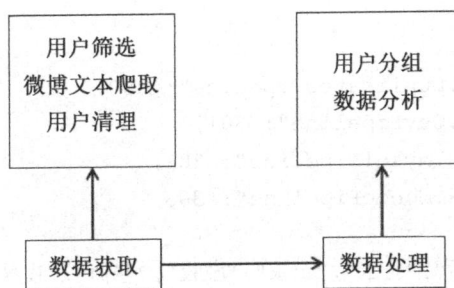

图 9-1　研究流程

2）项目实现过程

以下代码在 Python3.9（PyCharm 2021 工具）中实现。

（1）用户筛选

首先通过关键词锁定部分微博用户并获取他们的信息，"目标微博"的选定关键词如表 9-1 所示；然后根据用户发布博文是否带位置标签对用户进行筛选分类。本次爬取的微博数据中一线城市组为北京、上海、广东、深圳，除此之外的城市归为其他城市组。初步筛选后，获得若干条一线城市组数据与其他城市组数据，由于两组数据差异较大，本节依据一线城市组的数量进行匹配，从其他城市组用户数据中随机抽取与一线城市组等比例的用户。考虑到数据的可用性，最终确定若干条一线城市组数据与其他城市组数据。

表 9-1　"目标微博"的选定关键词

"熬夜"组	"不熬夜"组
熬夜	生活
修仙	打卡
夜猫子	记录

本节的所有配置都在 setting.py 文件中完成，该文件位于 "weibo-search\weibo\settings.py"，各项参数配置完毕后在 cmd 窗口下运行"scrapy crawl search -s JOBDIR=crawls/search"命令即可。该部分代码如下。

```
#采用 utf-8 编码
BOT_NAME = "weibo"
SPIDER_MODULES = ["weibo.spiders"]
NEWSPIDER_MODULE = "weibo.spiders"
COOKIES_ENABLED = False
TELNETCONSOLE_ENABLED = False
LOG_LEVEL = "ERROR"
#访问一个页面后访问下一个时需要等待的时间默认为10s
DOWNLOAD_DELAY = 10
DEFAULT_REQUEST_HEADERS = {
    "Accept":
```

```
        "text/html,application/xhtml+xml,application/xml;q=0.9,*/*;q=0.8",
        "Accept-Language": "zh-CN,zh;q=0.9,en;q=0.8,en-US;q=0.7",
        "cookie": "你的 cookie"
    }
    ITEM_PIPELINES = {
        "weibo.pipelines.DuplicatesPipeline": 300,
        "weibo.pipelines.CsvPipeline": 301,
        #"weibo.pipelines.MysqlPipeline": 302,
        #"weibo.pipelines.MongoPipeline": 303
    }
    KEYWORD_LIST = ["生活","打卡","记录","熬夜","修仙","夜猫子"]
```

#要搜索的关键词列表可写多个，值可以是由关键词或话题组成的列表，也可以是包含关键词的 txt
#文件路径。例如，"keyword_list.txt"文件中每个关键词占一行
#搜索的微博类型：0 代表搜索全部微博，1 代表搜索全部原创微博，2 代表热门微博，3 代表关注人微
#博，4 代表认证用户微博，5 代表媒体微博，6 代表观点微博

```
    WEIBO_TYPE = 1
```

#筛选结果微博中必须包含的内容，0 代表不筛选、获取全部微博，1 代表搜索包含图片的微博，2 代
#表包含视频的微博，3 代表包含音乐的微博，4 代表包含短链接的微博

```
    CONTAIN_TYPE = 0
```

#筛选微博的发布地区，精确到省或直辖市，值不应包含"省"或"市"等字，如想要筛选北京市的微
#博，请用"北京"而不是"北京市"，想要筛选安徽省的微博，请用"安徽"而不是"安徽省"，可以写多个
#地区

```
    REGION = ["全部"]
```

#具体支持的地名见 region.py 文件，注意只支持省或直辖市的名字，不支持省下面的市名及直辖市
#下面的区县名，不筛选请用"全部"

#搜索的起始日期为 yyyy-mm-dd 形式，搜索结果包含该日期

```
    START_DATE = "2021-01-01"
```

#搜索的终止日期为 yyyy-mm-dd 形式，搜索结果包含该日期

```
    END_DATE = "2021-07-31"
```

#细分搜索的阈值，若结果页数大于或等于该值，则认为没有完全展示结果，细分搜索条件后重新搜索
#以获取更多微博。数值越大速度越快，也越有可能漏掉微博；数值越小速度越慢，获取的微博就越多。建
#议数值大小设置在 40 至 50 之间

```
    FURTHER_THRESHOLD = 41
```

#图片文件的存储路径

```
    IMAGES_STORE = "./"
```

#视频文件的存储路径

```
    FILES_STORE = "./"
```

#配置 MongoDB 数据库
#MONGO_URI = "localhost"

#配置 MySQL 数据库，以下为默认配置，可以根据实际情况更改配置，程序会自动生成一个名为 weibo
#的数据库，如想更换名称，请更改 MYSQL_DATABASE 值

（2）微博文本爬取

初步筛选用户后，根据用户 ID 爬取用户的基本注册信息及用户在 2021 年 1 月 1 日至

2021 年 12 月 1 日这 11 个月的微博内容。因为转发微博的内容并非用户的自我表达，所以在爬取的时候只爬取用户的原创微博及转发微博中的原创部分。

微博用户爬虫具体的代码修改在 config.json 文件中，各项参数配置完毕后在 cmd 窗口下运行"python -m weibo_spider"命令。该部分代码如下。

```json
{
    "user_id_list": ["需要爬取的用户 ID（可以是多个）"],
    "filter": 1,
    "since_date": "2018-01-01",
    "end_date": "now",
    "random_wait_pages": [1, 5],
    "random_wait_seconds": [6, 10],
    "global_wait": [[1000, 3600], [500, 2000]],
    "write_mode": ["csv", "txt"],
    "pic_download": 1,
    "video_download": 1,
    "file_download_timeout": [5, 5, 10],
    "result_dir_name": 0,
    "cookie": "你的 cookie",
    "mysql_config": {
        "host": "localhost",
        "port": 3306,
        "user": "root",
        "password": "123456",
        "charset": "utf8mb4"
    },
    "kafka_config": {
        "bootstrap-server": "127.0.0.1:9092",
        "weibo_topics": ["spider_weibo"],
        "user_topics": ["spider_weibo"]
    },
    "sqlite_config": "weibo.db"
}
```

（3）用户清理和用户分组

使用 Pandas 工具包对用户进行再次筛选，主要从账户活跃度和账户实际运营者两方面进行。首先，选择活跃度相对较高的用户，拟设定的筛选标准为账户注册时间满一年以上且总发布微博总数不低于 20；然后，账户的实际运营者应为普通用户，而非官方微博、明星、专业博主等机构运营账户，拟设定的筛选标准为粉丝量小于 3000 的账户。经过清洗后，获得一线数据组与其他城市组中的若干人。

在数据处理阶段，首先依据用户的发博时间对用户进行二次分组。根据用户在凌晨 0 点至 4 点内的发博数量，将发博次数超过一次的定义为熬夜人群，在该时间段内没有发过微博的用户定义为不熬夜人群，最终确定一线熬夜组、一线不熬夜组、其他熬夜组和其他不熬夜组。

本阶段运行 classify.py 文件，根据微博信息，将用户存储在不同的文件夹下，并将用户的博文录入 txt 文档。该部分代码如下。

```python
#筛选用户为熬夜还是非熬夜
import glob
import os
import pandas as pd

from datetime import datetime
import shutil

fans_max_num = 3000            #限定的最大粉丝量，粉丝量过多不具有普遍性
stay_up_start = "00:00"        #熬夜的开始时间
stay_up_end = "04:00"          #熬夜的结束时间
stay_up_ratio = 0.6
stay_up_absolated_num = 1
#将字符串转换为 datetime 类型
def strtodatetime(datestr, format):
    return datetime.datetime.strptime(datestr, format)
#读取 csv 文件
for csv_file in glob.glob("D:...\weiboSpider-master\weibo\*.csv"):
    _,csv_file_name = os.path.split(csv_file)
#os.path.split 按照路径将文件名和路径分割开，返回的结果是 tuple 类型
    text_file_name = csv_file_name.replace(".csv", ".txt")
#读取 txt 文件
    text_file=os.path.join("D:\...weiboSpider-master\weibo",
                           text_file_name)
#拼接文件路径，可以传递多个路径
#判断括号里的文件是否存在
    if not os.path.exists(text_file):
        print(f"{text_file}不存在 text")
    else:
        pd_reader = pd.read_csv(csv_file)
#读取 csv 文件，返回一个数据框（dataframe）文件
        if "微博正文" in pd_reader:
            pd_reader_text_list = pd_reader["微博正文"].tolist()
#如果存在微博正文，那么将它读取到列表中
        else:
            pd_reader_text_list = []
        with open(text_file, "r", encoding="utf-8") as f:
            text_file_list = f.readlines()
        no_valid = 0
        stay_up_weibo_num = 0
        all_weibo_num = 0
```

```
        for line in text_file_list:
            if line.startswith("粉丝数："):
                fans_num = int(line.strip().lstrip("粉丝数："))
#判断粉丝数，粉丝数超过规定值不予考虑，break表示结束循环
            if fans_num > fans_max_num:
                no_valid = 1
                break
            if line.startswith("发布时间："):
                release_time = line.strip().lstrip("发布时间：").split(" ")[1]
                local_datetime = datetime.strptime(release_time,"%H:%M")
#获取时间并将时间转为“小时：分钟”的形式
                all_weibo_num += 1
                if datetime.strptime(stay_up_start, "%H:%M")\
                        <= local_datetime <= \
                        datetime.strptime(stay_up_end, "%H:%M"):
                    stay_up_weibo_num += 1
#判断时间是否位于0：00至4：00之间，若是则熬夜微博数加1
        if no_valid or all_weibo_num == 0:
            continue
        else:
            try:
                if stay_up_weibo_num >= stay_up_absoluted_num:
#熬夜人群
                    #if stay_up_weibo_num/all_weibo_num >= stay_up_ratio:
                    new_csv_file = os.path.join(r"D:...\stay up\yixiancsv",
                                                csv_file_name)
#创建csv文件并存储在D:...\stay up\yixiancsv
                    if not os.path.exists(os.path.dirname(new_csv_file)):
                        os.makedirs(os.path.dirname(new_csv_file))        #判断有无重
#名文件，没有则创建该文件
    #os.system(f"copy {csv_file} {new_csv_file}")
                    shutil.copy(csv_file, new_csv_file)
                    new_text_file = os.path.join(r"D:...\stay up\yixiantxt",
                                                 text_file_name)
#创建新的txt文件并存储在D:...\stay up\yixiantxt
                    new_weibo_text_file = os.path.join(r"D:...\stay\up\
                        weibo_yixiantxt", text_file_name)
#创建新的txt文件并存储在D:...\stay up\wei_boyixiantxt
                    if not os.path.exists(os.path.dirname(new_text_file)):
                        os.makedirs(os.path.dirname(new_text_file))
                    if not os.path.exists(
                            os.path.dirname(new_weibo_text_file)):
                        os.makedirs(os.path.dirname(new_weibo_text_file))
```

```
                            #os.system(f"copy {text_file} {new_text_file}")
                            shutil.copy(text_file, new_text_file)
                            with open(new_weibo_text_file, "w", encoding="utf-8") as f:
                                f.write("\n".join(pd_reader_text_list))
        #写入之前读取的微博正文
                        else:
                            new_csv_file = os.path.join(
                                r"D:\熬夜生活满意度\no stay up\yixiancsv", csv_file_name)
                            if not os.path.exists(os.path.dirname(new_csv_file)):
                                os.makedirs(os.path.dirname(new_csv_file))
                            #os.system(f"copy {csv_file} {new_csv_file}")
                            shutil.copy(csv_file, new_csv_file)
                            new_text_file = os.path.join(
                                r"D:\熬夜生活满意度\no stay up\yixiantxt",
                                 text_file_name)
                            new_weibo_text_file = os.path.join(
                                r"D:\熬夜生活满意度\no stay up\weibo_yixiantxt",
                                 text_file_name)
                            if not os.path.exists(os.path.dirname(new_text_file)):
                                os.makedirs(os.path.dirname(new_text_file))
                            if not os.path.exists(os.path.dirname(new_weibo_text_file)):
                                os.makedirs(os.path.dirname(new_weibo_text_file))
                            #os.system(f"copy {text_file} {new_text_file}")
                            shutil.copy(text_file, new_text_file)
                            with open(new_weibo_text_file, "w", encoding="utf-8") as f:
                                f.write("\n".join(pd_reader_text_list))
                except Exception as e:
                    print(e)                    #异常检测
```

（4）数据分析

利用已建立的生活满意度预测模型，计算每位用户的生活满意度得分，用 SPSS 软件进行数据分析。

运行 satisfaction.py 文件：计算生活满意度。该部分的代码如下。

```
#情感词典中共有21个情感分类：快乐(PA)，安心(PE)，尊敬(PD)，赞扬(PH)，相信(PG)，喜爱
#(PB)，祝愿(PK)，愤怒(NA)，悲伤(NB)，失望(NJ)，疚(NH)，思(PF)，慌(NI)，恐惧(NC)，羞(NG)，
#烦闷(NE)，憎恶(ND)，贬责(NN)，妒忌(NK)，怀疑(NL)，惊奇(PC)
import os
import joblib
import jieba
import jieba.analyse


affect_col_list = ["PA","PE","PD","PH","PG","PB","PK","ME","MS","N","NA","NB",
                   "NJ","NH","PF","NI","NC","MD","MH","Ne","NG","NE","ND",
                   "NN","NK","NL","PC","MA","P"]
```

```
#载入情感词典
def load_affect_dict(filepath):
    m_affectdict = []
    for m_col in affect_col_list:
        m_col = []
#将 affect_col_list 复制至 m_affectdict.append
        m_affectdict.append(m_col)
    for m_line in open(filepath, "r", encoding="utf-8").readlines():
        m_line = m_line.strip()
        kwd = m_line.split("\t")[0].strip()
#逐行读取文件内容到列表中
        col = m_line.split("\t")[1].strip()
        m_affectdict[affect_col_list.index(col)].append(kwd)
#将 kwd 添加到 col 所在的位置
    return m_affectdict
#创建停用词表
def load_stopwords(filepath):
    m_stopwords = [
        line.strip() for line in open(filepath, "r",
        encoding= "utf-8").readlines()]
#读取文件
    return m_stopwords
#结束分词后，统计分词后的字词出现在词典中的频数
def cntkws_jieba_seg_wrds(c_desc,kws):
    c_tags = jieba.cut(c_desc, cut_all = False)    #设定为标准模式分词
    cnt_wrds = 0                                   #cnt_word 的数量
    affect_cnt = 0                                 #affect_cnt 的数量
    for s in c_tags:
        s = s.strip()                              #分词结果
        if (s in stopwords) or (len(s) == 0):      #如果 s 为空，那么判断下一个
            continue
        cnt_wrds += 1  #在 stop 里
        if(s in kws):
            affect_cnt += 1  #在 kws 里
    return affect_cnt/cnt_wrds
#特征提取
def feature_extraction(x_buf):
    item = []
    idx = 0                                        #提取每个情感词类的词频比率
    for g_col in affect_col_list:
        r_affect = cntkws_jieba_seg_wrds(x_buf, affect_dict[idx])
#调用上个函数得到 affect_cnt/cnt_wrds 值
        item.append(r_affect)
```

```
            idx += 1
        return item


def func_aoye():
    apply_kws = []
    wz_list = []
    testdirs = "D:...\stay up\yixiantxt/"
    testsubdir = os.listdir(testdirs)
    for f in testsubdir:                        #遍历文件夹下的文件
        buf = open(testdirs+f, "r", encoding="utf-8").read()\
            item = feature_extraction(buf)
            #调用 feature_extraction 得到 affect_cnt/cnt_wrds 值
        apply_kws.append(item)                   #将列表赋值给 apply_kws
        wz_list.append(f)                        #将遍历过的文件名添加到列表


    mod_file = "D:.../data/swls.mod"
    clf = joblib.load(mod_file)                  #加载训练模型
    result = clf.predict(apply_kws)              #预测结果
    print(result)
    #导出文件
    wz_predict_file = "./aoye-result.csv"
    dstfp =open(wz_predict_file,"w",encoding="utf8")   #打开 csv
    dstfp.write("yixianaoye,swls\n")                   #写入
    dstfp.flush()                                      #刷新文件
    idx = 0                                            #计数
    for f in wz_list:                                  #遍历文件
        dstfp.write(f)                                 #写入文件名
        dstfp.write(",")
        dstfp.write(str(result[idx]))                  #写入满意度
        dstfp.write("\n")
        dstfp.flush()                                  #刷新文件
        idx += 1
    dstfp.close()
def func_buaoye():
    apply_kws = []
    wz_list = []
    testdirs = "D:.../no stay up\yixiantxt/"
    testsubdir = os.listdir(testdirs)
    for f in testsubdir:
        buf = open(testdirs + f, "r", encoding="utf-8").read()
    #读取文件
        item = feature_extraction(buf) #调用 feature_extraction 得到 affect（x
#值的列表）
        apply_kws.append(item)                   #将列表赋值给 apply_kws
```

```
    wz_list.append(f)                    #将遍历过的文件名添加到列表
mod_file = "D:.../data/swls.mod"
clf = joblib.load(mod_file)              #加载训练模型
result = clf.predict(apply_kws)          #预测结果
print(result)                            #输出结果
#导出文件
wz_predict_file = "./buaoye-result.csv"
dstfp = open(wz_predict_file, "w", encoding="utf8")
dstfp.write("yixianbuaoye,swls\n")
dstfp.flush()                            #刷新文件
idx = 0                                  #计数
for f in wz_list:                        #遍历文件
    dstfp.write(f)                       #写入文件名
    dstfp.write(",")
    dstfp.write(str(result[idx]))        #写入满意度
    dstfp.write("\n")
    dstfp.flush()                        #刷新文件
    idx += 1
dstfp.close()                            #关闭文件
if __name__ == "__main__":
#载入停用词表
    stop_word_file = "D:.../data/stop_words_cn.txt"
    stopwords = load_stopwords(stop_word_file)
#载入情感词典
    affect_dict_file = "D:.../data/dict-affect.txt"
#读取 affect_dict
    affect_dict = load_affect_dict(affect_dict_file)
    func_aoye()
    func_buaoye()
    print("[+]运行结束\n")
```

（5）使用 SPSS 软件分析和运行代码得到的四个组（一线城市熬夜组、一线城市不熬夜组、其他城市熬夜组和其他城市不熬夜组）。

3）项目结果呈现

不同城市微博用户的生活满意度如表 9-2 所示。

表 9-2　不同城市微博用户的生活满意度

城市分组	N	M±SD	t
一线城市组	1749	0.578±0.094	−1.435*
其他城市组	1353	0.592±0.089	

注：*表示 $p<0.05$。

由表 9-2 可知，经过独立样本 t 检验，不同城市微博用户的生活满意度得分差异显著（$t=-4.135$，$p=0.00<0.05$）。其中，一线城市微博用户的生活满意度显著低于其他城市微博用户的生活满意度，反映了随着经济发展水平的不同，人们的生活满意度也会随之发生改变。

不同发博时间微博用户的生活满意度如表 9-3 所示。

表 9-3　不同发博时间微博用户的生活满意度

分组	N	M±SD	t
熬夜组	1600	0.603+0.086	11.768*
非熬夜组	1502	0.564+0.095	

注：*表示 p<0.05。

不同发博时间用户的生活满意度得分比较如图 9-2 所示。

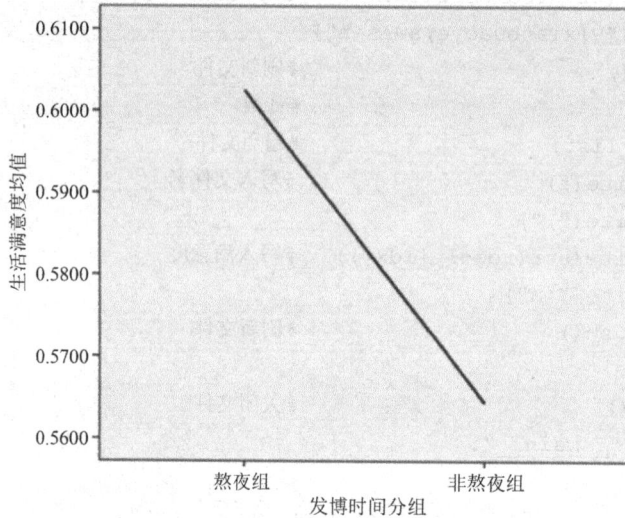

图 9-2　不同发博时间用户的生活满意度得分比较

由表 9-3 可知，经过独立样本 t 检验，熬夜组与非熬夜组微博用户的生活满意度得分差异显著（t=11.768，p=0.00<0.05），但熬夜组微博用户的生活满意度得分显著高于非熬夜组生活满意度得分，具体原因有待进一步探究。不同城市熬夜组与非熬夜组的生活满意度得分如图 9-3 所示。

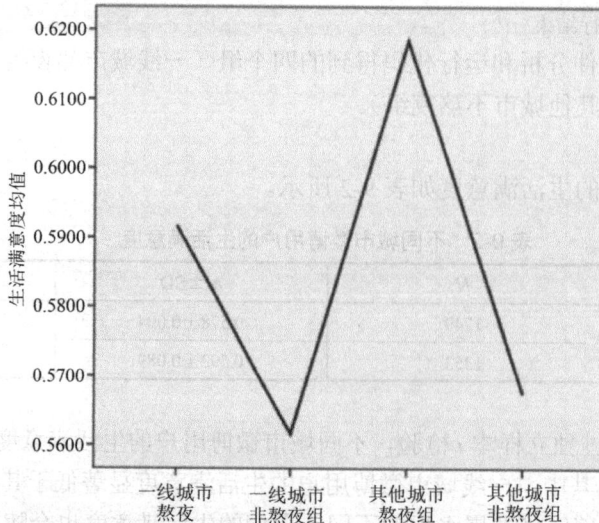

图 9-3　不同城市熬夜组与非熬夜组的生活满意度得分

由图 9-3 可知，在四组微博用户中，其他城市熬夜组的生活满意度得分最高，一线城市非熬夜组的生活满意度得分最低。不同城市熬夜组与非熬夜组用户的生活满意度得分差异检验结果如表 9-4 所示。

表 9-4　不同城市熬夜组与非熬夜组用户的生活满意度得分差异检验结果（$M \pm SD$）

分组	非熬夜组	熬夜组	F
一线城市	0.592+0.915	0.562±0.095	58.577*
其他城市	0.618+0.074	0.567±0.094	

注：*表示 $p<0.05$。

由表 9-4 可知，经过 F 检验，不同城市及发博时间的微博用户的生活满意度得分存在显著差异（$F=58.577$，$p=0.00<0.05$）。进一步采用事后差异检验（LSD）分析得出，一线城市熬夜组的生活满意度得分显著低于其他城市熬夜组（$p=0.00<0.05$），但在一线城市非熬夜组与其他城市非熬夜组之间并未出现明显差异（$p=0.208>0.05$）。一线城市熬夜组的生活满意度得分显著高于一线城市非熬夜组（$p=0.00<0.05$），其他城市熬夜组的生活满意度得分也显著高于其他城市非熬夜组（$p=0.00<0.05$）。

图 9-4 所示为不同城市熬夜组与非熬夜组的生活满意度得分，表明了微博用户的发博时间、所在城市的经济发展水平与生活满意度之间的关系。综合以上结果分析，随着城市的经济发展水平不断提升，人们的生活满意度并不一定得到显著提升，这与经济发展带来的现实影响密不可分。另外，由熬夜组与非熬夜组的生活满意度的差异可见，发博时间越晚，生活满意度越高，这个结果为未来进一步探究社交媒体的使用对个体的影响提供了一定参考。

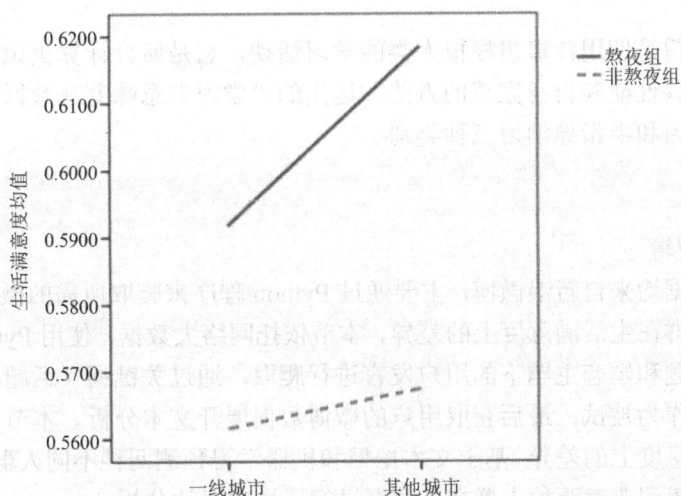

图 9-4　不同城市熬夜组与非熬夜组的生活满意度得分

4）项目拓展应用

本节主要使用文本情感分析法，该方法常应用于以下几个方面：一是网络舆情监控，通过提取网络文本的关键词，组成语义网络之后分析语义倾向，达到舆情监控的目的；二是从商品的评论中获取某商品的褒贬评价，从评论文本中提取具有代表性的关键词，给出合适的权值，通过分析得出该商品的好评和差评数量；还有语义网络分析、知识图谱等。

此外，文本情感分析一开始主要集中应用于论坛和社区的在线评论，随着电商的崛起，相关研究逐渐转为消费者对商品评价的研究，如分析消费者对商品的评价可以了解商品的特征和属性，预测未来销售情况。随着娱乐生活的丰富，电影和旅游评论也成了研究热点。在商业投资方面，研究热点主要集中在股市预测。

9.2　茕茕子立：单身与否对生活满意度的影响

1．从心起航

单身是指一个人成年以后仍然独自生活而没有配偶，可以是从未结婚的，也可以是已经离异的，还可以是丧偶的。单身也指与他人没有情侣关系的独立个体，可以引申为没有男（女）朋友。

婚恋是指结婚和恋爱，是家庭成立的标志和基础。婚恋关系的本质在于它的社会性，即按照一定的法律、伦理和习俗规定建立的关系，夫妻关系是一种特定的人际关系和社会关系，婚恋动机不仅是以社会认可的方式满足夫妻双方的性需要，继而生儿育女，繁衍后代，而且包含经济方面的考虑。

幸福感涉及对生活的多维度评价，包括对生活满意度的认知判断及情感评价。

2．数不胜数

机器学习的主旨是使用计算机模拟人类的学习活动，它是研究计算机识别现有知识、获取新知识、不断改善性能和自身完善的方法。这里的"学习"意味着从数据中学习，包括指导学习、无指导学习和半指导学习三种类别。

3．计研心算

1）项目解决逻辑

本节使用的数据均来自新浪微博，主要通过 Python 程序来爬取所需的微博数据。为探究单身人群和婚恋人群在生活满意度上的差异，本节依托网络大数据，使用 Python 爬虫程序对微博平台上单身主题和婚恋主题下的用户发言进行爬取，通过关键词（话题）在全部微博用户中锁定部分群体作为被试，最后获取用户的微博数据展开文本分析。本节旨在对比单身与婚恋人群在生活满意度上的差异。基于文本挖掘和机器学习预测两种不同人群的生活满意度，并采用大连理工情感词典对两种人群文本数据进行了情感表达分析。

2）项目实现过程

以下代码在 Python3.9（Pycharm 2021 工具）中实现。

具体实现过程如下。

（1）选取被试。首先通过关键词（话题）锁定部分微博用户并获取他们的发博信息，如话题"单身生活""恋爱快乐吗"。筛选出 2020 年 1 月 1 日至 2021 年 10 月 31 日在话题"单身生活到底有多爽""恋爱快乐吗"等话题下发表的博文，爬取楼主的原创内容作为分析样本。微博允许用户围绕某一话题进行描述，通过合理选取问题，提取目标群体相对容易，且这种形式使用户在相对理性的状态下进行全面思考，其文字描述具有客观性和全面性，绝大部分回答符合生活状态描述的要求，与本节研究问题高度相关。

（2）爬取微博文本。对用户进行初步筛选后，爬取用户在 2020 年 1 月 1 日至 2021 年 10 月 31 日的时间段内某一话题下的所有微博内容。因为转发微博的内容并非用户的自我表达，所以仅爬取用户的原创微博及转发微博中的原创部分。该部分代码如下。

```
#采用 utf-8 编码
BOT_NAME = "weibo"
SPIDER_MODULES = ["weibo.spiders"]
NEWSPIDER_MODULE = "weibo.spiders"
COOKIES_ENABLED = False
TELNETCONSOLE_ENABLED = False
LOG_LEVEL = "ERROR"
#访问一个页面后访问下一个页面时需要等待的时间默认为10s
DOWNLOAD_DELAY = 10
DEFAULT_REQUEST_HEADERS = {
    "Accept":
    "text/html, application/xhtml+xml, application/xml;q=0.9,*/*;q=0.8",
    "Accept-Language": "zh-CN, zh;q=0.9, en;q=0.8, en-US;q=0.7",
    "cookie": ""
    }
ITEM_PIPELINES = {
    "weibo.pipelines.DuplicatesPipeline": 300,
    "weibo.pipelines.CsvPipeline": 301,
    #"weibo.pipelines.MysqlPipeline": 302,
    #"weibo.pipelines.MongoPipeline": 303,
    #"weibo.pipelines.MyImagesPipeline": 304,
    #"weibo.pipelines.MyVideoPipeline": 305
}
#要搜索的关键词列表可写多个值，可以是由关键词或话题组成的列表，也可以是包含关键词的 txt 文
#件路径，如"keyword_list.txt"文件中每个关键词占一行
KEYWORD_LIST = ["单身的生活可以有多爽"]
#或者 KEYWORD_LIST = "keyword_list.txt"
#搜索的微博类型：0 代表搜索全部微博，1 代表搜索全部原创微博，2 代表热门微博，3 代表关注人微
#博，4 代表认证用户微博，5 代表媒体微博，6 代表观点微博
WEIBO_TYPE = 1
#筛选结果微博中必须包含的内容：0 代表不筛选、获取全部微博，1 代表搜索包含图片的微博，2 代
#表包含视频的微博，3 代表包含音乐的微博，4 代表包含短链接的微博
CONTAIN_TYPE = 0
#筛选微博的发布地区，精确到省或直辖市，值不应包含"省"或"市"等字，如想要筛选北京市的微
#博，请用"北京"而不是"北京市"，想要筛选安徽省的微博，请用"安徽"而不是"安徽省"，可以写多个
#地区
REGION = ["全部"]
#具体支持的地名见 region.py 文件，注意只支持省或直辖市的名字，不支持省下面的市名及直辖市
#下面的区县名，不筛选请用"全部"
```

```
START_DATE = "2020-01-01"
#搜索的起始日期为 yyyy-mm-dd 形式，搜索结果包含该日期
END_DATE = "2021-10-31"
#搜索的终止日期为 yyyy-mm-dd 形式，搜索结果包含该日期
#细分搜索的阈值，若结果页数大于或等于该值，则认为结果没有完全展示，细分搜索条件并重新搜索
#以获取更多微博。数值越大速度越快，也越有可能遗漏微博；数值越小速度越慢，获取的微博就越多。建
#议数值大小设置在 40 至 50 之间
FURTHER_THRESHOLD = 46
#图片文件的存储路径
IMAGES_STORE = "./"
#视频文件的存储路径
FILES_STORE = "./"
#配置 MongoDB 数据库
#MONGO_URI = "localhost"
#配置 MySQL 数据库，以下为默认配置，可以根据实际情况更改配置，程序会自动生成一个名为 weibo
#的数据库，如想更换名称，请更改 MYSQL_DATABASE 值
#MYSQL_HOST = "localhost"
#MYSQL_PORT = 3306
#MYSQL_USER = "root"
#MYSQL_PASSWORD = "123456"
#MYSQL_DATABASE = "weibo"
```

（3）数据的转换。将微博爬取的以.csv 格式保存的文件先转换为.xlsx 格式，再通过转换指令转换为文本数据，并将已经转换完成的文本导入数据分析程序中进行数据分析。该部分的代码如下。

```
import xlrd
S = "single"
def extract_content(string):
#将下载的文件保存在本地
    if (1 == 1):
        global i
#sheet.cell(i, 0) 用第 i 行的第 1 列作为文件名
        tzgg_file = "D:\\茕茕孑立：单身与否对生活满意度的影响\\data\\singleTest/"\
                        + S + str(i) + ".txt"
        dstfp = open(tzgg_file, "w", encoding="utf8")
        dstfp.write("/n")
        dstfp.write(string)
        dstfp.close()
    return
#文件所在地
fileName = "D:\\茕茕孑立：单身与否对生活满意度的影响\\data\\单身.xls"
data = xlrd.open_workbook(fileName)
#根据 sheet 索引获取 sheet 内容
sheet = data.sheet_by_index(0)
#获取行数
```

```
sheet_nrows = sheet.nrows
#print(sheet_nrows)
#获取列数
sheet_ncols = sheet.ncols
#print(sheet_ncols)
#创建存储这列数据的列表
#从第 2 行开始读取数据，i=0 表示第 1 行，一般第 1 行都是标题
i = 1
while i < sheet_nrows:
#导出第 i 行的序列
    extract_content(sheet.cell(i, 1).value)
    i += 1
```

（4）情感模型的创建。利用已经完善的生活满意度量表结合模型训练代码生成情感模型，生活满意度反映了个体对自身状态的主观满意程度。本节采用大连理工大学信息检索研究室开发的大连理工情感词典计算不同情感类的词频作为模型的输入特征，该情感词典包含乐、好、怒、哀、惧、恶和惊这 7 种情感大类，包含 21 种不同的情感类，如快乐、安心、尊敬，各情感类中包含对应的例词，情感分类如表 9-5 所示。

表 9-5　情感分类

编号	情感大类	情感类	例词
1	乐	快乐(PA)	喜悦、欢喜、笑眯眯、欢天喜地
2		安心(PE)	踏实、宽心、定心丸、问心无愧
3	好	尊敬(PD)	恭敬、敬爱、毕恭毕敬、肃然起敬
4		赞扬(PH)	英俊、优秀、通情达理、实事求是
5		相信(PG)	信任、信赖、可靠、毋庸置疑
6		喜爱(PB)	倾慕、宝贝、一见钟情、爱不释手
7		祝愿(PK)	渴望、保佑、福寿绵长、万寿无疆
8	怒	愤怒(NA)	气愤、恼火、大发雷霆、七窍生烟
9	哀	悲伤(NB)	忧伤、悲苦、心如刀割、悲痛欲绝
10		失望(NJ)	憾事、绝望、灰心丧气、心灰意冷
11		疚(NH)	内疚、忏悔、过意不去、问心有愧
12		思(PF)	思念、相思、牵肠挂肚、朝思暮想
13	惧	慌(NI)	慌张、心慌、不知所措、手忙脚乱
14		恐惧(NC)	胆怯、害怕、担惊受怕、胆战心惊
15		羞(NG)	害羞、害臊、面红耳赤、无地自容
16	恶	烦闷(NE)	憋闷、烦躁、心烦意乱、自寻烦恼
17		憎恶(ND)	反感、可耻、恨之入骨、深恶痛绝
18		贬责(NN)	呆板、虚荣、杂乱无章、心狠手辣
19		妒忌(NK)	眼红、吃醋、醋坛子、嫉贤妒能
20		怀疑(NL)	多心、生疑、将信将疑、疑神疑鬼
21	惊	惊奇(PC)	奇怪、奇迹、大吃一惊、瞠目结舌

（5）数据分析。将已经转换为文本文件的数据导入数据分析文件中，再导入生活满意度预测模型以获得相应的生活满意度评分。该部分代码如下。

```
#引入库函数
import os
import joblib
import jieba
import jieba.analyse


#大连理工情感词典包含21个情感类：快乐(PA)，安心(PE)，尊敬(PD)，赞扬(PH)，相信(PG)，
#喜爱(PB)，祝愿(PK)，愤怒(NA)，悲伤(NB)，失望(NJ)，疚(NH)，思(PF)，慌(NI)，恐惧(NC)，羞
#(NG)，烦闷(NE)，憎恶(ND)，贬责(NN)，妒忌(NK)，怀疑(NL)，惊奇(PC)
affect_col_list = ["ME", "MD", "MA", "MS", "MH", "NN", "NE", "NL", "ND",
                   "PH", "PA", "PD", "NB", "PB", "PG", "PE", "NG", "NK",
                   "PB", "NC", "ND", "NN", "NH", "NA", "PC", "PF", "PK",
                   "NI", "NJ", "P", "Ne", "N"]
#载入情感词典
def load_affect_dict(filepath):
    m_affectdict = []
    for m_col in affect_col_list:
        m_col = []
        m_affectdict.append(m_col)
    for m_line in open(filepath, "r", encoding="utf-8").readlines():
        m_line=m_line.strip()
        kwd = m_line.split("\t")[0].strip()
        col = m_line.split("\t")[1].strip()
        m_affectdict[affect_col_list.index(col)].append(kwd)
    return m_affectdict
#创建停用词表
def load_stopwords(filepath):
    m_stopwords = [
        line.strip() for line in open(filepath, "r",
        encoding = "utf-8").readlines()]
    return m_stopwords
#结束分词后，统计分词后的字词出现在词典中的频数
def cntkws_jieba_seg_wrds(c_desc, kws):
#精确切分
    c_tags = jieba.cut(c_desc, cut_all=False)
#切词后词的总数
    cnt_wrds = 0
#切词后包含情感词的总数
    affect_cnt = 0
    for s in c_tags:
        s = s.strip()
#删除停用词
        if (s in stopwords) or (len(s) == 0):
            continue
```

```
            cnt_wrds += 1
            if(s in kws):
                affect_cnt += 1
    return affect_cnt/cnt_wrds
#提取特征
def feature_extraction(x_buf):
    item = []
#提取每个情感类的词频比率
    idx = 0
    for g_col in affect_col_list:
        r_affect = cntkws_jieba_seg_wrds(x_buf, affect_dict[idx])
        item.append(r_affect)
        idx += 1
    return item
#载入停词用表
stop_word_file = "data/stop_words_cn.txt"
stopwords = load_stopwords(stop_word_file)
#载入情感词典
affect_dict_file = "data/dict-affect.txt"
affect_dict = load_affect_dict(affect_dict_file)
apply_kws = []
wz_list = []
testdirs = "data/singleTest/"
testsubdir = os.listdir(testdirs)
#遍历文件夹下的文件
for f in testsubdir:
    buf = open(testdirs+f, "r", encoding="utf-8").read()
    item = feature_extraction(buf)
#print(item)
    apply_kws.append(item )
    wz_list.append(f)
mod_file = "data/swls.mod"
clf = joblib.load(mod_file)
result = clf.predict(apply_kws)
print(result)
#导出文件
wz_predict_file = "data/single-export.csv"
dstfp = open(wz_predict_file, "w", encoding="utf8")
dstfp.write("single, swls\n")
dstfp.flush()
idx = 0
for f in wz_list:
    dstfp.write(f)
    dstfp.write(",")
```

```
    dstfp.write(str(result[idx]))
    dstfp.write("\n")
    dstfp.flush()
    idx += 1
dstfp.close()
print("single Predicted!")
```

3）项目结果呈现

使用 SPSS 软件对两组样本情感词词频比例上的差异进行独立样本 t 检验。词频分析描述性数据与独立样本 t 检验如表 9-6 所示，婚恋组的正性情感词（$t=-9.061$，$p<0.001$）和焦虑词（$t=1.844$，$p<0.001$）的词频比例显著低于单身组，愤怒词（$t=5.101$，$p<0.001$）的词频比例显著高于单身组。

表 9-6　词频分析描述性数据与独立样本 t 检验

情感词	分组	$M\pm SD$	t	df	p
正性情感	婚恋组	0.028±0.012	-9.061	1737.000	0.000***
	单身组	0.034±0.016			
负性情感	婚恋组	0.017±0.008	1.844	1737.000	0.065
	单身组	0.017±0.010			
焦虑	婚恋组	0.002±0.002	-4.638	1737.000	0.000***
	单身组	0.003±0.004			
愤怒	婚恋组	0.004±0.004	5.101	1737.000	0.000***
	单身组	0.003±0.004			
悲伤	婚恋组	0.003±0.003	-0.683	1737.000	0.495
	单身组	0.003±0.004			

注：*代表 $p<0.05$，**代表 $p<0.01$，***代表 $p<0.001$。

使用独立样本 t 检验对生活满意度预测模型处理后的婚恋组和单身组的生活满意度数据进行比较，生活满意度描述性数据与独立样本 t 检验如表 9-7 所示，婚恋组的生活满意度显著高于单身组（$t=4.415$，$p<0.001$）。

表 9-7　生活满意度描述性数据与独立样本 t 检验

生活满意度	M±SD	t	df	p
婚恋组	0.613±0.064	4.415	1737.000	0.000***
单身组	0.598±0.072			

注：*代表 $p<0.05$，**代表 $p<0.01$，***代表 $p<0.001$。

4）项目拓展应用

幼儿入园焦虑是幼儿在从家庭生活到幼儿园生活的过渡阶段对新环境表现出来的生理和心理上强烈的、消极的体验，为探讨幼儿入园焦虑与母亲人格特质及焦虑水平的关系，通过 Python 抓取幼儿入园焦虑相关的新浪微博条目，参考美国《精神障碍诊断与统计手册》（Diagnostic and Statistical Manual of Mental Disorders）第 5 版分离焦虑障碍诊断标准，确定了 6 项入园焦虑具体表现，具体方法为通过逐句阅读 768 条微博，对涉及的幼儿入园焦虑的具体表现进行筛选与整理，依据分离焦虑障碍症状条目，得到以下 6 项具体表现："出现大哭且持续时间不同""直接表示拒绝入园""吃饭不顺利""午睡困难""无法与父母分离""找借口拒绝入园"。同时，首先对孩子哭闹程度进行评分，轻度哭闹记 1 分，中度哭闹（持续性的、多次的哭）记 2 分，重度哭闹（撕心裂肺的、长时间的大哭，给分依据为父母的微博描述）记 3 分。然后，其余 5 项表现中出现 1 项则记 1 分，未出现则计 0 分，6 项分数累加即为该幼儿的入园焦虑分数（0～8 分）。入园焦虑分数总分为 0 的幼儿为非入园焦虑组，其余幼儿为入园焦虑组。通过每条微博的入园焦虑分数加和或用户所发微博数计算每个幼儿的入园焦虑程度。

参考文献

[1] 陈世平，乐国安. 城市居民生活满意度及其影响因素研究[J]. 心理科学，2001，(06)：664-666+765.

[2] 王海滨. 沉浸与满意：大学生使用微博的效果研究[D]. 上海：上海交通大学，2014.

[3] 彭晓蓉，张爽，曾子豪. 基于社会媒体大数据的 AI 时代员工熬夜行为与心理状况的关系分析[J]. 劳动保障世界，2019，(33)：67-71.

[4] 毕志杰，李静. 基于 Python 的新浪微博爬虫程序设计与研究[J]. 信息与电脑（理论版），2020，32(04)：150-152.

[5] 吴占福，马旭平，李亚奎. 统计分析软件 SPSS 介绍[J]. 河北北方学院学报（自然科学版），2006，(06)：67-69+73.

[6] 佩德罗·孔塞桑，罗米娜·班德罗，卢艳华. 主观幸福感研究文献综述[J]. 国外理论动态，2013，(07):10-23.

[7] 何清，李宁，罗文娟，等. 大数据下的机器学习算法综述[J]. 模式识别与人工智能，2014，27(04)：327-336.

[8] 徐琳宏，林鸿飞，潘宇，等. 情感词汇本体的构造[J]. 情报学报，2008，27(2)：6.

[9] 刘昕. 幼儿入园焦虑的成因分析及应对对策[J]. 文教资料，2007，(29)：133-134.

[10] 肖嘉锐，王康慧，刘明明，等. 幼儿入园焦虑与母亲情绪特征的关系：基于新浪微博的研究[J]. 中国妇幼卫生杂志，2021，12(03)：11-15.

第10章

儿女成行：子女不同学段的生活满意度和情感表达的差异

1. 从心起航

家庭结构是指家庭中成员构成及其相互作用、相互影响的状态，以及由这种状态形成的相对稳定的关系模式。

（1）夫妻家庭：只有夫妻两人组成的家庭，包括夫妻自愿不育的丁克家庭、子女不在身边的空巢家庭及尚未生育的夫妻家庭。

（2）核心家庭：由父母和未婚子女组成的家庭。

（3）主干家庭：有两代或者两代以上夫妻组成，每代最多不超过一对夫妻且中间无断代的家庭，如父母和已婚子女组成的家庭。

（4）联合家庭：任何一代含有两对或两对以上夫妻的家庭，如父母和两对以上已婚子女组成的家庭或兄弟姐妹结婚后不分家的家庭。

（5）其他形式的家庭：单亲家庭、隔代家庭、同居家庭、同性恋家庭、单身家庭。

家庭教养（教养方式）是指父母或家庭中其他年长者在对幼儿的教养问题上表现出来的、具有一定的内部一致性和稳定性的看法、态度和方式。

生活满意度是指个体基于自身标准对生活质量的主观评价，是对个体生活状态的反映，可以分为一般生活满意度和特殊生活满意度两类。其中，一般生活满意度是指个体对其生活质量的总体评价，而特殊生活满意度是指个体对不同生活领域的具体评价，如家庭满意度。

学段是某一特定学习阶段的简称，是改革开放以来学校盛行的年级组管理体制的产物。如学前、小学、初中、高中和大学等。

2. 数不胜数

情感分析又称意见挖掘、倾向性分析等，简单而言，是对带有情感色彩的主观性文本进行分析、处理、归纳和推理的过程。互联网（如博客和论坛及社会服务网络）上产生了大量的用户参与的、对于如人物、事件、产品等有价值的评论信息。这些评论信息表达了人们的各种情感色彩和情感倾向性，如喜、怒、哀、乐、批评和赞扬等。鉴于此，潜在的用户可以通过浏览这些具有主观色彩的评论来了解大众舆论对于某一事件或产品的看法。技术层面上，主要包括基于情感词典、传统机器学习和深度学习的情感分析方法。

　　中文情感词汇本体库是大连理工大学信息检索研究室在林鸿飞教授的指导下经过全体教研室成员的努力整理和标注的一个中文本体资源。该资源从不同角度描述中文词汇或者短语，包括词语词性种类、情感类别、情感强度及极性等信息。

　　中文情感词汇本体的情感分类体系是在国外比较有影响的 Ekman 的 6 大类情感分类体系的基础上构建的。在 Ekman 的基础上，词汇本体加入情感类别"好"，对褒义情感进行了更细致的划分。最终，词汇本体中的情感共分为 7 大类、21 小类。

　　构造该资源的宗旨是在情感计算领域为中文文本情感分析和倾向性分析提供一个便捷、可靠的辅助手段。中文情感词汇本体可以用于解决多类别情感分类的问题，同时也可以用于解决一般的倾向性分析。

3. 计研心算

1）项目解决逻辑

　　本节以天涯论坛为例，基于文本挖掘和机器学习预测各学段子女的父母生活满意度，并采用大连理工情感词典对父母的文本数据进行了情感分析。通过爬取互联网用户发表的文本信息，结合情感词典对用户的文本进行特征分析，进而实现对个体在较长时间范围内情绪表达的量化。基于这些特征，利用现有预测模型进行生活满意度预测，无侵入地获得用户在一个长期时间范围内的总体生活满意度。

2）项目实现过程

　　以下代码在 Python 3.10（Pycharm 工具）中实现。

　　（1）本节利用天涯社区家有学童板块作为数据来源，筛选 2022 年 4 月 4 日之前在学前子版块、小学子版块、高中子版块发布的生活记录贴，爬取其中楼主的原创内容作为分析样本。生活记录贴是指名称中包含"记录""随记""流水账""点滴""日记""日常""成长记""日志"的帖子，楼主的原创内容是指帖子中楼主自主发布或者是回复他人的帖子，不包含其他用户的评论。最终在学前子版块成功爬取 141 个楼主的主题帖，小学子版块成功爬取 452 个楼主的主题贴，初中子版块成功爬取 203 个楼主的主题贴。爬取文本内容的代码如下。

```
from numpy.lib import index_tricks
from numpy.lib.function_base import _parse_gufunc_signature
import requests
from lxml.etree import HTML
import time
import re
import numpy as np
import os

#爬取文本的保存路径
os.chdir("D:\\儿女成行：子女不同学段的生活满意度和情感表达的差异\\大数据心理学\\大数据"
        "心理学的 Python 入门\\生活满意度预测\\天涯初中")
path = "D:\\儿女成行：子女不同学段的生活满意度和情感表达的差异\\大数据心"
       "理学的 Python 入门\\生活满意度预测\\天涯初中"
files = os.listdir(path)
#伪装浏览器
header = {
```

```
                "User-Agent": "Mozilla/5.0 (Windows NT 10.0; Win64; x64)"
                            "AppleWebKit/537.36 (KHTML, like Gecko)"
                            "Chrome/95.0.4638.54 Safari/537.36 Edg/95.0.1020.40"}

#获取当前页面的所有 title 的 link 及下一页的 url
def get_links_and_nexpageurl(url):
    title_crawler = requests.get(url=url, headers=header)
    #对数据进行解码
    title_crawler = title_crawler.content.decode()
    #print(title_crawler)
    #先变为 HTML 文件
    title_crawler = HTML(title_crawler)
    links = title_crawler.xpath('//td[contains(@class,'
                               "td-title")]/a/@href')
    links = ["http://bbs.tianya.cn{}".format(i) for i in links]
    titles = title_crawler.xpath('//td[contains(@class,'
                               "td-title")]/a/text()')
    #print(links)
    #print(titles)
    titles_filtered = []
    for title in titles:
        #删除 title 中爬取的\t\r\n
        title = re.sub("[\r\n\t]", "", title)
        #print(title)
        titles_filtered.append(title)
        indexes = [x for x, y in list(enumerate(titles_filtered)) if y==""]
        titles_filtered = np.delete(titles_filtered, indexes)
        titles_filtered = list(titles_filtered)
        next_page_url = title_crawler.xpath(
            '//div[@class="short-pages-2\
            clearfix"]//a[@rel="nofollow"]/@href')[0]#获取下一页的 url
        next_page_url = "http://bbs.tianya.cn{}".format(next_page_url)
    return links, titles_filtered, next_page_url

#筛选包含 "记录" "随记" "流水账" "点滴" "日记" "日常" "成长记" "日志"的帖子
def get_valid_links_titles(links, titles_filtered):
    titles_valid = []
    valid_title_indexes = []
    valid_links = []
    for title in titles_filtered:
        #if "记录" in title:
        if ("记录"in title) or("随记"in title)or("流水账"in title)or\
            ("点滴"in title)or("日记"in title)or("日常"in title)or\
            ("成长记"in title)or("日志"in title):
```

```
            index = titles_filtered.index(title)
            valid_title_indexes.append(index)
            titles_valid.append(title)
            for i in valid_title_indexes:
                valid_links.append(links[i])
                #print(valid_links)
                #print(titles_valid)
        return valid_links, titles_valid


#获取当前主题帖、当前页面的有效内容，即楼主的所有帖子和下一页链接
def get_louzhu_content(link):
    tiezi_content = requests.get(url=link, headers=header)
    tiezi_content = tiezi_content.content.decode()
    tiezi_content = HTML(tiezi_content)
    #返回的是一个列表，需要索引
    louzhu_id = tiezi_content.xpath('//div[@class="atl-menu clearfix '
                                    'js-bbs-act"]/@_host')[0]
    #print(tiezi_content.xpath('//div[@class="atl-menu clearfix '
                              'js-bbs-act"]/@_host')[0])

    #print(louzhu_id)
    louzhu_content= tiezi_content.xpath(
        '//div[@_hostid="%s"]//div[@class='
        '"bbs-content"]/text()'%louzhu_id)
    louzhu_content_filtered = []
    for each in louzhu_content:
        a = re.sub("[\r\n\t\u3000]", "", each)
        if a!= "":
            louzhu_content_filtered.append(a)
            #确定总页面数
            #pages_number = tiezi_content.xpath('//div[@class="atl-'
                                               'pages']/a/text()')[-2]
    return louzhu_content_filtered  #pages_number


#爬取该页面下所有帖子发帖人的 ID
#user_id_scrawl = tiezi_content.xpath('//div[@class="atl-item"]/@_host')
#爬取该页面下的所有帖子内容
#tiezi_content_scrawl = tiezi_content.xpath(
    '//div[@class="bbs-content'] /text()")
#print(user_id_scrawl)
#print(tiezi_content_scrawl)
#louzhu_content = tiezi_content.xpath(
    '//strong[@class="host"]//div[@class="bbs-content"]/text()')
#print(louzhu_content)
#收集该主题贴、该楼主在所有页面发布的帖子
#sub1 为学前模块的 url, sub2 为小学模块的 url, sub3 为初中模块的 url
```

```
url = "http://bbs.tianya.cn/list.jsp?item=767&sub=3"
#获得足够数量的 titles
while True:
    print("当前爬取 titles 的 url 是{}".format(str(url)))
    links, titles_filtered, url = get_links_and_nexpageurl(url)
    valid_links, titles_valid = get_valid_links_titles(links,
                                                titles_filtered)
    print("该页面有效的主题帖链接数量有{}，有效的 titles 数量有{}".
        format(str(len (valid_links)), str(len(titles_valid))))
    n = 0
    for link in valid_links:
        louzhu_content_all = []
    try:
        txt_title = titles_valid[n]
        n += 1
        louzhu_content_filtered = get_louzhu_content(link)
        louzhu_content_all.extend(louzhu_content_filtered)
        #print(len(louzhu_content_all))
        while True:
            print("当前爬取的帖子链接为{}".format(link))
            response = requests.get(url=link, headers=header)
            #print(response.status_code)
            response = HTML(response.content.decode())
            xiaye_find = response.xpath('//div[@class='
                                    'atl-pages"]//span/text()')
            #print(xiaye_find)
            #print(response.xpath('//div[@class="atl-pages"]//a/@href' ))
            if ("下页"not in xiaye_find)and\
                    (response.xpath('//div[@class="atl-pages"] '
                                '//a/@href')!=[]):
                next_page_link = response.xpath(
                    '//div[@class="atl-pages"]//a/@href')[-1]
                next_page_link =
                    "http://bbs.tianya.cn/{}".format(next_page_link)
                #print(next_page_link)
                #print(louzhu_content_filtered)
                louzhu_content_filtered = get_louzhu_content(next_page_link)
                louzhu_content_all.extend(louzhu_content_filtered)
                link = next_page_link
            else:
                louzhu_content_filtered = get_louzhu_content(link)
                louzhu_content_all.extend(louzhu_content_filtered)
                break
        #保存包含关键词的帖子
```

```
        with open("%s.txt"%txt_title, "a", encoding="utf_8") as f:
            for i in louzhu_content_all:
                f.write(i)
                print("第{}位用户保存成功".format(str(n)))
                if len(files)>=100:
                    break
                time.sleep(3)
    except:
        continue
```

（2）基于提供的个体文本和生活满意度建立生活满意度预测模型，代码如下。

```
import os
from sklearn import svm
from sklearn.ensemble import RandomForestRegressor
from sklearn.linear_model import Lasso, LassoCV, LassoLarsCV
import joblib
import jieba
import jieba.analyse


#大连理工情感词典有 21 个情感大类：快乐(PA)，安心(PE)，尊敬(PD)，赞扬(PH)，相信(PG)，
#喜爱(PB)，祝愿(PK)，愤怒(NA)，悲伤(NB)，失望(NJ)，疚(NH)，思(PF)，慌(NI)，恐惧(NC)，羞
#(NG)，烦闷(NE)，憎恶(ND)，贬责(NN)，妒忌(NK)，怀疑(NL)，惊奇(PC)
#对不同词类的标识进行定义
affect_col_list = ["PA", "PE", "PD", "PH", "PG", "PB", "PK",
                   "NA", "NB", "NJ", "NH", "PF", "NI", "NC",
                   "NG", "NE", "ND", "NN", "NK", "NL", "PC",
                   ]


#读入一个数据文件，返回得分、性别和自我描述
def read_swls_file(fname):
    fr_swls = open(fname, "r", encoding="UTF-8-sig")
    x_swls_strs = fr_swls.readlines()
    fr_score = int(x_swls_strs[0].strip("\n"))
    fr_gender = x_swls_strs[1].strip("\n")
    fr_desc = ""
#删除得分和性别行
    x_swls_strs.pop(0)
    x_swls_strs.pop(0)
    for swls_str in x_swls_strs:
        fr_desc += swls_str.strip().strip("\n") + " "
        fr_swls.close()
    return fr_score, fr_gender, fr_desc


#载入情感词典
def load_affect_dict(filepath):
```

```python
        m_affectdict = []
        for m_col in affect_col_list:
            m_col = []
            m_affectdict.append(m_col)
            #打开并读取文件
            for m_line in open(filepath, "r", encoding="utf-8").readlines():
                m_line = m_line.strip()
                #删除数据中的换行符
                kwd = m_line.split("\t")[0].strip()
                col = m_line.split("\t")[1].strip()
                m_affectdict[affect_col_list.index(col)].append(kwd)
    #返回文件
    return m_affectdict


#创建停用词表
def load_stopwords(filepath):
    m_stopwords = [
        line.strip() for line in open(filepath, "r",
                                    encoding="utf-8").readlines()]
    return m_stopwords


#特征提取
def feature_extraction(x_buf):
    item = []
#精确切分
    m_tags = jieba.cut(x_buf, cut_all=False)
    key_wrds = []
#删除停用词
    for s in m_tags:
        s = s.strip()
        if (len(s) > 0) and (s not in stopwords):
            key_wrds.append(s)
#切词后词的总数
    cnt_tags = len(key_wrds)
    #print(cnt_tags)
#提取每个情感词类的词频比率
    idx = 0
    for g_col in affect_col_list:
#切词后包含情感词的总数
        affect_cnt = 0
#统计每个词类下关键词出现的总频次 affect_cnt
        for i in range(cnt_tags):
            s = key_wrds[i]
            if (s in affect_dict[idx]):
                affect_cnt += 1
```

```
#计算比率
        r_affect = 0.0
        if cnt_tags > 0:
            r_affect = affect_cnt / cnt_tags
        item.append(r_affect)
        idx += 1
    return item
```
#载入停用词表
```
stop_word_file = "D:/儿女成行：子女不同学段的生活满意度和情感表达的差异/大数据心理学"
                 "/大数据心理学的 Python 入门/data/stop_words_cn.txt"
stopwords = load_stopwords(stop_word_file)
```
#载入情感词典
```
affect_dict_file = "D:/儿女成行：子女不同学段的生活满意度和情感表达的差异/大数据心理"
                   "学/dict-affect.txt"
affect_dict = load_affect_dict(affect_dict_file)
```
#载入情感词典中的词作为自定义词典
```
jieba.load_userdict("D:/儿女成行：子女不同学段的生活满意度和情感表达的差异/大数据心"
                    "理学/jiebaload_affect_dict.txt")
```
#提取特征并训练模型
```
x_kws = []
y_score = []
dirs = "D:/儿女成行：子女不同学段的生活满意度和情感表达的差异/大数据心理学/大数据心理学"
       "/的 Python 入门/data/swls/"
```
#定义返回指定文件下的列表
```
subdir = os.listdir(dirs)
```
#遍历文件夹下的文件
```
for f in subdir:
```
#末尾不换行，加.
```
    print(".", end="")
    x_score, x_gender, x_desc = read_swls_file(dirs + f)
```
#提取特征
```
    item = feature_extraction(x_desc)
    x_kws.append(item)
    y_score.append((x_score - 5) / 30)
```
#训练模型
```
clf_lasso = LassoCV()
clf_lasso.fit(x_kws, y_score)
```
#保存训练得到的模型
```
mod_file = "D:/儿女成行：子女不同学段的生活满意度和情感表达的差异/大数据心理学/大数据"
           "心理学的 Python 入门/data/swls.mod"
joblib.dump(clf_lasso, mod_file)
```
#输出结果
```
print("SWLS model saved!")
```
（3）本节采用大连理工大学信息检索研究室研发的情感词典以实现不同情感类词频的计

算，作为模型的输入特征。该情感词典包含乐、好、怒、哀、惧、恶和惊这 7 种情感大类，下属包含 21 种情感类，如快乐、安心、尊敬，各情感类中包含对应的例词，情感分类如表 10-1 所示。在情感类词频的计算上，首先利用中文分词工具将用户的帖子内容分割为独立的词语，去除其中无意义的停顿词，然后对照例词计算 21 类情感的词频，并利用前期的训练模型预测生活满意度。

表 10-1　情感分类

编号	情感大类	情感类	例词
1	乐	快乐(PA)	喜悦、欢喜、笑眯眯、欢天喜地
2		安心(PE)	踏实、宽心、定心丸、问心无愧
3	好	尊敬(PD)	恭敬、敬爱、毕恭毕敬、肃然起敬
4		赞扬(PH)	英俊、优秀、通情达理、实事求是
5		相信(PG)	信任、信赖、可靠、毋庸置疑
6		喜爱(PB)	倾慕、宝贝、一见钟情、爱不释手
7		祝愿(PK)	渴望、保佑、福寿绵长、万寿无疆
8	怒	愤怒(NA)	气愤、恼火、大发雷霆、七窍生烟
9	哀	悲伤(NB)	忧伤、悲苦、心如刀割、悲痛欲绝
10		失望(NJ)	憾事、绝望、灰心丧气、心灰意冷
11		疚(NH)	内疚、忏悔、过意不去、问心有愧
12		思(PF)	思念、相思、牵肠挂肚、朝思暮想
13	惧	慌(NI)	慌张、心慌、不知所措、手忙脚乱
14		恐惧(NC)	胆怯、害怕、担惊受怕、胆战心惊
15		羞(NG)	害羞、害臊、面红耳赤、无地自容
16	恶	烦闷(NE)	憋闷、烦躁、心烦意乱、自寻烦恼
17		憎恶(ND)	反感、可耻、恨之入骨、深恶痛绝
18		贬责(NN)	呆板、虚荣、杂乱无章、心狠手辣
19		妒忌(NK)	眼红、吃醋、醋坛子、嫉贤妒能
20		怀疑(NL)	多心、生疑、将信将疑、疑神疑鬼
21	惊	惊奇(PC)	奇怪、奇迹、大吃一惊、瞠目结舌

该部分的代码如下所示。

```
import os
import joblib
import jieba
import jieba.analyse
import numpy as np
import pandas as pd


#大连理工情感词典有21个情感大类：快乐(PA)，安心(PE)，尊敬(PD)，赞扬(PH)，相信(PG)，
#喜爱(PB)，祝愿(PK)，愤怒(NA)，悲伤(NB)，失望(NJ)，疚(NH)，思(PF)，慌(NI)，恐惧(NC)，羞
#(NG)，烦闷(NE)，憎恶(ND)，贬责(NN)，妒忌(NK)，怀疑(NL)，惊奇(PC)
#对不同词类的标识进行定义
affect_col_list = [
    "PA", "PE", "PD", "PH", "PG", "PB", "PK",
```

```
                "NA", "NB", "NJ", "NH", "PF", "NI", "NC",
                "NG", "NE", "ND", "NN", "NK", "NL", "PC",]

#载入情感词典
def load_affect_dict(filepath):
    m_affectdict = []
    for m_col in affect_col_list:
        m_col = []
        m_affectdict.append(m_col)
#打开并读取文件
    for m_line in open(filepath, "r", encoding="utf-8").readlines():
#删除数据中的换行符
        m_line = m_line.strip()
        kwd = m_line.split("\t")[0].strip()
        col = m_line.split("\t")[1].strip()
        m_affectdict[affect_col_list.index(col)].append(kwd)
#返回文件
    return m_affectdict


#创建停用词表
def load_stopwords(filepath):
    m_stopwords = [
        line.strip() for line in open(filepath, "r",
                            encoding="utf-8").readlines()
        ]
    return m_stopwords


#提取特征
def feature_extraction(x_buf):
    item = []
#精确切分
    m_tags = jieba.cut(x_buf, cut_all=False)
    key_wrds = []
#删除停用词
    for s in m_tags:
        s = s.strip()
        if (len(s) > 0) and (s not in stopwords):
            key_wrds.append(s)
#切词后词的总数
    cnt_tags = len(key_wrds)
    #print(cnt_tags)
#提取每个情感类的词频比率
    idx = 0
```

```
        for g_col in affect_col_list:
#切词后包含情感词的总数
        affect_cnt = 0
#统计每个词类下关键词出现的总频次 affect_cnt
        for i in range(cnt_tags):
            s = key_wrds[i]
            if (s in affect_dict[idx]):
                affect_cnt += 1
#计算比率
        r_affect = 0.0
        if (cnt_tags > 0):
            r_affect = affect_cnt / cnt_tags
        item.append(r_affect)
        idx += 1
    return item


#载入停用词表
stop_word_file = "D:/儿女成行：子女不同学段的生活满意度和情感表达的差异/大数据心理学"
                "/大数据心理学的 Python 入门/data/stop_words_cn.txt"
stopwords = load_stopwords(stop_word_file)
#载入情感词典
affect_dict_file = "D:/儿女成行：子女不同学段的生活满意度和情感表达的差异/大数据心理"
                  "学/dict-affect.txt"
affect_dict = load_affect_dict(affect_dict_file)
#载入情感词典中的词作为自定义词典
jieba.load_userdict("D:/儿女成行：子女不同学段的生活满意度和情感表达的差异/大数据心"
                  "理学/jiebaload_affect_dict.txt")
apply_kws = []
wz_list = []
#特征提取和赋值
testdirs = "D:/儿女成行：子女不同学段的生活满意度和情感表达的差异/大数据心理学/大数据"
          "心理学的 Python 入门/生活满意度预测/天涯小学/"
testsubdir = os.listdir(testdirs)
#遍历文件夹下的文件
for f in testsubdir:
    print(testdirs + f)
#打开并读取文件
    buf = open(testdirs + f, "r", encoding="utf-8").read()
    item = feature_extraction(buf)
    #print(item)
    apply_kws.append(item)
    wz_list.append(f)
    np.save("primary_school_users.npy", wz_list)
```

```
        np.save("primary_school_affect_dic.npy", apply_kws)
#训练模型
mod_file = "D:/儿女成行：子女不同学段的生活满意度和情感表达的差异/大数据心理学/大数据"
            "心理学的 Python 入门/data/swls.mod"
#保存并读取文件
clf = joblib.load(mod_file)
#预测结果
result = clf.predict(apply_kws)
#输出结果
print(result)
#导出词频
#加载词频 np 文件
wz_cipin = np.load("primary_school_affect_dic.npy")
#导出词频 np 文件为 csv 文件
pd.DataFrame(wz_cipin).to_csv("primary_school_ \ affect_dic.csv")
#导出文件
#定义文件名
wz_predict_file = "D:/儿女成行：子女不同学段的生活满意度和情感表达的差异/大数据心理学"
                   "/大数据心理学的 Python 入门/生活满意度预测/天涯小学-export.csv"
#打开文件
dstfp = open(wz_predict_file, "w", encoding="utf_8_sig")
#新建文件
dstfp.write("小学, swls\n")
#强制输出数据，清空缓冲区
dstfp.flush()
#从 0 开始
idx = 0
for f in wz_list:
    dstfp.write(f)
#写入逗号
    dstfp.write(",")
    dstfp.write(str(result[idx]))
#写入换行符
    dstfp.write("\n")
#强制输出数据，清空缓冲区
    dstfp.flush()
    idx += 1
#关闭文件
dstfp.close()
#输出结果
print("TY Predicted!")
```

（4）利用前期训练得到的生活满意度预测模型对发布这些主题帖的用户的生活满意度进

198 ▇ 大数据心理学 (Python 版)

行预测，将不同学段的满意度进行比较。代码如下所示。

```python
import pandas as pd
import os
import scipy.stats as stats

os.chdir(r"D:\儿女成行：子女不同学段的生活满意度和情感表达的差异\大数据心理学\大数据心"
        "理学的 Python 入门\生活满意度预测")
#with open("天涯小学-export.csv", "r+", encoding="utf8") as f:
#content = f.read()
df0 = pd.read_csv("天涯学前-export.csv", encoding="utf_8")
df0 = df0.iloc[:, 1]
df1 = pd.read_csv("天涯小学-export.csv", encoding="utf_8")
df1 = df1.iloc[:, 1]
df2 = pd.read_csv("天涯初中-export.csv", encoding="utf_8")
df2 = df2.iloc[:, 1]
#Kruskal-Wallis 单因素方差分析，三组 H 检验
result = stats.kruskal(df0, df1, df2)
print(result)
#曼-惠特尼 U 检验
U, p1 = stats.mannwhitneyu(df0, df2)
print(p1)
U, p2 = stats.mannwhitneyu(df1, df2)
print(p2)
```

3）项目结果呈现

（1）生活满意度差异

本节利用大连理工情感词典计算子女处于不同学段的父母在 21 类情感上的词频作为模型的输入特征，得到子女处于不同学段的父母生活满意度的预测分数。由于子女处于不同学段的父母生活满意度不符合正态分布，因此同样利用 Kruskal-Wallis 检验（结果用 H 表示）比较子女处于不同学段的父母在生活满意度上是否存在差异，不同学段生活满意度的差异检验结果如表 10-2 所示。

表 10-2 不同学段生活满意度的差异检验结果

	学前	小学	初中	H
生活满意度	0.6031±0.0271	0.5990±0.0194	0.5986±0.0169	8.842*

注：$*p < 0.05$，$**p < 0.01$，下同。

子女处于不同学段的父母生活满意度存在显著差异，经过曼-惠特尼 U 检验后发现，子女处于学前学段的父母生活满意度显著高于子女处于小学和初中学段的父母生活满意度（$U = 27396$，$p < 0.025$；$U = 11628$，$p < 0.005$）。

（2）词频分析

依据子女处于不同学段的父母在 21 类情感上的词频比例，进一步比较不同组别间的分布差异。由于各组情感类词频不服从正态分布，因此利用 Kruskal-Wallis 检验比较各组的词频

分布差异，其中，12 个情感类上存在词频分布差异，子女处于不同学段的父母情感词词频分布的差异检验结果如表 10-3 所示。

表 10-3　子女处于不同学段的父母情感词词频分布的差异检验结果

	学前	小学	初中	H
安心	0.0014±0.0023	0.0022±0.0044	0.0026±0.0037	23.695**
赞扬	0.0220±0.0200	0.0270±0.0167	0.0311±0.0225	21.546**
相信	0.0014±0.0019	0.0025±0.0046	0.0027±0.0034	28.541**
喜爱	0.0117±0.0430	0.0085±0.0119	0.0059±0.0053	11.935**
祝愿	0.0022±0.0030	0.0030±0.0101	0.0027±0.0030	8.146*
愤怒	0.0008±0.0017	0.0012±0.0024	0.0009±0.0017	11.524*
失望	0.0010±0.0015	0.0011±0.0017	0.0014±0.0018	10.614**
疚	0.0007±0.0019	0.0010±0.0021	0.0010±0.0022	11.558**
思	0.0005±0.0012	0.0005±0.0014	0.0009±0.0023	7.845*
慌	0.0008±0.0014	0.0013±0.0029	0.0017±0.0026	24.277**
贬责	0.0113±0.0110	0.0150±0.0124	0.0139±0.0090	12.630**
怀疑	0.0004±0.0012	0.0005±0.0011	0.0005±0.0013	7.437*

比较发现，在"安心"情感类上，初中父母的词频显著高于学前和小学的父母（$H=-4.86$、$p < 0.01$，$H=-2.88$、$p < 0.05$）；在"赞扬"情感类上，学前父母的词频显著低于小学和初中的父母（$H=-3.20$、$p < 0.01$，$H=-4.64$、$p < 0.01$）；在"相信"情感类上，初中父母的词频显著高于学前和小学的父母（$H=-5.34$，$p < 0.01$，$H=-2.94$、$p < 0.05$）；在"喜爱"情感类和"祝愿"情感类上，初中父母的词频显著高于小学和学前的父母（$H=3.38$、$p < 0.01$，$H=-2.85$、$p < 0.05$）；在"愤怒"情感类上，学前父母的词频显著低于小学和初中的父母（$H=-2.40$、$p < 0.05$，$H=-3.39$、$p < 0.01$）；在"失望"情感类上，初中父母的词频显著高于学前父母（$H=-3.18$、$p < 0.01$）；在"疚"情感类上，学前父母的词频显著低于小学和初中的父母（$H=-2.86$、$p < 0.05$，$H=-3.28$、$p < 0.01$）；在思情感类上，初中父母的词频显著高于学前父母（$H=-2.66$、$p < 0.05$）；在"慌"情感类上，学前父母的词频要显著低于小学和初中的父母（$H=-2.98$、$p < 0.01$，$H=-4.91$、$p < 0.01$），而初中父母的词频显著高于小学父母（$H=-2.97$、$p < 0.01$）；在"贬责"这一类情感词上，学前父母的词频低于小学父母和初中父母（$H=-2.80$、$p < 0.05$，$H=-3.50$、$p < 0.01$）；在"怀疑"这一类情感词上，初中父母显著高于学前父母（$H=-2.73$、$p < 0.05$）。

4）项目拓展应用

本节所用代码同样可用于爬取其他社交媒体的文本内容，如知乎、微博等，情感分析和生活满意度等代码也可用于分析其他社交媒体的文本内容，用于实现相似项目。情感分析代码不仅可用于生活满意度模型，构造其他新的应用模型来分析文本内容，也可加入情感分析，如主题分析、商品的评论挖掘、电影推荐、客户服务、员工分析、产品分析、市场研究与分析等。

研究结果在一定程度上揭示了处于学前、小学与初中学段子女的父母生活满意度之间的差异，为学校等社会机构促进学生的健康心理发展及对其父母生活满意度进行干预的过程提供了一定理论指导，实现了对父母生活满意度及子女适应功能的关注。未来社区与机构可以为不同学段子女的父母提供一定干预手段，有效预防父母因生活满意度下降而引发的一系列问题，如焦虑、抑郁等。未来学校在关心学生心理健康的同时，可以为学生的父母提供一定指导建议，以协同父母促进学生的身心发展，避免由父母生活满意度的下降影响到其与子女的关系，从而影响学生的学业成绩及适应功能。

参考文献

[1] 陈陈. 家庭教养方式研究进程透视[J]. 南京师大学报：社会科学版，2002，(6)：95-103，109.

[2] Shin D C, Johnson D M. Avowed Happiness as an Overall Assessment of the Quality of Life[J]. Social Indicators Research, 1978, 5(1): 475-492.

[3] 吴华君，何聚厚，陈其铁，等. 面向职业教育在线精品课程评价的情感分析与主题挖掘[J]. 中国职业技术教育，2022，(2)：55-63.

[4] 王继成，潘金贵，张福炎. Web 文本挖掘技术研究[J]. 计算机研究与发展，2000，37(05)：513-520.

[5] 徐琳宏，林鸿飞，潘宇，等. 情感词汇本体的构造[J]. 情报学报，2008，27(2)：180-185.

第11章

扣人心弦：手机离开我了

1. 从心起航

　　手机依赖一般称为手机使用障碍、手机成瘾，是指个体对手机的过度使用，且对手机使用无法控制，由此给个体带来社会功能受损及明显的心理、行为问题的现象。通常将强迫性使用和习惯性查看手机视为手机依赖的典型症状。研究表明，约有 2/3 的手机用户表示自己在与手机分离时（如手机没电、忘在家里）会感到痛苦等情绪。对于手机依赖的用户，离开手机时会产生焦虑情绪。

2. 数不胜数

　　时间序列是一个有序的观测值序列，通常是按照时间观测的，特别是按照等间隔区间观测，但也可以使用其他度量来观测，如空间。时间序列广泛存在于各个领域，如农业、商业、医学研究等。

　　时间序列分析的具体定义见 3.2 节。时间序列分析应用广泛，常用于国民宏观经济控制、市场潜力预测、气象预测、农作物害虫灾害预报等各个方面。时间序列分析的方法或工具很多，包括 SPSS、R 语言、Python 语言等。

　　神经网络部分的相关介绍见第 6.2 节。

　　深度学习起源于人工神经网络，通过组合低层特征形成更加抽象的高层特征或类别，进而从大量的输入数据中学习有效特征表示，并把这些特征用于分类、回归和信息检索。深度学习是指学习样本数据的内在规律和表示层次，这些学习过程中获得的信息对如文字、图像和声音等数据的解释有很大的帮助。它的最终目标是让机器能够像人一样具有学习能力，能够识别文字、图像和声音等数据。深度学习在搜索技术，数据挖掘和机器学习等领域都取得了很多成果。

3. 计研心算

1）项目解决逻辑

　　本章的时间节点有 10 个（T_0～T_2 为手机在身，T_2、T_3 为手机离身，T_3～T_9 为手机离身后），使用了两种方法，即自回归差分移动平均（Auto Regression Integration Moving Average, ARIMA）法和深度学习的时间序列分析法，具体步骤如下。

　　首先，本章使用 ARIMA 法。结果发现，由于数据量（时间节点）不足，训练后的模型不能得到充分拟合，导致根据现有时间节点对未来时间点的心率预测准确性不足。

然后，本章转向深度学习的时间序列分析法，对个体离开手机后的心率变化进行预测。具体研究逻辑如下。

（1）将已有数据集划分为训练集和测试集；

（2）设置模型；

（3）通过训练集对模型进行训练；

（4）输入预测值，输出要预测的值。

2）项目实现过程

本节代码在 Python 3.8.5（Anaconda 3 工具的 Spyder 部分）中实现。

（1）ARIMA 法

ARIMA 中的 AR 代表 p 阶自回归过程，MA 代表 q 阶移动平均过程。在使用该模型时，要求该样本的时间序列所得的拟合曲线在未来一段时间内保持一定的平稳性，即时间序列的均值和方差不发生明显变化。平稳度检验通常通过描绘时间序列进行判断，若数据平稳，则开始确定模型参数；若时间序列不平稳，则通过差分法使数据变得稳定。

第一步：导入所需要的库，该部分代码如下。

```python
import pandas as pd
import pandas_datareader
import datetime
import matplotlib.pylab as plt
import seaborn as sns
from matplotlib.pylab import style
from statsmodels.tsa.arima_model import ARIMA
from statsmodels.graphics.tsaplots import plot_acf, plot_pacf


style.use("ggplot")
plt.rcParams["font.sans-serif"] = ["SimHei"]
plt.rcParams["axes.unicode_minus"] = False
```

第二步：读取数据文件，该部分代码如下。

```python
stockFile = "C:\\Users\\76964\\Desktop\\data_hr_a.csv"
#将索引 index 设置为时间，parse_dates 将日期格式处理为标准格式
stock = pd.read_csv(stockFile, index_col=0, parse_dates=[0])
#读取题头
stock.head(10)
```

输出结果：心率数据如图 11-1 所示。

第三步：平稳度检验，该部分代码如下。

```python
#设置使用列
stock_week = stock["data_heart"]
#设置训练时间[开始，终止]
stock_train = stock_week["2022-05-17 08:20":"2022-05-17 08:29"]
#参数的类型是整数元组（长，宽），若不设置则自动调整至最佳
stock_train.plot()figsize=(12, 8)
plt.legend(bbox_to_anchor=(1.25, 0.5))
```

```
#表头
plt.title("心率")
#输出图表
sns.despine()
```

心率折线图如图 11-2 所示。

date	data_heart
2022-05-17 08:20:00	76.7
2022-05-17 08:21:00	76.8
2022-05-17 08:22:00	77.1
2022-05-17 08:23:00	85.8
2022-05-17 08:24:00	85.4
2022-05-17 08:25:00	84.4
2022-05-17 08:26:00	83.6
2022-05-17 08:27:00	82.7
2022-05-17 08:28:00	82.0
2022-05-17 08:29:00	81.4

图 11-1　心率数据

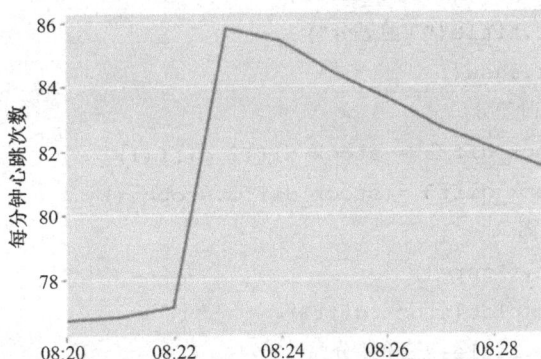

图 11-2　心率折线图

以上数据结果显示，本章的时间序列为非平稳数据。下一步要使数据平稳，则需要使用差分法获得一个平稳的时间序列。

第四步：差分法使数据平稳，该部分代码如下所示。

```
#进行一阶差分，确定数据平稳度
stock_diff = stock_train.diff()
stock_diff = stock_diff.dropna()
plt.figure()
plt.plot(stock_diff)
plt.title("一阶差分")
plt.show()
```

一阶差分如图 11-3 所示。

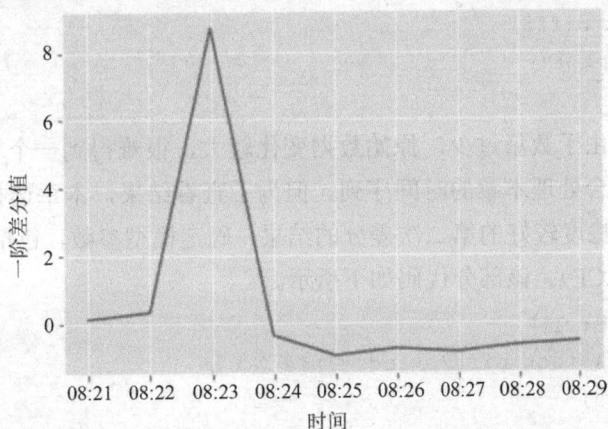

图 11-3　一阶差分

```
#二阶差分
stock_diff2 = stock_diff1.diff(1)
stock_diff2 = stock_diff2.dropna()
#绘图
plt.figure()
plt.plot(stock_diff2)
plt.title("二阶差分")
plt.show()
#三阶差分
stock_diff3 = stock_diff2.diff(1)
stock_diff3 = stock_diff3.dropna()
#绘图
plt.figure()
plt.plot(stock_diff3)
plt.title("三阶差分")
plt.show()
#数据不平稳,进行四阶差分
stock_diff4 = stock_diff3.diff(1)
stock_diff4 = stock_diff4.dropna()
#绘图
plt.figure()
plt.plot(stock_diff4)
plt.title("四阶差分")
plt.show()
#五阶差分
stock_diff5 = stock_diff4.diff(1)
stock_diff5 = stock_diff5.dropna()
#绘图
plt.figure()
plt.plot(stock_diff5)
plt.title("五阶差分")
plt.show()
```

由此可以看出，由于数量过少，原始数据变化较大，很难得到一个平稳的数据，其实这也说明了该方法不适合处理本章的时间序列。但为了查看结果，本章选择一探究竟。

第五步：选择平稳度较好的第二次差分的结果，确定模型参数，包括自相关系数（ACF）和偏自相关系数（PACF）。该部分代码如下所示。

```
#根据 ACF 确定 q 值, q=1
acf = plot_acf(stock_diff2, lags=8)#多次差分
plt.title("ACF")
acf.show()
```

多阶差分如图 11-4 所示，ACF 如图 11-5 所示。

(a) 二阶差分　　　　　　　　　(b) 三阶差分

(c) 四阶差分　　　　　　　　　(d) 五阶差分

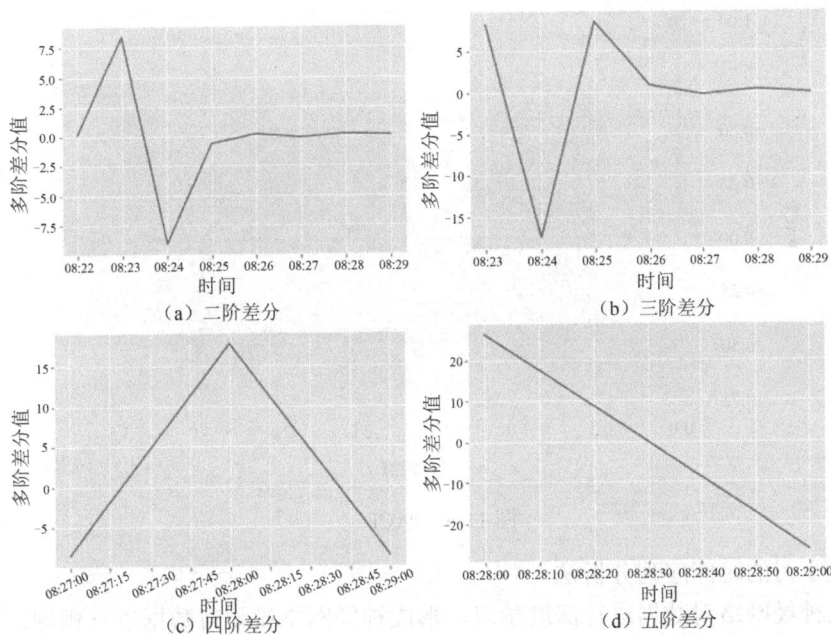

图 11-4　多阶差分

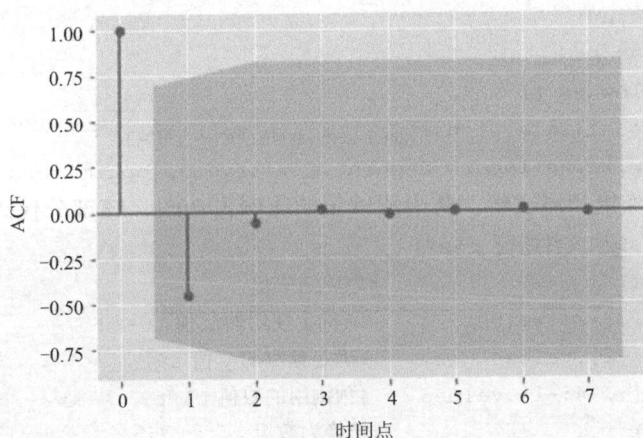

图 11-5　ACF

```
#选择平稳度较好的第二次差分的结果，根据 PACF 确定 p 值，p=1
pacf = plot_pacf(stock_diff2, lags=3)
plt.title("PACF")
pacf.show()
```

PACF 如图 11-6 所示。

```
#ARIMA 模型
model = ARIMA(stock_train, order=(1, 1, 1), freq="T")
result = model.fit()
#统计 ARIMA 模型的指标
print(result.summary())
```

系统提示：由于数据量过低，无法拟合。

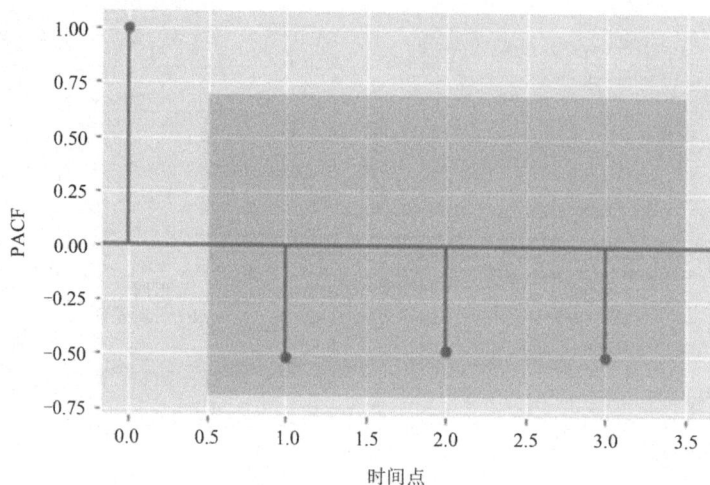

图 11-6 PACF

（2）深度学习的时间序列分析法

通过人工神经网络对数据进行深度学习，形成神经网络模型对数据进行预测。

第一步：导入相应模块，该部分代码如下所示。

```
import matplotlib.pyplot as plt
import numpy as np
import pandas as pd
import tensorflow as tf
from sklearn.model_selection import train_test_split
from tensorflow.keras import Sequential, layers, optimizers
```

第二步：划分训练集和测试集，其中测试集的比例占 20%，该部分代码如下所示。

```
df = pd.read_csv("文件路径.csv")
df = df.dropna()                    #删除缺失值
x = df.iloc[:, 3:-2].values          #确定使用的 x 值 t0-t8
y = df.iloc[:, -2].values           #确定预测的 y 值 t9
xpre = df.iloc[:, 4:-1].values      #预测用的数值 t1_t9
x = np.array(x)                     #转换为数组
y = np.array(y)
#测试集占 20%，训练集占 80%
xtrain, xtest, ytrain, ytest = train_test_split(x, y, test_size=0.2)
```

第三步：确定隐藏层节点数。通过观察 MSE 确定隐藏层神经元数，MSE 最小的神经元数为参数结果，本章自动匹配隐藏层数。

```
hidden_layers = [i for i in range(10)]
score = []
for i in hidden_layers:
    model = Sequential([layers.Dense(i, activation=tf.nn.relu),
                        layers.Dense(1)])
    model.compile(optimizer=optimizers.Adam(1e-1), loss=tf.losses.MSE)
    model.fit(xtrain, ytrain, epochs=100, batch_size=200, verbose=0)
    ypre = model(xtest)
```

```
    ypre = tf.reshape(ypre, (1, -1))[0].numpy()
    score.append(tf.losses.MSE(ytest, ypre).numpy())
#MSE 代表预测值和真实值的接近程度，数值越小，两者的均方差越小
print("mse:", score)
```

第四步：模型训练，该部分代码如下所示。

```
model = Sequential([layers.Dense(3, activation=tf.nn.leaky_relu),
                    layers.Dense(1)])
model.compile(optimizer=optimizers.Adam(1e-1), loss=tf.losses.MSE)
history = model.fit(xtrain, ytrain, epochs=100, batch_size=400,
                    validation_split=0.2, validation_freq=1)
```

第五步：输入预测值，该部分代码如下所示。

```
ypre = model(xtest)
ypre = tf.reshape(ypre, (1, -1))[0].numpy()
ypre_ = tf.reshape(model(x), (1, -1))[0].numpy()
df["T9 预测值"] = ypre_
ypre_1 = tf.reshape(model(xpre), (1, -1))[0].numpy()
df["T10 预测值"] = ypre_1
```

第六步：输出相应数据和对比图，该部分代码如下所示。

```
#比较 T9 真实值和 T9 预测值
true_value = df["T9"].tolist()
pre_value = df["T9 预测值"].tolist()
fig = plt.figure(figsize=(10, 7))
plt.plot(pre_value, color="blue", label="prediction_value")
plt.scatter(range(len(true_value)), true_value, color="orange",
            label="true_value")
plt.xlabel("subject")          #x 轴标签
plt.ylabel("heart_rate")       #y 轴标签
plt.legend(loc="best")
plt.show()                     #输出预测点的绘图，即图 11-7
#T9 和 T10 对比图
#设置折线图的 X、Y 坐标，figsize=(X 轴长度，Y 轴长度)
fig = plt.figure(figsize=(20, 7))
plt.plot(true_value, color="blue", label="T9")
plt.plot(ypre_1, color="orange", label="T10")
#X 轴标签
plt.xlabel("subject")
#Y 轴标签
plt.ylabel("heart_rate")
plt.legend(loc="best")
#输出对比图，即图 11-8
plt.show()
```

3）项目结果呈现

使用 $T_0 \sim T_8$ 的数据创建神经网络模型来预测 T_9 时刻的心率，并将 T_9 时刻的预测值与 T_9 时刻的真实值加以对比，输出图 11-7，通过图片可以看到，预测值 T_9 能较好地拟合真实值 T_9，

总体上模型拟合良好。

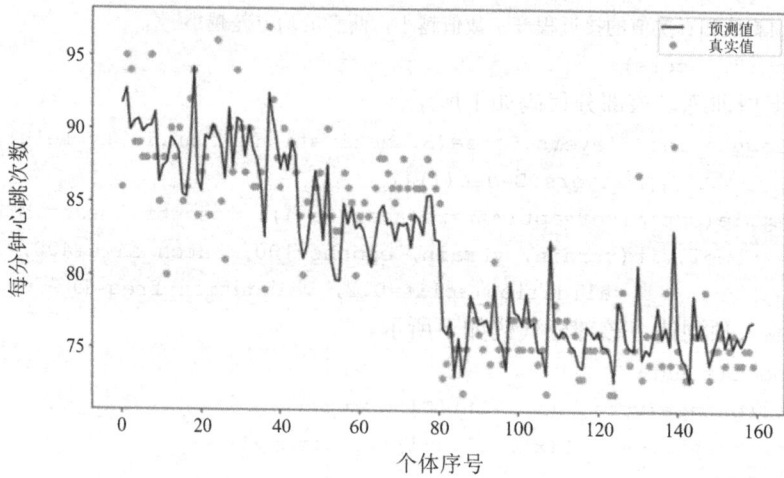

图 11-7　T_9 时刻的预测值与真实值

上述模型拟合完成后，使用 $T_1 \sim T_9$ 的数据去预测 T_{10} 时刻的个体心率，并输出结果，T_9 和 T_{10} 时刻比较如图 11-8 所示。

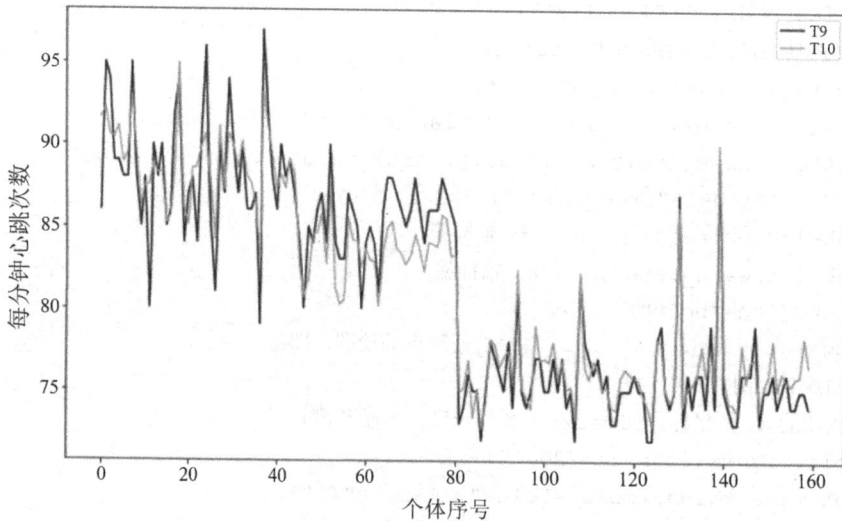

图 11-8　T_9 和 T_{10} 时刻比较

4）项目拓展应用

时间作为三维空间的一部分，事物变化往往伴随着时间的变化，所以由连续时间构成的时间序列遍布各个领域，涉及各行各业，与我们的生活息息相关，如天气预报，股票走势，各种商品销售额、需求预测等。目前，时间序列的主要研究方向为数学、金融投资、医学领域。例如，在医学领域，粟小燕等人研究了四川省泸州市流行性腮腺炎时空流行病学特征，结果发现，2010 年至 2020 年泸州市流行性腮腺炎的发病率总体呈下降趋势，不存在空间聚集性。也有研究分析并预测了 1990 年至 2019 年中国唇和口腔癌死亡风险，该研究发现中国唇和口腔癌的死亡率在 1990 年至 2019 年呈现上升趋势，并将在未来 5 年内持续上升，年龄和性别因素是该病的危险因素，所以可以通过精确定位重点人群，采取有效的干预措施。在金融投资方面，大部分研究主要面向股票、金融产品及一些金融指数的分析和预测，如朱明阳和苏志伟使用时间序列分析，探究了国际原油价格对中国新能源股票市场的影响，研究结果表明，水电、风电、太阳能、新能源汽车行业指数和原油价格存在因果关系的时间区间和影响系数存在显著差异，各新能源行业股票市场与原油价格之间的因果关系并非整体一致；水电、风电、太阳能和原油之间存在替代效应，在中美贸易冲突时期，风电行业指数对原油价格正面影响的持续时间大于太阳能；原油价格对新能源汽车指数的影响更加显著，但在2013 年后，并没有发现新能源汽车普及影响国际油价的证据。由此可见，时间序列的应用范围十分广泛，主要应用于对事物的发展趋势分析和预测，所以如果你对某个事物的发展趋势感兴趣，那可以考虑使用时间序列分析法，根据当前数据的特点，选择合适的分析模型分析该事物的发展趋势。

参考文献

[1] 海玉娟，孙国晓. 大学生手机使用时长自我监控对手机依赖倾向的影响[J]. 中国心理卫生杂志，2022，(05)：433-438.

[2] 汤岩. 时间序列分析的研究与应用[D]. 哈尔滨：东北农业大学，2007.

[3] 孙志军，薛磊，许阳明，等. 深度学习研究综述[J]. 计算机应用研究，2012，29(08)：2806-2810.

[4] 粟小燕，张瑶，邵丹，等. 四川省泸州市流行性腮腺炎时空流行病学特征[J]. 实用预防医学，2022，29(04)：451-454.

[5] 宋识，吴琳雪，黄平. 1990—2019 年中国唇和口腔癌死亡风险的分析和预测[J]. 现代预防医学，2022，49(05)：789-793.

[6] 朱明阳，苏志伟. 国际原油价格与中国新能源行业股票市场的时间序列分析[J]. 青岛大学学报（自然科学版），2022，35(03)：148-155.

第12章

心慌意乱：焦虑微博的初步筛选及有效性分析

1. 从心起航

焦虑：人类的基本情绪之一，包括与预期的困难情境或威胁有关的主观的心理恐惧、紧张、烦恼等状态，以及其诱发的自主神经系统亢进现象。适当的焦虑具有重要意义，但是个体的社会生活也会受到过度和不当的焦虑的严重干扰。例如，焦虑的人很可能对危险和威胁有错误直觉或发出虚假警报，进一步参与非理性判断和非系统性信息处理。

2. 数不胜数

自然语言处理：作为文本挖掘中的技术之一，它是一种处理非结构文本数据的、前景广阔的解决方案，它利用计算方法以"自然语言"分析文本数据。

词频-逆文档频率（Term-Frequency Inverse-Document Frequency, TF-IDF）：用于评估词语对于文档集或与语料库中文本的重要程度，TF（Term Frequency）是词频的简称，是文本内词语出现的频率，词频越高，与文本的主题的相关性越高；IDF（Inverse Document Frequency）是逆文本频率的简称，是一个词语普遍关键性的度量，词语在文本集合的多篇文本中出现的次数越多，区分能力就越差。

潜在狄利克雷分配（Latent Dirichlet Allocation, LDA）模型：作为三层贝叶斯概率模型，包含词、隐主题和文档三层结构，是一种非监督机器学习技术，LDA判断文本的所属聚类是一个概率分布而并非唯一确定的类别，因而更具有客观性和全面性。

余弦相似度：通过两个向量之间的夹角来衡量相似性的方法，即将个体的指标数据映射到向量空间，计算两个向量之间的夹角余弦值作为两个变量之间的相似性度量。夹角余弦值越大，表明两个向量之间的相似性越低。

3. 计研心算

1）项目解决逻辑

本章通过对传统心理学量表、心理咨询问答语料库进行分析，构建焦虑关键词表，并进一步利用该词表对待测微博进行语义相似度计算，进而识别其是否为焦虑微博。同时，对筛选出的焦虑微博与正常微博进行词特征分析与主题分析，并通过人工标注验证其有效性。进一步与传统心理学中焦虑症患者表现出的躯体性焦虑、负性情绪等研究内容相结合进行分析。

总体研究流程如图 12-1 所示。

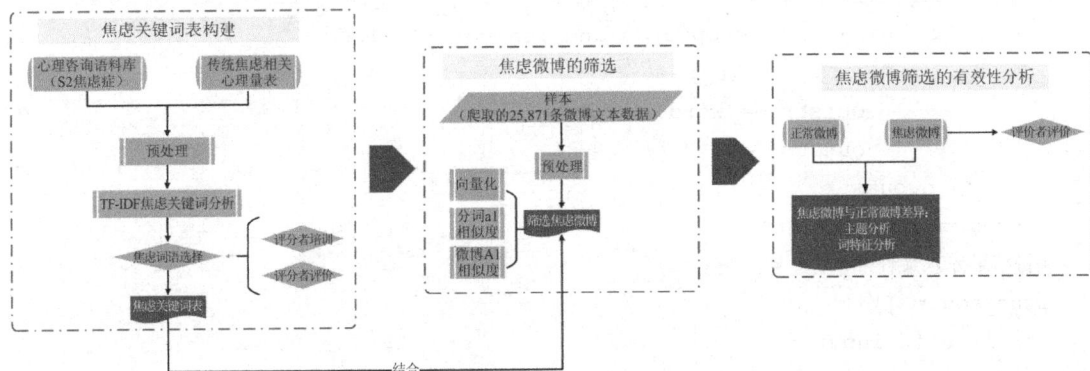

图 12-1　总体研究流程

2）项目实现过程

本节代码使用的环境配置为 Python 3.11（Anaconda3 工具的 Spyder 部分）。

（1）数据预处理的代码如下所示。

```python
#编码格式，解决中文输出乱码问题
import uniout
import pandas as pd
import re
import csv
import jieba


#读取文本
df = pd.read_csv(r"path\File.csv", engine="Python").astype(str)


#读取停用词表
def stopwordslist():
    stopwords = [
        line.strip() for line in open(r"path\File.txt", encoding=
                                "utf-8").readlines()
        ]
    return stopwords


#自定义词典
jieba.load_userdict(r"path\File.txt")


def seg_sentence(sentence):
#每行分词
    sentence_seged = jieba.cut(sentence.strip())
    stopwords = stopwordslist()
    outstr = ""
    for word in sentence_seged:
```

```
        #不在停用词表里并且长度大于1
        #用空格连接分词结果
        if word not in stopwords and len(word) > 1:
            if word != "\t":
                outstr += word
                outstr += " "
    return outstr
inputs = df["content"]
#将结果导入文件
line_seg = []
for line in inputs:
    line_seg.append(seg_sentence(line))
name = ["content"]
test = pd.DataFrame(columns=name, data=line_seg)
print(test)
test.to_csv(r"path\File.csv", encoding="ANSI")
```

（2）使用 TF-IDF 方法的代码如下所示。

```
#编码格式，解决中文输出的乱码问题
import uniout
import csv
import re
import pandas as pd
import jieba
#用于获取文档的路径
from os import path
import jieba.analyse as ana


if __name__ == "__main__":
    with open(r"path\File.csv", "r") as f:
        #读取文件
        text_read = f.read()
    #TF-IDF 分析
    word_list = ana.extract_tags(text_read, topK=500, withWeight=True)
    word_dict = {}
    for i in word_list:
        word_dict[i[0]]=i[1]
    print("TF-IDF")
    print(word_dict)
#词频分析
print("词频")
txt = open(r"path\File.csv", "r", encoding="gbk").read()
words = jieba.cut(txt)
counts = {}
for word in words:
```

```
        if len(word) == 1:
            continue
        else:
            rword = word
        counts[rword] = counts.get(rword, 0) + 1
items = list(counts.items())
items.sort(key=lambda x:x[1], reverse=True)
for i in range(33):
    word, count=items[i]
    print((word), count)
```

（3）LDA 方法分析的代码如下所示。

```
import numpy as np
from gensim import corpora, models
import pyLDAvis.gensim


if __name__ == "__main__":
    #读入文本数据，输入预处理后的文本
    f = open(r"D:\数据分析\validity\2-step1.csv")
    texts = [[word for word in line.split()] for line in f]
    f.close()
    M = len(texts)
    print("文本数目：%d 个" % M)
    #建立词典
    dictionary = corpora.Dictionary(texts)
    V = len(dictionary)
    print("词的个数：%d 个" % V)
    #计算文本向量及每个文本对应的稀疏向量
    corpus = [dictionary.doc2bow(text) for text in texts]
    #计算文本的 TF-IDF
    corpus_tfidf = models.TfidfModel(corpus)[corpus]
    #LDA 模型拟合
    #定义主题数
    num_topics = 6
    lda = models.LdaModel(corpus_tfidf, num_topics=num_topics,
                          id2word= dictionary, alpha=0.01, eta=0.01,
                          minimum_probability=0.001, update_every=1,
                          chunksize=100, passes=1)
    #所有文档的主题
    doc_topic = [a for a in lda[corpus_tfidf]]
    print("Document-Topic:")
    print(doc_topic)
    #打印文档的主题分布
    #每个文档显示前几个主题
```

```
    num_show_topic = 6
    print("文档的主题分布：")
    #所有文档的主题分布
    doc_topics = lda.get_document_topics(corpus_tfidf)
    #M 为文本个数，生成从 0 至 M-1 的文本数组
    idx = np.arange(M)
    for i in idx:
        topic = np.array(doc_topics[i])
        topic_distribute = np.array(topic[:, 1])
        #按照概率进行降序排列
        topic_idx = topic_distribute.argsort()[:-num_show_topic - 1:-1]
    #每个主题的词分布，每个主题显示几个词
    num_show_term = 20
    for topic_id in range(num_topics):
        print("主题#%d: \t" % topic_id)
        term_distribute_all = lda.get_topic_terms(topicid=topic_id)
        #所有词的词分布，只显示前几个词
        term_distribute = term_distribute_all[:num_show_term]
        term_distribute = np.array(term_distribute)
        term_id = term_distribute[:, 0].astype(np.int)
        print("词：", end="")
        for t in term_id:
            print(dictionary.id2token[t], end=" ")
        print("概率：", end="")
        print(term_distribute[:, 1])
    #将主题-词写入一个文档 topword.txt，每个主题显示 20 个词
    with open("topicword.txt", "w", encoding="utf-8") as tw:
        for topic_id in range(num_topics):
            term_distribute_all = lda.get_topic_terms(topicid=topic_id, topn=20)
            term_distribute = np.array(term_distribute_all)
            term_id = term_distribute[:, 0].astype(np.int)
            for t in term_id:
                tw.write(dictionary.id2token[t] + " ")
            tw.write("\n")
plot = pyLDAvis.gensim.prepare(lda, corpus, dictionary)
#保存到本地的 html 文件
pyLDAvis.save_html(plot, "D:/output_file/BMP.html")
```

（4）爬取微博数据样本的代码如下所示。

```
#微博登录：新浪微博的数据都需要在登录的情况下才能访问，所以"微博登录"是爬虫需要解决的第
#一个问题。登录成功后，可通过按键"F12"和组合键"Ctrl+R"找到相应的 cookie。设定"setting"
#文件中的 cookie、关键词、爬取时间等信息
```

```
#设置cookie：将刚刚在微博页面查找到的cookie，复制到"cookie"后的单引号里，即下画线处
DEFAULT_REQUEST_HEADERS = {
    "Accept":"text/html,application/xhtml+xml,application/xml;\
     q=0.9,*/*;q=0.8",
    "Accept-Language": "zh-CN,zh;q=0.9,en;q=0.8,en-US;q=0.7",
    "cookie": "_____"
}
```

#设置关键词：根据所要爬取的相关主题，选定关键词，此处选择的关键词是"冬奥会"
#搜索的关键词列表可写多个，值可以是由关键词或主题组成的列表，也可以是包含关键词的 txt 文
#件路径，如"keyword_list.txt"，txt 文件中每个关键词占一行

```
    KEYWORD_LIST = ["冬奥会"]   #或者 KEYWORD_LIST = "keyword_list.txt"
```

#设置起止时间：搜索的起始日期为 yyyy-mm-dd 形式，搜索结果包含该日期

```
START_DATE = "2022-02-04"
```

#搜索的终止日期，为 yyyy-mm-dd 形式，搜索结果包含该日期

```
END_DATE = "2022-02-20"
```

#设置细分搜索的阈值：细分搜索的阈值，若结果页数大于或等于该值，则认为结果没有完全展示，细
#分搜索条件并重新搜索以获取更多微博。数值越大，速度越快，也越有可能遗漏微博；数值越小，速度越
#慢，获取的微博就越多。建议数值设置在 40 至 50 之间

```
FURTHER_THRESHOLD = 40
```

#在文件夹下打开 cmd 窗口，输入"scrapy crawl search -s JOBDIR=crawls/ search"，启
#动爬虫

（5）余弦相似度分析的代码如下所示。

#定义计算一条微博文本与词表相似度的规则：取该微博文本中与词表相似度最大的 3 个词的相似度取
#平均

```
def average_top_3(matric):
    result = []
    for vec in matric:
        index_1, index_2, index_3 = None, None, None
        max = 0
        for n, i in enumerate(vec):
            if i > max:
                max = i
                index_1 = n
        top_1 = max
        max = 0
        for n, i in enumerate(vec):
            if (i != top_1 or n != index_1) and i > max:
                max = i
                index_2 = n
        top_2 = max
        max = 0
```

```
            for n, i in enumerate(vec):
                if (n != index_1) and (n != index_2) and i > max:
                    max = i
            top_3 = max
            result.append((top_1 + top_2 + top_3)/3)
    return result
#读取词表
raw_dict = [line.strip() for line in open(r"path\File.csv").readlines()]
#读取已爬取并经过预处理的微博文本
weibo_text = [line.strip() for line in open(r"Path\File.csv").readlines()]
from gensim.models import KeyedVectors
#对 raw_dict 及 weibo_text 进行向量化
lib_path = r"Path\file.txt"
wv_from_text = KeyedVectors.load_word2vec_format(lib_path, binary=False)
#余弦相似度分析
result = []
for line in weibo_text:
    mat = []
    for word in line.split(" "):
        line = []
        for corpus in raw_dict:
            if corpus == word:
                line.append(1)
            else:
                try:
                    similarity = wv_from_text.similarity(corpus, word)
                    line.append(similarity)
                except Exception as e:
                    #print("未知错误：", e)
                    #print(corpus, "and", word)
                    line.append(0)
        mat.append(max(line))
        line = []
    print(mat)
    result.append(mat)
    mat = []
print(result)
#matric:每条微博中所有分词与词表的相似值
f = open("matric.txt", "w")
f.write(str(result))
f.close()
```

```
#resulte: 每条微博与词表的相似值
f = open("Path\file.txt", "w")
f.write(str(average_top_3(result)))
f.close()
```

（6）随机抽取筛选后的焦虑微博，代码如下所示。

```
import random
mylist = [line.strip() for line in open(r"File\path.csv").readlines()]
print("\n", random.sample(mylist, k=2))
```

3）项目结果呈现

本章使用的方法主要为分词法与 TF-IDF 方法相结合，对心理咨询问答语料库 S2 焦虑症及传统心理学量表分别进行预处理（见表 12-1），同时对预处理结果分别进行 TF-IDF 分析，分别取 TF-IDF 分析结果中的前 500 个词语（见表 12-2）作为焦虑关键词表的基础。

表 12-1　预处理结果（部分）

数据库	预处理结果（部分）
心理咨询问答语料库 S2 焦虑症	走路 陌生人 头发 感到恐惧
	问问 抑郁症
	睡不着 老是 想东想西 房间 有种 恐惧
	治愈 恐惧症 焦虑症 极度 没有 安全感
	烦躁 情绪 心理压力 天天 失眠 恐惧 身体
传统焦虑心理学量表	焦虑 心境 担心 担忧 感到 最坏 事情 将要 发生 容易 激惹
	可能 总是 尽量避免 公众 面前 演讲
	知道 有人 评头品足 我会 十分 紧张不安
	通常 人们 一起 感到 焦虑 特别
	感到 困难 一堆 起来 无法 克服

表 12-2　TF-IDF 分析结果（部分）

数据库	词语（Top 5）	权重（V_{norm}）
心理咨询问答语料库 S2 焦虑症	感觉	0.110838037
	害怕	0.108850451
	焦虑	0.104724078
	自己	0.096977955
	紧张	0.07130876
传统焦虑心理学量表	感到	0.199352358
	担心	0.163460241
	紧张	0.123691042
	害怕	0.097328532
	自己	0.083807972

对词语进行筛选，获得 370 个词语，本章生成的焦虑关键词表（部分）如表 12-3 所示。爬取的微博数据作为样本，焦虑微博筛选首先要对微博进行相同的 jieba 分词、删除停用词等预处理操作，微博文本预处理结果（部分）如表 12-4 所示。使用余弦相似度分析方法对预处理后的样本进行相似度分析，根据查国清等提供的余弦相似度伪代码，即在两文本余弦相似度计算的基础上进行改进的伪代码，进行本章的余弦相似度计算。

表 12-3　焦虑关键词表（部分）

焦虑关键词表的维度	焦虑关键词表的部分代表词
焦虑唤醒的主观体验	担心，紧张，害怕，不安，恐惧，担忧，恐慌，苦恼，回避，沮丧，心神不定，坐立不安，烦乱，尴尬，难为情，失望，忐忑不安，不幸，心烦，很烦
焦虑唤醒的躯体体验	出汗，发抖，症状，心跳，颤抖，惊恐，神经过敏，刺痛，心悸，疼痛，呼吸困难，噩梦，心慌，头晕，胃痛，发疯，哭泣，头昏，心率，昏倒，自残
社会生活压力事件	外貌，学习，演讲，成绩，演说，工作，怀孕，应聘，诊室，社交活动，死亡，生病，分娩，压力，失败，死去，虐待，容貌，高三，高考，中考，考研
心理易感性	羞怯，抑郁，焦虑，性焦虑，自卑，神经质，焦虑症，抑郁症，社交恐惧症，情绪，强迫症，恐惧症，幻想，忧郁症，心理疾病，器质性，障碍，自闭，心理压力，恐惧感
其他	极度，突然，无缘无故，反复，不足，不连贯，糟糕，莫名，严重，无法，患有，怎样才能，紧绷，不良，强烈，泛化，高估

表 12-4　微博文本预处理结果（部分）

微博原文	预处理后的微博文本
再一次感觉夜晚是如此漫长，像跌进海里	一次 感觉 夜晚 漫长 跌进 海里
除了你自己，没有人会明白你的故事里过多少快乐或伤悲，因为那终究只是你一个人的感觉	自己 没有 人会 明白 故事 快乐 伤悲 终究 感觉
不管是快乐还是难过，有趣还是平淡，都有在记录每一天的小点滴。不为别的就为了以后的自己看到这些还可以回想到当时那一瞬间的感觉，真的好有意义	快乐 难过 有趣 平淡 记录 一天 点滴 以后 自己 看到 回想到 当时 一瞬间 感觉 真的 意义

余弦相似度分析结果（部分）如表 12-5 所示，使用余弦相似度进行分析后，在爬取的 25871 条微博中筛选出 2051 条焦虑微博文本，筛选后的部分焦虑微博文本如表 12-6 所示。

表 12-5　余弦相似度分析结果（部分）

微博原文	余弦相似度
我感觉现在依然没法接受，我其实改变不了自己的状态。但是尝试新的东西确实会带来一些变化。但是那个注视自己的情绪就像注视车流一样置身事外的冥想法在我已经焦虑到脑子糊了的时候并不好使，还是睡觉能让我暂时感到一些清静	0.951169014
改论文有两个地方是真不会改，就给张老师发了八条消息，等了两个小时老师给我回了五条语音，都是二、三、四十秒的那种。老师还问你我你没看到过类似的文献吗？我是真没看到过老师说的那种文献。听老师讲了下，半懂不懂，我给老师说谢谢老师，感觉有头绪了，我再改改。发完消息，打开论文，还是不知道咋改	0.709426244
依稀感觉外面好像下雨了	0.567670107
最近喜欢看小朋友打闹，感觉重回幼稚园了	0.68914628
奶酪和 neo 分手了。其实我也关注 up 主挺久了。基本的感觉是奶酪还是有点太幼稚，傻白甜。女生漂亮是好事，但是也要独立思考，有自己的主意。未来怎么发展，要经营，要提升，基于现在的粉丝基础，机会还是很大，但是也不容易	0.675617695

表 12-6　筛选后的部分焦虑微博文本

微博原文	余弦相似度
#2022 考研国家线预测#我为什么要加这些群啊，我感觉焦虑到头儿了，一会儿说十点，十点过了说两点，预测分数线来回浮动，关键是我就像平均线一样，一会儿在预测上面，一会儿在预测下面，是死是活能不能给一个准确时间啊，我这破心理素质为什么要来考试啊	1

续表

微博原文	余弦相似度
社畜的难，作为职场小虾米，领导一句话就惴惴不安，让你感觉"醍醐灌顶"，领导说完也就忘了，就自己在那思考半天，纠结半天，害怕半天	0.984176179
很累，心底透出的麻木、疲累。开心的日子如梦幻泡影，感觉好累。没有希望给自己撑下去了	0.976498822
搬过来两天，空间小了点，但是再也不用担惊受怕。可是，熬夜成了习惯，没到两点不可能睡觉。挨着街边的出租屋，每天都很吵，车来人往的声音，风呼呼的声音，甚至还有鸟叫。我以为我能照常睡到十一、二点，没想到早早醒来就睡不着了。虽然早起的感觉确实很好，但是睡眠不足，头疼，蛮难受的。不能熬夜，不能熬夜	0.973050237
看了这几年江西的教招公告，感到压力巨大。不是研究生，不是部属公费师范生，"OUT！"岗位一两个，竞争几十人，考试考不过，"OUT！"加油吧	0.956185977

验证焦虑关键词表及文本相似度分析的有效性方法：通过词特征分析与主题分析对筛选后的焦虑微博与正常微博文本进行比较，以及对筛选后的焦虑微博进行评分者评价。

TF-IDF 方法分析结果（部分）如表 12-7 所示。使用"文心"系统对焦虑微博与正常微博文本 TF-IDF 分析后的前 500 个词进行分析，取"文心"系统分析结果中的特征值前 20 个词（见表 12-8）进行分析。

表 12-7 TF-IDF 方法分析结果（部分）

焦虑微博分词	焦虑微博 TF-IDF 值前 10 位	正常微博分词	正常微博 TF-IDF 值前 10 位
自己	0.06173155	感觉	0.202447
感觉	0.057676845	感到	0.075882
感到	0.046062896	真的	0.052011
真的	0.035678947	刘宇	0.051153
没有	0.025769187	微博	0.043577
觉得	0.023762711	自己	0.041734
考研	0.022485005	视频	0.032371
焦虑	0.021722717	喜欢	0.031601
孩子	0.020121425	肖战	0.01982
情绪	0.019724678	今天	0.019092

表 12-8 特征值前 20 个词

焦虑微博	变化	特征值	正常微博	特征值
情感历程词	↑	0.114786	感知历程词	0.104167
相对词	↓	0.0904669	相对词	0.0956439
动词	↑	0.0856031	情感历程词	0.0899621
社会历程词	↑	0.0622568	时间词	0.0625
时间词	↓	0.0564202	动词	0.061553
正向情绪词	↓	0.0535019	正向情绪词	0.0568182
副词	↑	0.0496109	社会历程词	0.0520833
负向情绪词	↑	0.0476654	副词	0.0464015
生理历程词	↑	0.0418288	心理词	0.032197
洞察词	↑	0.036965	感知历程词	0.03125

续表

焦虑微博	变化	特征值	正常微博	特征值
心理词	↑	0.0350195	生理历程词	0.0293561
成就词	前 20 唯一	0.0330739	工作词	0.0284091
工作词	↑	0.0321012	数量单位词	0.0246212
空间词	↑	0.0262646	洞察词	0.0246212
差距词	前 20 唯一	0.0252918	空间词	0.0236742
确切词	↑	0.0252918	确切词	0.0217803
感知历程词	↓	0.0252918	休闲词	0.0217803
暂订词	↑	0.0233463	时态标定词	0.0208333
健康词	前 20 唯一	0.0223735	应和词	0.0208333
时态标定词	↑	0.0214008	负向情绪词	0.0198864

　　有效性分析也关注通过 LDA 方法对焦虑微博与正常微博之间的主题差异进行检验。

　　首先，确定主题数量，针对焦虑微博进行困惑度分析（随着困惑度减少，主题数量逐渐接近最佳值）及一致性分析（随着一致性增加，主题数量最佳），分析结果如图 12-2、图 12-3 所示。由于困惑度分析结果并未出现明显转折点，根据一致性分析的结果，后续分析中选择的焦虑微博的 LDA 主题数量确定为 13。对于正常微博，结合困惑度分析（最低点）及一致性分析（较高点），确定正常微博的 LDA 主题数量是 6，如图 12-4、图 12-5 所示。

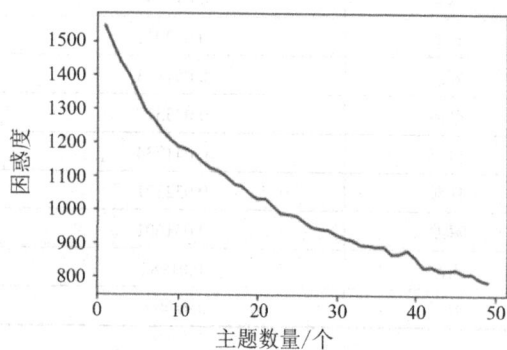

图 12-2　焦虑微博话题数量选择（困惑度）

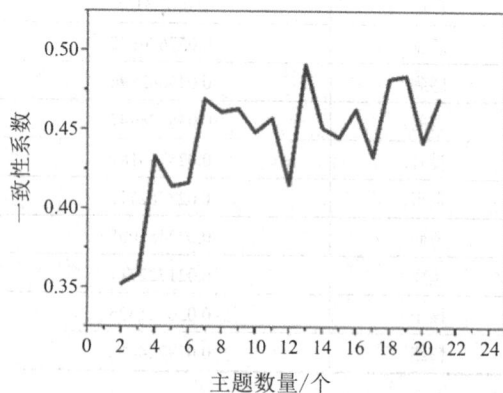

图 12-3　焦虑微博话题数量选择（一致性）

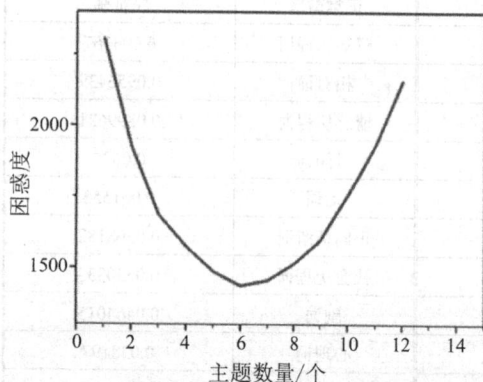

图 12-4　正常微博话题数量选择（困惑度）

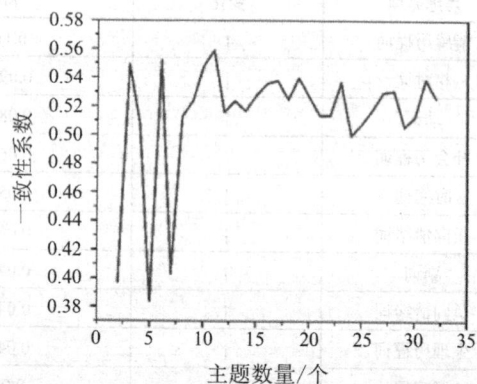

图 12-5　正常微博话题数量选择（一致性）

　　然后，通过对两样本库的各分词进行 TF-IDF 分析，列举各主题下的前 10 位（出现在该主题下的概率）词语，研究者手动概括了焦虑微博及正常微博的主题及主题词（见表 12-9、表 12-10）。可以发现，焦虑微博聚类而成的主题与正常微博有较大不同，焦虑微博聚类而成的主题多为负面词汇，可以反映出焦虑障碍具有显著负性情绪、紧张躯体症状、对未来的担忧等特点。而正常微博聚类而成的主题不仅具有负面词汇，还具有占比较高的正面词汇。

表 12-9　焦虑微博的主题及主题词（部分）

序号	主题	词语
1	显著负性情绪的主题	敏感 委屈 无助 似乎 办公室 封闭 接受 习惯 厕所 居然
2	紧张躯体症状	晕倒 痛到 无力 疯狂 恶心 深夜 明天 逃回 离不开 下单
3	积极情绪：个体经历	坚持 能力 情况 反馈 值得 两天 差点 方面 高兴 谢谢
4	对未来的担忧：负性情绪	迷茫 恶心 孤独 糟糕 自由 内心 面对 脆弱 失去 不要
5	源于生活事件的压力：情感关系	挽回 分手 自我 怀疑 愤怒 解决 只会 遇到 就算 主动
6	与睡眠质量相关	睡不着 治疗 睡着 反复 活着 幸运 醒来 白天 反复 浑浑噩噩 内向
7	源于生活事件的压力：考研	焦虑 考研 工作 复试 情绪 自己 现在 不会 看到 孩子
8	显著负性情绪	痛苦 悲伤 绝望 不用 陷入 成功 是否 随便 轻松 保持
9	对未来的担忧：不可控感	负面 失去 控制 孩子 感觉 不断 情趣 不到 减弱 所有
10	源于生活的压力：人际交往	沟通 可怕 对方 烦恼 压抑 明明 特别 每次 痛苦 这次
11	积极情绪：社会生活事件	紧张 乐观 幸福 害怕 相信 力量 期待 慢慢 过度

表 12-10　正常微博的 6 个主题及主题词（部分）

序号	主题	词语
1	正性词汇	幸福 别人 魅力 努力 大家 自己 心态 地方 突然 人生
2	社会生活事件	遇到 社会 中国 一件 以后 意义 情感 起来 需要 本人
3	负性情绪	遗憾 内心 总是 委屈 发生 难过 第一次 是因为 应该 状态
4	人际交往	真诚 朋友 自己 父母 真心 世界 身边 真的 常常 喜欢
5	正性情绪	温暖 安全 健康 永远 奇怪 核酸 推荐 外面 来自 更好
6	正性事件	开心 漂亮 事情 生活 快乐 春天 不是 一定 自己 其实

4）项目拓展应用

　　本章构建了焦虑关键词表，该焦虑关键词表的维度主要分为焦虑唤醒的主观体验、焦虑唤醒的躯体体验、社会生活压力事件、心理易感性，这几个维度与焦虑的定义，以及传统焦虑量表（如 SAS 等）的测量维度相一致。在焦虑微博与正常微博的词特征分析结果中可以发现，情绪、生理、压力、社会历程、感知词均有所上升，与传统焦虑相关模型一致。在焦虑微博与正常微博的主题分析结果中可以发现，85%的主题包括负性情绪、紧张的躯体症状、社会生活的压力事件、对未来的担忧这四个维度，与传统心理学研究一致。该研究方法同样能够在其他情绪障碍的大数据检测中得到应用，如构建强迫症的关键词表。

　　本章进一步讨论了大数据心理测量与传统心理测量的关系，已有研究发现二者在分析方法、数据集、项目内容等方面均表现出较大的不同。其中，大数据心理测量又具有其独特性，如高质量的预测、避免社会赞许效应等。大数据心理测量与传统心理测量相结合被研究者广泛应用，在本章中，体现在焦虑概念、心理学理论及生理测量等研究结果与大数据分析技术相结合，在其他焦虑相关研究中也均有所体现。

　　未来研究可以将传统心理学中的宏观模型与大数据分析方法相结合，即整合迭代自上而下的建模工作与自下而上的大数据方法，如同心理学与其他学科一样相结合。同时，考虑到本章研究结果、普查结果及焦虑相关文献的发文量，提出我国的焦虑现象应该进行及时、有效的识别与干预。如何使用本章研发的工具——焦虑关键词表使得在社交媒体范围内研究成为可能。以往有关焦虑的大数据分析研究大多采用机器学习方法或仅使用"焦虑"作为关键词进行研究。前者需要耗费大量的人力与时间进行人工标注，后者会出现噪声中识别信号较少，即部分焦虑微博仍被识别为噪声，漏报率较高。未来研究可以使用本章的焦虑关键词表，关注宏观、实时、动态角度下社会热点问题研究中的焦虑的时空发展分析。

参考文献

[1] Bloch S, Lemeignan M, Aguilera T N. Specific Respiratory Patterns Distinguish among Human Basic Emotions[J]. International Journal of Psychophysiology, 1991, 11(2): 141-154.

[2] Gu R, Shi Y, Yang J, et al. The Influence of Anxiety on Social Decision Behavior[J]. Advances in Psychological Science, 2015, 23(4): 547.

[3] Chang T, DeJonckheere M, Vydiswaran V G V, et al. Accelerating Mixed Methods Research with Natural Language Processing of Big Text Data[J]. Journal of Mixed Methods Research, 2021, 15(3): 398-412.

[4] Scaccia J P. Examining the Concept of Equity in Community Psychology with Natural Language Processing[J]. Journal of Community Psychology, 2021, 49(6): 1718-1731.

[5] 施聪莺. TF-IDF 算法研究综述[J]. 计算机应用，2009，29(6)：167-180.

[6] 唐小波，童海燕，严承希. 基于主题情感强度的微博舆情分析[J]. 图书馆学研究，2014，17：85-93.

[7] 武永亮，赵书良，李长镜，等. 基于 TF-IDF 和余弦相似度的文本分类方法[J]. 中文信息学报，2017，31(5)：138-146.

[8] 查国清，胡超然，孙铭涛，等. 抑郁症网络社交与疑似抑郁微博初步筛选算法[J]. 计算机工程与应用，2021，58(01)：158-164.

[9] Jey Han Lau, David N, Timothy B. Machine Reading Tea Leaves: Automatically Evaluating Topic Coherence and Topic Model Quality[C]. Proceedings of the 14th Conference of the European Chapter of the Association for Computational Linguistics, 2014: 530-539.

[10] Rui G, Hao B, He L, et al. Developing Simplified Chinese Psychological Linguistic Analysis Dictionary for Microblog[M]. New York: Springer, 2013.

[11] Stevens K , Kegelmeyer P , Andrzejewski D, et al. Exploring Topic Coherence over Many Models and Many Topics[C]. Conference on Empirical Methods in Natural Language Processing, 2012.

[12] Kim D S, Lee B C, Park K H. Determination of Motivating Factors of Urban Forest Visitors through Latent Dirichlet Allocation Topic Modeling[J]. International Journal of Environmental Research and Public Health, 2021, 18(18): 9649.

[13] 钱铭怡. 变态心理学[M]. 北京：北京大学出版社，2013.

[14] Woo S E, Louis T, Robert W P. Big Data in Psychology Research[M]. Washington: American Psychological Association, 2020.

[15] 白朔天，郝碧波，李昂，等. 微博用户的抑郁和焦虑预测[J]. 中国科学院大学学报，2014，31(6)：814-820.

[16] 常建霞，李君秋. 新冠肺炎疫情和公众焦虑情绪的时空分异研究——基于微博数据的分析[J]. 人文地理，2021，3：47-58.

反侵权盗版声明

电子工业出版社依法对本作品享有专有出版权。任何未经权利人书面许可，复制、销售或通过信息网络传播本作品的行为；歪曲、篡改、剽窃本作品的行为，均违反《中华人民共和国著作权法》，其行为人应承担相应的民事责任和行政责任，构成犯罪的，将被依法追究刑事责任。

为了维护市场秩序，保护权利人的合法权益，我社将依法查处和打击侵权盗版的单位和个人。欢迎社会各界人士积极举报侵权盗版行为，本社将奖励举报有功人员，并保证举报人的信息不被泄露。

举报电话：（010）88254396；（010）88258888

传　　真：（010）88254397

E-mail：dbqq@phei.com.cn

通信地址：北京市万寿路 173 信箱

　　　　　电子工业出版社总编办公室

邮　　编：100036